U0650511

| 新时代生态文明丛书 |

# 新时代生态文明建设探索示范

温宗国　王　毅　王学军　等/编著

中国环境出版集团·北京

**图书在版编目（CIP）数据**

新时代生态文明建设探索示范 / 温宗国等编著. --
北京：中国环境出版集团，2021.6
（新时代生态文明丛书 / 钱易主编）
ISBN 978-7-5111-4700-4

Ⅰ. ①新… Ⅱ. ①温… Ⅲ. ①生态环境建设－研究－
中国 Ⅳ. ①X321.2

中国版本图书馆CIP数据核字(2021)第065715号

审图号：GS（2021）659号

| 出 版 人 | 武德凯 |
| 责任编辑 | 丁莞歆 |
| 责任校对 | 任　丽 |
| 装帧设计 | 金　山 |

| 出版发行 | 中国环境出版集团 |
| | （100062　北京市东城区广渠门内大街 16 号） |
| | 网　　　址：http：//www.cesp.com.cn |
| | 电子邮箱：bjgl@cesp.com.cn |
| | 联系电话：010-67112765（编辑管理部） |
| | 　　　　　010-67147349（第四分社） |
| | 发行热线：010-67125803，010-67113405（传真） |
| | 印装质量热线：010-67113404 |
| 印　　刷 | 北京中科印刷有限公司 |
| 经　　销 | 各地新华书店 |
| 版　　次 | 2021 年 6 月第 1 版 |
| 印　　次 | 2021 年 6 月第 1 次印刷 |
| 开　　本 | 787×960　1/16 |
| 印　　张 | 23.25 |
| 字　　数 | 360 千字 |
| 定　　价 | 139.00 元 |

**中国环境出版集团郑重承诺：**

中国环境出版集团合作的印刷单位、材料单位均具有中国环境标志产品认证；
中国环境出版集团所有图书"禁塑"。

## 《新时代生态文明建设探索示范》
## 贡献作者

---

谭显春　王　静　罗恩华　孟小燕　苏利阳

赵克蕾　周　静　杨桐桐　潘维莲　李　静

郜斌斌　柯思华　李会芳　陈　燕　黄　晨

董雅欠　杨　烜

# 总　序

随着全球城镇化和工业化的持续推进，世界环境形势日益严峻，对国际政治、经济、贸易以及科技发展产生了极其深远的影响，成为构建"人类命运共同体"的主要挑战。目前，低污染、低排放、资源循环利用以及对人类和生态系统健康的维系已成为各国政府和人民关注的焦点，全球环境问题的协同治理和绿色可持续发展的逐步推进成为各国的共同愿景。中国正积极参与全球生态建设，成为全球环境治理重要的参与者、贡献者、引领者。当前，迫切需要更多地提出中国方案、贡献中国智慧，以提升中国在全球环境治理中的国际话语权，为国际社会提供更多的公共产品，切实推动构建"人类命运共同体"的全球进程。

党中央和国务院把生态文明建设摆在治国理政的突出位置，明确指出生态环境是关系党的使命、宗旨的重大政治问题，也是关系民生的重大社会问题。党的十八大以来，生态文明建设一直被摆在国家发展的突出位置，已经融入经济建设、政治建设、文化建设和社会建设的各个方面及各项进程之中。党的十九大将建设生态文明提升为中华民族永续发展的千年大计，明确必须树立和践行"绿水青山就是金山银山"的理念，到2035年总体形成节约资源和保护生态环境的空间格局、产业结构、生产方式、生活方式，生态环境质量实现根本好转，美丽中国的目标基本实现。习近平总书记在2018年全国生态环境保护大会上发表重要讲话，强调要自觉把经济社会发展同生态文明建设统筹起来，着力解决生态环境突出问题，坚决打好污染防治攻坚战，全面推动绿色发展，使我国生态文明建设迈上新台阶。2020年10月，党的十九届五中全会把"生态文明建设实现新进步"作为"十四五"时期经济社会发展的6个主要目标之一，并明确提出了2035年基本实现社会主义现代化的远景目标——广泛形成绿色生产生活方式，碳排放达峰后稳中有降，生态环境根本好转，美丽中国建设目标基本实现。

为了系统性地回顾和总结中国生态文明建设的发展历程和取得的重大成绩，深入剖析新时代生态文明建设面临的挑战，更好地发挥高等院校的"智库"作用，国家发展改革委、清华大学生态文明研究中心和中国高等教育学会生态文明教育研究分会共同组织了"新时代生态文明丛书"的编著工作。本丛书以国家发展改革委为指导单位，由钱易院士担任主编、温宗国教授担任副主编，共有100余位专家、学者参与其中，在组织编写的过程中还召开了数次研讨会和书稿审议会，广泛征求了各方意见。

"新时代生态文明丛书"定位为具有较高学术深度的科普读物，内容尽力体现科学性、系统性、权威性和可读性，力图反映新时代生态文明建设的总体思路与发展方向，梳理了中国生态文明的发展历程、新时代生态文明的重要思想，凝聚了近年来中国生态文明建设领域部分相关理论问题、政策分析和实践探索等前沿性研究成果。丛书编著委员会结合新时代生态文明建设的重要内涵和当下的热点问题，将新时代生态文明建设总论、生态文明体制改革与制度创新、生态文明建设探索示范、城市发展转型、美丽乡村建设、生态农业工程、工业生态化、自然生态系统保护、生态文化与传播、绿色大学建设10个重大主题作为丛书各分册的核心内容。

习近平总书记在2018年全国生态环境保护大会上指出，我国"生态文明建设正处于压力叠加、负重前行的关键期，已进入提供更多优质生态产品以满足人民日益增长的优美生态环境需要的攻坚期，也到了有条件有能力解决生态环境突出问题的窗口期"。面向2035年基本实现社会主义现代化的远景目标，党的十九届五中全会重点部署了"推动绿色发展，促进人与自然和谐共生"的任务，着重强调要加快推进绿色低碳发展，持续改善环境质量，提升生态系统质量和稳定性，全面提高资源利用效率。希望本丛书的出版能够系统地展示我国新时代生态文明建设的探索之路，凝练一批生态文明先行示范区和试验区的优秀经验与典型案例，为社会各界全面深入地了解新时代生态文明建设的国家战略提供参考，对生态文明建设过程中需要破题的重要改革实践给予启发。

钱　易　温宗国

2020年12月30日

# 前　言

　　自2018年起，国家发展改革委资源节约和环境保护司委托清华大学、中国科学院、北京大学组织开展全国生态文明建设进展的课题研究，意在对全国范围内的生态文明建设情况进行深入调研、实时追踪和系统剖析，挖掘各地区在生态保护、环境治理、经济发展、社会建设、文化弘扬和制度创新等多个生态文明建设领域的探索成效，总结提炼出一批可操作、可落地、可复制的生态文明建设经验。本书以党中央、国务院批复的4个国家生态文明试验区（福建省、江西省、贵州省、海南省）和国家发展改革委、财政部等六部门联合批复的102个国家生态文明先行示范区为主要研究对象，以相关课题研究成果为支撑，系统、翔实地阐述了国家生态文明建设成效，吸收、凝聚了生态文明建设具体领域的优秀经验，以为同类型地区推进生态文明建设提供有效借鉴，也为国家和地方进一步深化生态文明建设和探索研究提供参考依据。

　　本书共分8章。第1章系统梳理了我国生态文明建设的进程和取得的成效。第2章至第7章以新时代生态文明建设的主要任务为重点，分别从生态环境保护与治理、推动绿色发展、生态文明制度创新、以系统工程思维推进生态文明建设、生态文化体系建设、"互联网+"生态文明建设6个方面，系统分析了不同领域落实党中央有关生态文明建设的总体要求、建设成果和典型的制度创新成果的成效，通过调研、凝练部分地区在解决该领域问题时的主要做法和建设成效，提出了推广该领域优秀实践案例的若干建议。第8章在广泛调查与分析的基础上展望了我国新时代生态文明建设面临的4项主要挑战，并从5个方面提出了进一步推进新时代生态文明建设的有关建议。

　　本书由清华大学环境学院温宗国教授、中国科学院王毅研究员和北京大学王学军教授等多位专家共同完成。在研究撰写和出版过程中，本书始终得到国家发展改革委资源节约和环境保护司领导及有关专家的倾力支持和悉心指导，在此一并致以诚挚的谢意。此外，还要特别感谢国家生态文明试验区和国家生态文明先行示范区等地方的领导给予的大力支持，感谢北京中清环循科技有限公司在示范区资料调研和整理分析中做出的贡献。本书有关成果研究得到国家杰出青年科学基金（71825006）资助，同时引用了国内外有关研究成果，其中大部分编入参考文献但未列全，在此一并表示感谢。

本书系统阐述了我国新时代生态文明建设的成效及探索示范，希望能为全国生态文明试点区域优化建设模式、其他地区加快探索生态文明体制改革提供一批可复制、可参考、可操作的优秀经验，为国家生态文明建设实现新进步、推动美丽中国建设迈上新台阶和加快落实"十四五"时期的生态文明战略部署提供决策参考，为顺应新时代要求，坚定不移打好污染防治攻坚战、推进治理体系和治理能力现代化、加快实现绿色高质发展转型提供方向引领，为各行各业和社会公众深入掌握习近平生态文明思想和生态文明建设实践方法提供学习培训教材，为促进生态文明建设探索示范、形成全社会共建共享的新局面做出积极贡献。

尽管在编写过程中作者力求完善，但限于自身的知识结构和水平，书中难免存在疏漏与不足，恳请广大读者批评指正。

温宗国

2020年12月

# 目　录

## 第1章　生态文明建设成效分析　001

## 第2章　生态环境保护与治理探索示范　063

## 第3章　推动绿色发展探索示范　119

# CONTENTS

# CONTENTS

# CONTENTS

第1章

# 生态文明建设成效分析

## 1.1 我国生态文明建设发展概况

### 1.1.1 生态文明建设发展进程

21世纪以来，保护生态环境日益成为全人类的共识。从解决自身经济社会发展面临的实际问题出发，我国积极借鉴和学习全球生态环境保护和可持续发展的先进经验，针对资源约束趋紧、环境污染严重、生态系统退化等一系列问题，积极部署和实施促进人与自然和谐共生、实现经济社会发展与生态环境保护双赢的政策措施。党中央把生态文明建设摆在治国理政的突出位置，把经济社会发展同生态文明建设统筹起来，着力解决生态环境突出问题，大力推进污染防治攻坚战，全面推动绿色发展，推动我国生态文明建设迈上新台阶（图1-1）。

| | |
|---|---|
| 党的十七大 | 首次提出"建设生态文明"（2007年10月） |
| 党的十八大 | 将生态文明建设放在突出地位，纳入"五位一体"总体布局（2012年11月） |
| 党的十八届三中全会 | 《中共中央关于全面深化改革若干重大问题的决定》对生态文明体制改革进行布局：建立系统完整的生态文明制度体系，用制度保护生态环境（2013年11月） |
| 中共中央国务院 | 《关于加快推进生态文明建设的意见》明确了生态文明建设的基本原则、主要目标、工作任务和方法（2015年5月） |
| 中共中央国务院 | 《关于设立统一规范的国家生态文明试验区的意见》及《国家生态文明试验区（福建）实施方案》发布，福建省被确定为全国首个国家生态文明试验区（2016年8月） |
| 党的十九大 | 到21世纪中叶建成富强民主文明和谐美丽的社会主义现代化强国；加快生态文明体制改革，建设美丽中国（2017年10月） |
| 十三届人大 | 表决通过了《中华人民共和国宪法修正案》，将生态文明写入宪法（2018年3月） |
| 中共中央 | 召开全国生态环境保护大会，明确了新时代生态文明建设的"时间表"和"路线图"（2018年5月） |
| 党的十九届四中全会 | 《中共中央关于坚持和完善中国特色社会主义制度 推进国家治理体系和治理能力现代化若干重大问题的决定》提出坚持和完善生态文明制度体系（2019年10月） |
| 党的十九届五中全会 | 明确了2025年目标，即生态文明建设实现新进步；2035年目标，即生态环境根本好转，碳排放达峰后稳中有降，美丽中国目标基本实现（2020年10月） |

图1-1 我国生态文明建设重要节点（截至2020年10月）

其中，重要的里程碑事件如下：

● 2007年10月，党的十七大首次提出"建设生态文明"；

● 2012年11月，党的十八大首次把生态文明建设作为执政理念和国家战略纳入中国特色社会主义"五位一体"总体布局，并将其上升为人类文明新形态；

● 2017年10月，党的十九大明确了生态文明建设的主要任务，将建设生态文明提升到中华民族永续发展的"千年大计"的新高度；

● 2018年3月，第十三届全国人民代表大会一次会议第三次全体会议表决通过了《中华人民共和国宪法修正案》，将生态文明历史性地写入宪法；

● 2018年5月，全国生态环境保护大会召开，明确了新时代生态文明建设的"时间表"和"路线图"；

● 2020年10月，党的十九届五中全会召开，明确了2025年和2035年的生态文明建设目标，为新时代生态文明建设指明了方向。

截至目前，在50多次中央全面深化改革会议中，审议并通过的与生态文明建设相关的文件多达50多份（附表1），涉及全部八类生态文明制度，有效地指导了我国生态文明建设工作。

### 1.1.2　新时代生态文明建设内涵

#### 1.党的十九大明确了生态文明建设的主要任务

党的十九大将生态文明建设提升为中华民族永续发展的"千年大计"，明确必须树立和践行绿水青山就是金山银山的理念，到2035年总体形成节约资源和保护生态环境的空间格局、产业结构、生产方式、生活方式，生态环境质量实现根本好转，美丽中国目标基本实现。为此，提出了推进绿色发展、着力解决突出环境问题、加大生态环境保护力度、改革生态环境监管体制四大主要任务，要求既要创造更多的物质财富和精神财富以满足人民日益增长的美好生活需要，也要提供更多的优质生态产品以满足人民日益增长的优美生态环境需要，最终实现人与自然和谐共生的现代化（专栏1-1）。

　　坚持绿水青山就是金山银山理念，坚持尊重自然、顺应自然、保护自然，坚持节约优先、保护优先、自然恢复为主，守住自然生态安全边界。深入实施可持续发展战略，完善生态文明领域统筹协调机制，构建生态文明体系，促进经济社会发展全面绿色转型，建设人与自然和谐共生的现代化。

　　**加快推动绿色低碳发展。** 强化国土空间规划和用途管控，落实生态保护、基本农田、城镇开发等空间管控边界，减少人类活动对自然空间的占用。强化绿色发展的法律和政策保障，发展绿色金融，支持绿色技术创新，推进清洁生产，发展环保产业，推进重点行业和重要领域绿色化改造。推动能源清洁低碳安全高效利用。发展绿色建筑。开展绿色生活创建活动。降低碳排放强度，支持有条件的地方率先达到碳排放峰值，制定二〇三〇年前碳排放达峰行动方案。

　　**持续改善环境质量。** 增强全社会生态环保意识，深入打好污染防治攻坚战。继续开展污染防治行动，建立地上地下、陆海统筹的生态环境治理制度。强化多污染物协同控制和区域协同治理，加强细颗粒物（$PM_{2.5}$）和臭氧（$O_3$）协同控制，基本消除重污染天气。治理城乡生活环境，推进城镇污水管网全覆盖，基本消除城市黑臭水体。推进化肥农药减量化和土壤污染治理，加强白色污染治理。加强危险废物医疗废物收集处理。完成重点地区危险化学品生产企业搬迁改造。重视新污染物治理。全面实行排污许可制，推进排污权、用能权、用水权、碳排放权市场化交易。完善环境保护、节能减排约束性指标管理。完善中央生态环境保护督察制度。积极参与和引领应对气候变化等生态环保国际合作。

**提升生态系统质量和稳定性。**坚持山水林田湖草系统治理，构建以国家公园为主体的自然保护地体系。实施生物多样性保护重大工程。加强外来物种管控。强化河湖长制，加强大江大河和重要湖泊湿地生态保护治理，实施好长江十年禁渔。科学推进荒漠化、石漠化、水土流失综合治理，开展大规模国土绿化行动，推行林长制。推行草原森林河流湖泊休养生息，加强黑土地保护，健全耕地休耕轮作制度。加强全球气候变暖对我国承受力脆弱地区影响的观测，完善自然保护地、生态保护红线监管制度，开展生态系统保护成效监测评估。

**全面提高资源利用效率。**健全自然资源资产产权制度和法律法规，加强自然资源调查评价监测和确权登记，建立生态产品价值实现机制，完善市场化、多元化生态补偿，推进资源总量管理、科学配置、全面节约、循环利用。实施国家节水行动，建立水资源刚性约束制度。提高海洋资源、矿产资源开发保护水平。完善资源价格形成机制。推行垃圾分类和减量化、资源化。加快构建废旧物资循环利用体系。

**2. 全国生态环境保护大会进一步明确了新时代生态文明建设的"时间表"和"践线图"**

2018年召开的全国生态环境保护大会进一步推动生态文明建设迈上新台阶，明确了新时代生态文明建设的"时间表"和"路线图"。习近平总书记在大会上的讲话涵盖了新时代生态文明建设的理论基础、指导原则和行动指南等丰富内容，首次从理论和实践层面揭示了生态文明体系内部的五大子体系，指明了新时代生态文明建设的灵魂、基础、使命、保障和红线。

（1）生态文化体系为新时代生态文明建设注入灵魂

生态价值观是生态文明建设的价值论基础，是新时代生态文明建设的灵魂所在。习近平总书记指出，中华民族向来尊重自然、热爱自然，绵延5 000年的中华文明孕育着丰富的生态文化。在生态文明具体实践过程中，需要在培养生态道德、繁荣生态文化和加强宣传教育三个方面不断强化（图1-2）。

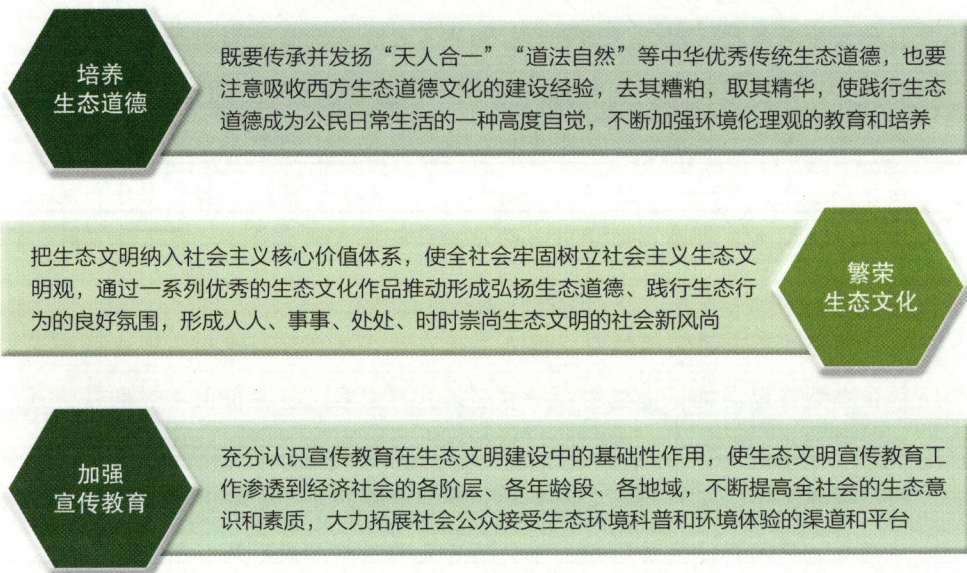

**培养生态道德**
既要传承并发扬"天人合一""道法自然"等中华优秀传统生态道德，也要注意吸收西方生态道德文化的建设经验，去其糟粕，取其精华，使践行生态道德成为公民日常生活的一种高度自觉，不断加强环境伦理观的教育和培养

把生态文明纳入社会主义核心价值体系，使全社会牢固树立社会主义生态文明观，通过一系列优秀的生态文化作品推动形成弘扬生态道德、践行生态行为的良好氛围，形成人人、事事、处处、时时崇尚生态文明的社会新风尚
**繁荣生态文化**

**加强宣传教育**
充分认识宣传教育在生态文明建设中的基础性作用，使生态文明宣传教育工作渗透到经济社会的各阶层、各年龄段、各地域，不断提高全社会的生态意识和素质，大力拓展社会公众接受生态环境科普和环境体验的渠道和平台

图1-2　生态文明在实践中的强化路径

（2）生态经济体系为新时代生态文明建设奠定基础

发展方式变革是新时代生态文明建设的一项重要内容，并为其提供了坚强的物质基础。习近平总书记强调，要全面推动绿色发展。绿色发展是构建高质量现代化经济体系的必然要求，是解决污染问题的根本之策。在构建生态经济体系的过程中，必须推动产业生态化改造升级、实现生态产业化（图1-3）。

（3）目标责任体系为新时代生态文明建设明确使命

建设生态文明、改善生态环境质量既是人民日益增长的美好生活需要，也是中国共产党人努力奋斗的光荣使命。习近平总书记指出，打好污染防治攻坚战时间紧、任务重、难度大，是一场大仗、硬仗、苦仗，必须加强党的领导。各地区、各部门要增强"四个意识"，坚决维护党中央权威和集中统一领导，坚决担负起生态

推动产业
生态化
改造升级

不仅要促进传统产业绿色发展，通过能
耗、环保、质量等标准有效化解过剩产
能，推动传统产业清洁生产，也要大力
发展节能环保产业、新能源汽车等新兴
产业，提升增量产业质量，大力推动产
业园区生态化建设，促进生产性服务业
快速发展，应用资源能源节约和环境友
好的技术，提高产品附加值

实现生态
产业化

守住绿水青山，创造金山银山，
打通绿水青山向金山银山转换的
通道，通过发展现代农业、生态
旅游和林下经济等实现生态资源
资产的保值增值，以此作为农业
供给侧结构性改革、精准扶贫以
及乡村振兴等工作实施的突破口

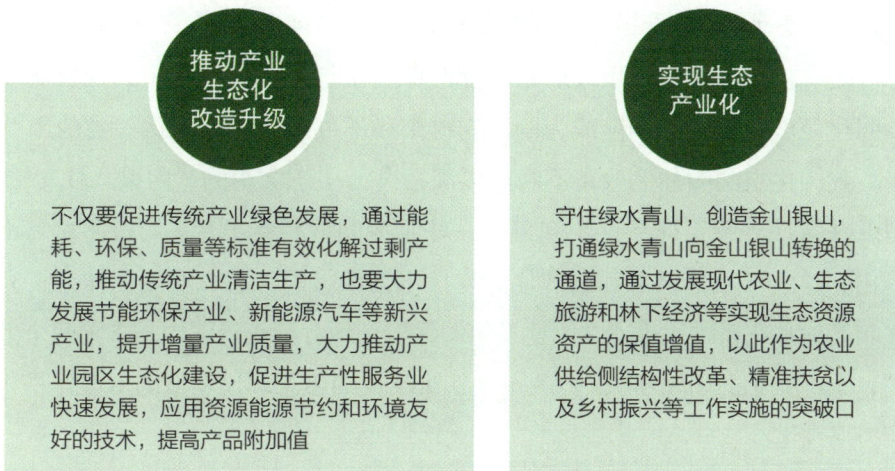

图1-3　推动产业生态化改造升级和实现生态产业化

文明建设的政治责任。在此过程中，构建以改善生态环境质量为核心的目标责任体
系尤为重要，要注重发挥考核评价的"指挥棒"作用。具体而言，就是要明确责任
主体、建立科学合理的考核评价体系、建立自然资源资产负债表编制方法、重视生
态环境保护人才队伍建设等（图1-4）。

> 明确责任主体，即地方各级党委和政府主要领导是本行政区域生态环境保护第一责任人

> 建立科学合理的考核评价体系，突出对绿色发展指标和生态文明建设目标完成情况的考核，
加大资源消耗、环境损害、生态效益等指标权重，考核结果作为各级领导班子和领导干部
奖惩与提拔使用的重要依据

> 建立自然资源资产负债表编制方法，加快开展相关试点工作，建立领导干部自然资源资产
离任审计制度，严格考核问责，形成约束性规范

> 重视生态环境保护人才队伍建设，形成一支生态环境保护铁军

图1-4　构建生态文明目标责任体系

（4）生态文明制度体系为新时代生态文明建设提供保障

习近平总书记指出，用最严格制度最严密法治保护生态环境，加快制度创新，强化制度执行，让制度成为刚性的约束和不可触碰的高压线。党的十八大以来，我国生态文明体制改革不断向纵深推进，生态文明的"四梁八柱"[1]初步成型，法律法规政策体系逐步完善，一些重大制度相继出台。习近平总书记明确提出，建立以治理体系和治理能力现代化为保障的生态文明制度体系，充分发挥制度体系在新时代生态文明建设中的保障作用，要统筹国内、国际两个大局（图1-5），通过国内国际同步改革创新实现我国生态环境领域的治理体系和治理能力现代化。

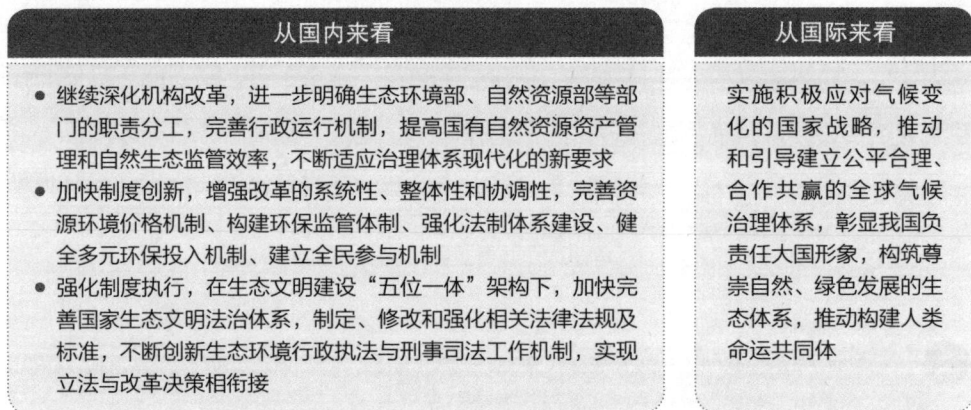

| 从国内来看 | 从国际来看 |
| --- | --- |
| ● 继续深化机构改革，进一步明确生态环境部、自然资源部等部门的职责分工，完善行政运行机制，提高国有自然资源资产管理和自然生态监管效率，不断适应治理体系现代化的新要求<br>● 加快制度创新，增强改革的系统性、整体性和协调性，完善资源环境价格机制、构建环保监管体制、强化法制体系建设、健全多元环保投入机制、建立全民参与机制<br>● 强化制度执行，在生态文明建设"五位一体"架构下，加快完善国家生态文明法治体系，制定、修改和强化相关法律法规及标准，不断创新生态环境行政执法与刑事司法工作机制，实现立法与改革决策相衔接 | 实施积极应对气候变化的国家战略，推动和引导建立公平合理、合作共赢的全球气候治理体系，彰显我国负责任大国形象，构筑尊崇自然、绿色发展的生态体系，推动构建人类命运共同体 |

图1-5　统筹生态文明建设国内、国际两个大局

（5）生态安全体系为新时代生态文明建设划定红线

早在2014年，习近平总书记就首次提出了"总体国家安全观"，并系统提出

---

[1] "四梁八柱"是指生态文明的制度框架，是《生态文明体制改革总体方案》中提出的八大类制度（本书后文中有详细介绍）。

了11种"安全"[1]，明确将生态安全纳入国家安全体系，凸显了生态安全与经济安全、社会安全、政治安全等均是事关大局、对经济社会发展产生重大影响的安全领域。为实现国家和区域生态安全，必须加快生态安全的体系化建设，为新时代生态文明建设划定底线、红线。国家生态安全体系本身就是一项复杂的系统工程，涉及的内容十分丰富、广泛，必须从关键入手、抓住重点，做到有的放矢。习近平总书记指出，生态安全体系应以生态系统良性循环和环境风险有效防控为重点。一方面，要充分领会、学习山水林田湖草沙是生命共同体的整体系统观，遵循生态系统多样性、整体性及其内在规律，加大生态系统保护与修复力度，严格保护和全面提升森林、湿地、荒漠、草原等生态系统的生态服务功能，推进水土保持、荒漠化防治、退耕还林还草、城镇生态治理等生态系统修复工程，实现生态系统的良性循环；另一方面，要把生态环境风险纳入常态化管理，系统构建全过程、多层级的生态环境风险防范体系，真正做到有效防控。

### 1.1.3 新时代生态文明建设成效

**1. 新时代生态文明理论体系不断丰富，生态文明理念深入人心**

我国把生态文明建设上升为执政理念和国家战略并在全社会加以推行，是对人类文明做出的一次重大贡献。联合国环境规划署于2013年通过了推广中国生态文明理念的决定草案，又于2016年发布了《绿水青山就是金山银山：中国生态文明战略与行动》报告，表明中国的生态文明理念和建设成效得到了国际社会的高度认同。习近平总书记提出了构建生态文明社会的价值观、历史观、发展观、系统观、代际公平观等思想基础和理论根基（图1-6），丰富和发展了中国特色社会主义理论体系，绿水青山就是金山银山的理念深入人心，崇尚生态文明的良好社会风尚初步形成，勤俭节约、绿色低碳、文明健康的生活方式和消费模式不断践行。

---

[1] 2014年4月15日，习近平总书记主持召开中央国家安全委员会第一次会议时强调，坚持总体国家安全观，走中国特色国家安全道路，并指出"构建集政治安全、国土安全、军事安全、经济安全、文化安全、社会安全、科技安全、信息安全、生态安全、资源安全、核安全等于一体的国家安全体系"。

'13'
- 世界上第一次上升为执政理念、国家战略、发展目标，并在全社会加以推行
- 是中国对人类文明和发展观做出的又一次重大贡献

'16'
- 2013 年，联合国通过了推广中国生态文明理念的决定草案
- 2016 年，发布《绿水青山就是金山银山：中国生态文明战略与行动》报告

- 习近平总书记提出了构建生态文明社会的思想基础和理论根基
  价值观："绿水青山就是金山银山"
  历史观："生态兴则文明兴，生态衰则文明衰"
  发展观："保护生态环境就是保护生产力，改善生态环境就是发展生产力"
  系统观："山水林田湖草沙是生命共同体"
  代际公平观："为子孙后代留下天蓝地绿水清的家园"

图1-6　新时代生态文明理论体系不断丰富

## 2. 体制机制改革创新，法律法规日趋完善

我国生态文明体制改革和制度建设深入推进，截至2020年12月，中央全面深化改革委员会（以下简称"中央深改委"）会议审议并通过的生态文明制度建设相关文件和国家有关部委发布的体制改革政策文件共计104份（附表1和附表2），源头严防、过程严管、后果严惩的基础性制度框架初步建立健全，各项改革任务正在稳步推进。生态文明法律体系日趋完善，对《中华人民共和国环境保护法》进行了全面深入的修订，再加上《中华人民共和国节约能源法》《中华人民共和国大气污染防治法》《中华人民共和国环境保护税法》等十几部法律的制修订，有力地促进了经济社会的可持续发展。生态环境监管体制不断完善，中央生态环境保护督察已实现全国全覆盖（图1-7）。

| 深入开展顶层设计：《关于加快推进生态文明建设的意见》《生态文明体制改革总体方案》 | → | 提出总体要求、目标愿景、重点任务和制度体系 |

| 稳步推进各项改革任务：中央深改会议 56 次，制度建设文件 55 份，涉及全部 8 类制度，发布体制改革政策文件 49 份 | → | 源头防控、过程严管、后果严惩的基础性制度初步健全 |

| 以空前速度构建环境资源法律制度：制修订相关法律十几部 | → | 法律长出"钢牙利齿" |

| 实施中央生态环境保护督察：2016—2017 年完成了对全国所有省份的覆盖，2018 年对全国 20 个省区开展了"回头看"，2020 年开展第二轮第二批 | → | 中央生态环境保护督察实现全国全覆盖 |

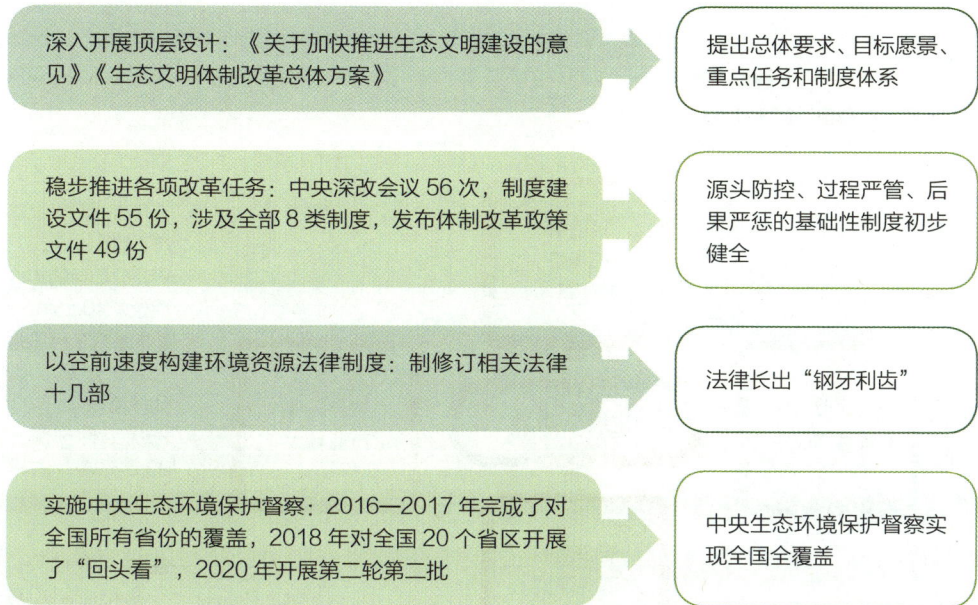

图1-7　生态文明体制机制改革和法律制度建设日趋完善（截至2020年12月）

### 3. 产业转型步伐加快，绿色发展成为新引擎

近年来，我国供给侧结构性改革稳步推进，绿色发展已成为经济增长的新引擎（图1-8）。我国产业结构调整步伐加快，2016—2019年煤炭累计去产能近9亿t。绿色环保产业发展壮大，2020年节能环保产业年产值超过7.5万亿元，2013—2018年的年均增长超过10.8%。能源资源消耗强度大幅下降，2019年我国煤炭消费占能源总消耗的比重下降到57.7%；万元GDP能耗约为0.491 5 tce（吨标准煤），比2015年下降22.0%；万元GDP用水量为67 m³，比2015年下降35.6%。

### 4. 生态环境保护成效显现，引领全球环境治理

党的十八大以来，我国大力推进生态文明建设，已逐步打破"经济发展硬、环境保护软"的"怪圈"，生态保护工作扎实推进，制定实施了大气、水、土壤污染防治行动计划（简称"大气十条""水十条""土十条"），生态环境质量改善初见成效。2019年，全国平均优良天数比例达到82%，重点区域细颗粒物浓度

- 2016—2019 年煤炭累计去产能近 9 亿 t
- 煤炭消费占比下降到 57.7%
- 累计压减粗钢产能 1.5 亿 t 以上

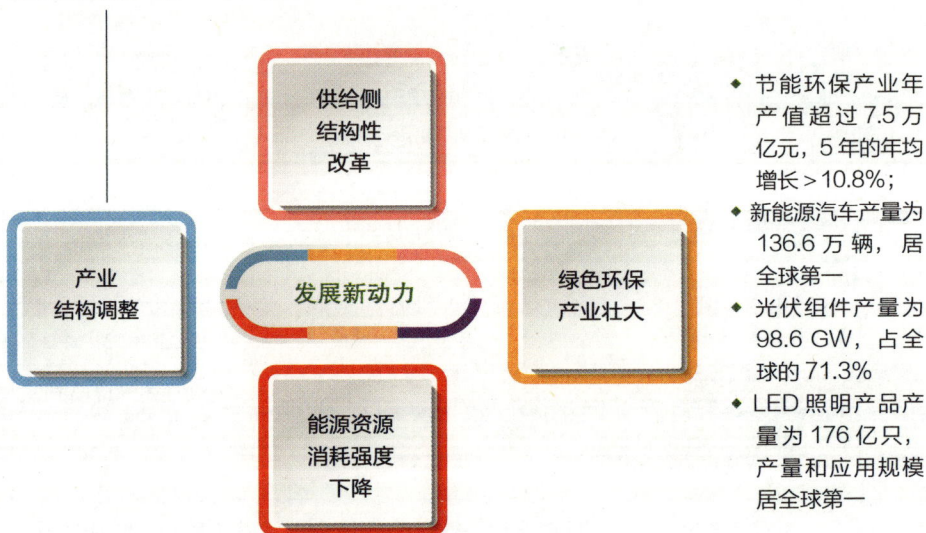

供给侧结构性改革

产业结构调整

发展新动力

绿色环保产业壮大

能源资源消耗强度下降

- 节能环保产业年产值超过 7.5 万亿元，5 年的年均增长 > 10.8%；
- 新能源汽车产量为 136.6 万辆，居全球第一
- 光伏组件产量为 98.6 GW，占全球的 71.3%
- LED 照明产品产量为 176 亿只，产量和应用规模居全球第一

与 2015 年相比
- 单位 GDP 二氧化碳排放下降 18.2%
- 单位 GDP 能耗降低 22.0%
- 工业用地固定资产投入强度 / 收入等指标均增长

图1-8　绿色发展转型升级取得重要成效（2019年）

持续下降（图1-9）；全国地表水优良水质断面比例不断提升，达到或好于Ⅲ类的比例为74.9%；全国森林、湿地和荒漠生态系统得到有效改善和恢复，重点生态功能区生态服务功能不断加强，2019年全国森林覆盖率达到22.96%，全国草原综合植被覆盖度为55.7%；自然保护地数量不断增多，总保护地面积约占陆地国土面积的18.0%，高于世界12.7%的平均水平。同时，我国还启动了全国碳排放权交易体系，引导应对气候变化的国际合作，以减少温室气体排放。

打破"经济发展硬、环境保护软"的"怪圈"，出硬招，挥利剑，污染防治攻坚战向纵深挺进

**近年** → 大气、水、土壤污染综合防治

启动全国碳排放权交易体系，引导国际应对气候变化合作，成为全球生态文明建设的重要参与者、贡献者、引领者

**2015 年** 正式向联合国提交国家自主贡献，承诺进一步减排温室气体

**2017 年**

| 指标 | | 变化情况<br>（2019 年与 2015 年对比） |
|---|---|---|
| PM<sub>2.5</sub> 浓度 | 京津冀 | 下降 26.0% |
| | 长三角 | 下降 22.6% |
| | 珠三角 | 下降 17.6% |
| 地表水达到或好于Ⅲ类水质断面比例 | | 上升 19.6% |
| 劣Ⅴ类断面比例 | | 下降到 3.4% |
| 森林覆盖率 | | 持续升高 |
| 草原综合植被覆盖度 | | 持续升高 |
| 退耕还林还草面积 | | 持续升高 |
| 自然保护地面积 | | 已建 177.8 万 $km^2$，约占陆地国土面积的 18.0%，高于世界 12.7% 的平均水平 |

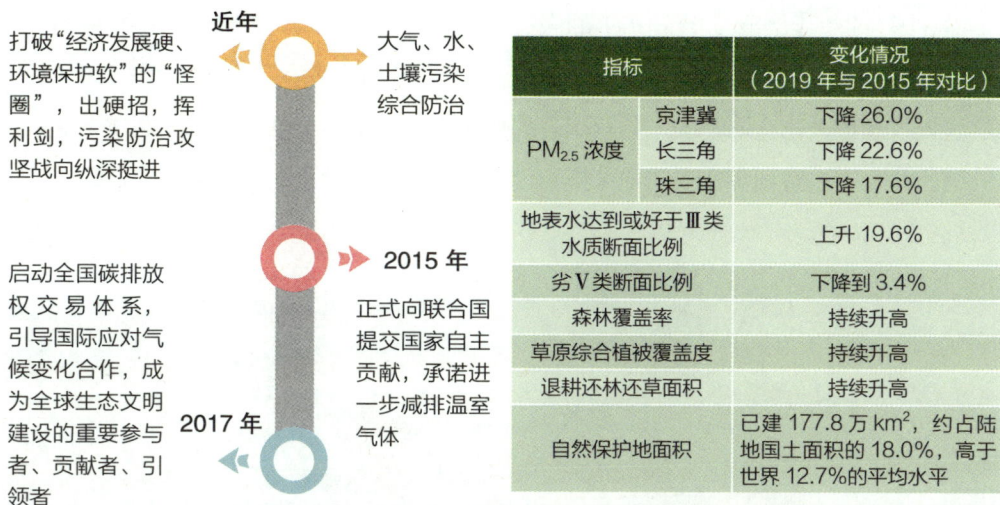

图1-9　我国生态环境治理成效显著（截至2019年）

## 1.2　生态文明先行示范区建设

### 1.2.1　生态文明先行示范区的由来

2013年8月，《国务院关于加快发展节能环保产业的意见》（国发〔2013〕30号）指出，要开展生态文明先行示范区建设，并根据不同区域特点，在全国选择有代表性的100个地区探索符合我国国情的生态文明建设模式。2013年12月，国家发展改革委联合六部委共同发布了《关于印发国家生态文明先行示范区建设方案（试行）的通知》（发改环资〔2013〕2420号），拉开了国家生态文明先行示范区（以下简称先行示范区）申报工作的序幕。先行示范区意在选取不同发展阶段、不同资源环境禀赋、不同主体功能定位的地区先行先试，探索生态文明建设的有效模式，为推进生态文明体制改革和制度建设提供决策参考，以破解资源环境"瓶颈"约束、探索人与自然和谐发展的现代化建设之路。2013—2015年，国务院六部委经过严格审查和专家评审分两批共批复了102个先行示范区，明确了每个先行示范区在生态文明制度改革方面的具体要求和任务部署（附表3）。

我国各省（自治区、直辖市）的先行示范区分布比较均匀，除天津市和港澳台地区之外，其余省（自治区、直辖市）均设置了3～4个先行示范区（图1-10）。这些先行示范区在全国范围内具有很强的代表性，也显示了推进生态文明建设探索的决心和信心，有利于在不同地区探索因地制宜、独具特色的生态文明建设模式。

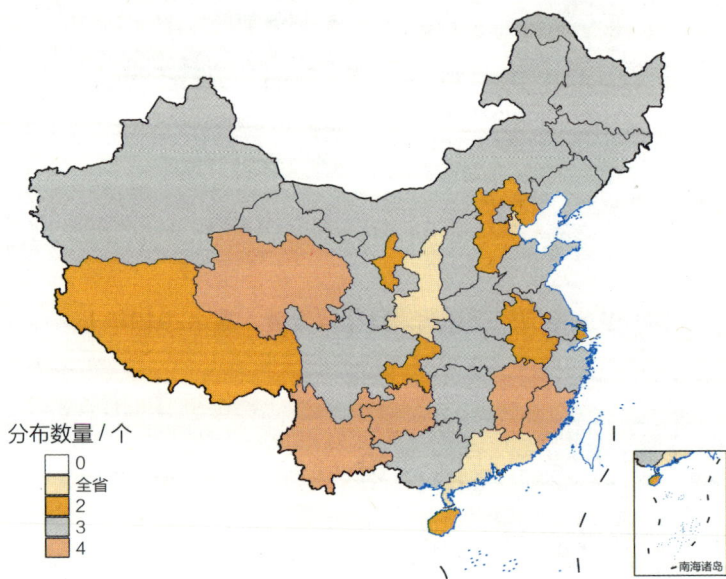

分布数量 / 个
0
全省
2
3
4

图1-10　国家生态文明先行示范区分布

此外，在两批先行示范区中还选取了10余个跨区域试点（图1-11），包括以京津冀协同共建地区（北京市平谷区、天津市蓟州区、河北省廊坊市北三县）为代表的跨省级区域先行示范区（全国第一个），以辽河流域、巢湖流域、淮河流域、湘江源头区域和三峡片区等为代表的流域先行示范区，以湖南省、重庆市武陵山区为代表的山地综合发展先行示范区，以及涵盖福建、贵州、江西、云南、青海五地的全省域先行示范区[1]。跨区域的先行示范区建设有利于加快探索创新跨区域联动

---

[1] 2014—2015年，福建、贵州、江西、云南、青海五省被评为国家生态文明先行示范区；自2016年起，福建、江西、贵州又先后上升为国家生态文明试验区。

机制、跨区域生态保护补偿机制和信息共享机制等多项重点制度，是落实国家区域发展战略和推进区域协同发展体制改革的先行者和实践者。

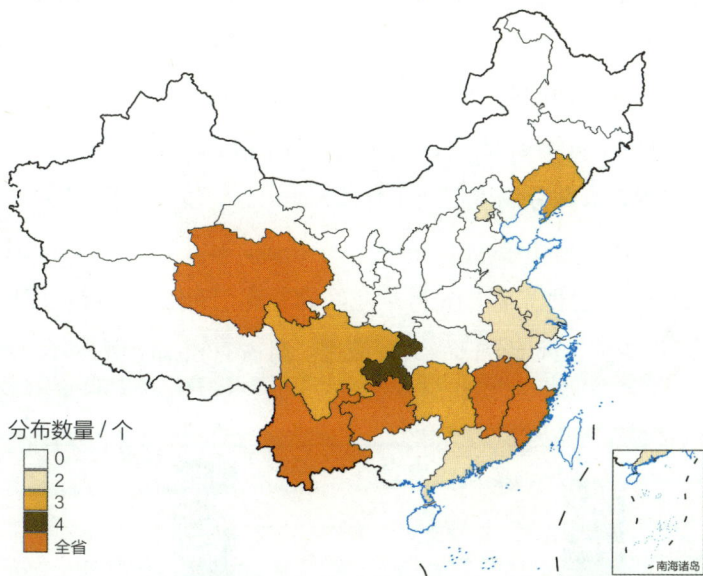

分布数量 / 个
0
2
3
4
全省

图1-11 跨区域生态文明先行示范区分布情况

## 1.2.2 生态文明先行示范区的建设进展

### 1. 制度创新工作总体进展

国家建立生态文明先行示范区的主要目的是致力于生态文明制度创新领域的先行先试，以点带面推动全国生态文明建设。通过对先行示范区制度创新工作进展的调研和总结可知，第一批和第二批先行示范区建设地区共计102个，国家建议的制度创新重点共有279项。依托实地调研和各先行示范区提供的资料，附表3重点对其中的228项[1]制度创新工作进行了统计分析，通过综合考虑先行示范区制度创新工作

---

[1] 受时间、地方推进、任务可行性等多种因素的限制，截至2018年12月，已获得的有效资料共覆盖228项制度，故本书均以这228项制度为对象开展分析。

的进展，将完成情况分为"应用中""已完成""推进中""未开展"4类进行评估：①"应用中"，即完成了制度建设要求并应用到实践中，取得了一定成效；②"已完成"，即地方已出台了相关政策文件，完成了制度建设要求，但还未实现有效执行；③"推进中"，即政策、文件等正在制定中，相关研究尚未完成；④"未开展"，即尚未开展制度建设工作。

截至2018年12月调研结束，通过对228项制度创新工作进展的统计分析（图1-12）发现，大部分制度创新工作均已开展，"未开展"的只占4.8%；已开展的制度主要处于"应用中"和"推进中"状态，分别达到35.1%和38.2%，"已完成"的占21.9%。总体来看，先行示范区的制度创新工作进展总体良好，未开展的制度创新工作较少，大部分已经实现应用，且占有较高比例。

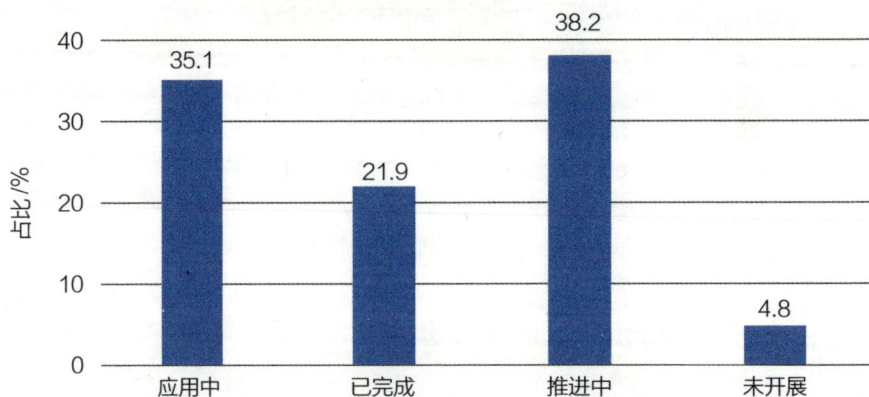

图1-12　生态文明制度创新工作进展分析（截至2018年12月）

（数据来源：对各生态文明先行示范区提供资料进行汇总分析）

**2. 制度创新工作分类统计**

（1）不同类别制度创新分析

根据各地区不同类别制度创新工作的进展情况，并参考《生态文明体制改革总体方案》，将228项制度分为八大类（表1-1），即自然资源产权制度、国土空间开发保护制度和空间规划体系、资源总量管理和全面节约制度、资源有偿使用和生态补偿制度、环境治理制度、生态保护市场体系、生态文明绩效评价考核和责任追究制度、其他（法制、文化等）制度。

表1-1　制度分类及示范区建设任务数量

| 制度类别 | 任务数量 | 制度子类 | 任务数量 |
|---|---|---|---|
| 自然资源产权制度 | 24 | ①统一的确权登记系统；<br>②权责明确的自然资源产权体系；<br>③国家自然资源资产管理体制；<br>④分级行使所有权体制；<br>⑤水流和湿地产权确权试点 | 22<br><br><br><br>2 |
| 国土空间开发保护制度和空间规划体系 | 31 | ①主体功能区制度；<br>②国土空间用途管制制度（红线）；<br>③国家公园体制；<br>④自然资源监管体制；<br>⑤空间规划；<br>⑥市县"多规合一"；<br>⑦市县空间规划编制方法 | 7<br>9<br>5<br>2<br><br>9 |
| 资源总量管理和全面节约制度 | 25 | ①最严格的耕地保护制度和土地节约集约利用制度；<br>②最严格的水资源管理制度；<br>③能源消费总量管理和节约制度；<br>④天然林保护制度；<br>⑤草原保护制度；<br>⑥湿地保护制度；<br>⑦沙化土地封禁保护制度；<br>⑧海洋资源开发保护制度；<br>⑨矿产资源开发利用管理制度；<br>⑩完善资源循环利用制度 | 3<br>8<br><br>2<br>1<br>5<br><br>2<br><br>1 |
| 资源有偿使用和生态补偿制度 | 33 | ①自然资源及其产品价格改革；<br>②土地有偿使用制度；<br>③矿产资源有偿使用制度；<br>④海域海岛有偿使用制度；<br>⑤资源环境税费改革；<br>⑥生态补偿机制；<br>⑦生态保护修复资金使用机制；<br>⑧耕地、草原、河湖休养生息制度 | 31 |

| 制度类别 | 任务数量 | 制度子类 | 任务数量 |
|---|---|---|---|
| 环境治理制度 | 21 | ①污染物排放许可制度；<br>②污染防治区域联动机制；<br>③农村环境治理体制机制；<br>④环境信息公开制度；<br>⑤实行生态环境损害赔偿制度；<br>⑥环境保护管理制度 | 3<br>12<br>1<br>3<br><br>3 |
| 生态保护市场体系 | 21 | ①环境治理和生态保护市场主体；<br>②用能权和碳排放权交易制度；<br>③排污权交易制度；<br>④水权交易制度；<br>⑤绿色金融体系；<br>⑥统一的绿色产品体系 | <br>7<br>3<br>1 |
| 生态文明绩效评价考核和责任追究制度 | 58 | ①生态文明目标评价考核体系；<br>②资源环境承载力监测预警机制；<br>③编制自然资源资产负债表；<br>④对领导干部实行自然资源资产离任审计；<br>⑤生态环境损害责任终身追究制 | 6<br>10<br>9<br>9<br>6 |
| 其他（法制、文化等）制度 | 15 | ①法制体系建设类；<br>②生态文化类；<br>③公共参与类；<br>④其他 | 1<br>4<br>4<br>5 |
| 合　计 | | 228 | |

注：1. 表中第一列和第三列中的制度分类基本参照《生态文明体制改革总体方案》而确定。

2. 第四列数字之和不一定等于第二列对应的数字之和，原因如下：①统计分析的工作量巨大，目前只摘取了部分突出的内容进行展示；②生态文明先行示范区的建设早于《生态文明体制改革总体方案》，国家下达的制度创新任务与该方案中的制度内容（表中第三列）并不完全相符，存在前者中的一条任务对应多项子类制度（第三列）的个别情况。

数据来源：对各生态文明先行示范区提供资料进行汇总分析。

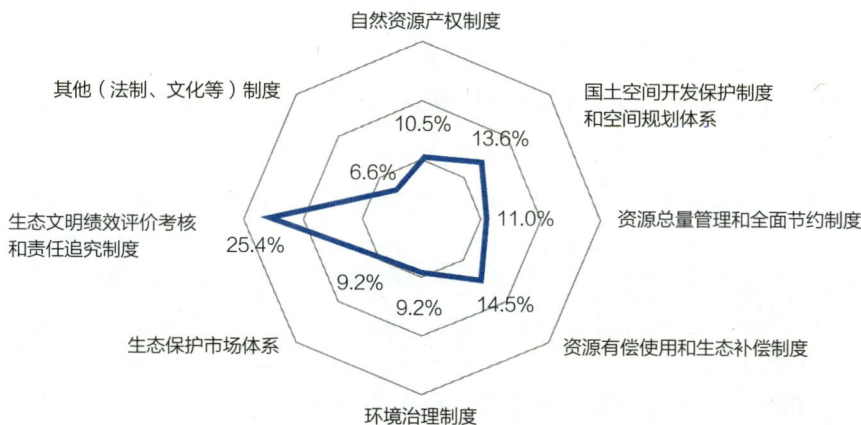

自然资源产权制度

其他（法制、文化等）制度

国土空间开发保护制度
和空间规划体系

10.5% 13.6%

6.6%

资源总量管理和全面节约制度

生态文明绩效评价考核
和责任追究制度

11.0%

25.4%

9.2%

9.2% 14.5%

生态保护市场体系

资源有偿使用和生态补偿制度

环境治理制度

**图1-13 不同类别制度创新的任务数量统计**

（数据来源：对各生态文明先行示范区提供资料进行汇总分析）

通过对228项制度分类别统计分析（表1-1、图1-13）发现：

生态文明绩效评价考核和责任追究制度的任务数量最多（共计58条）、占比最高（约25.4%）。该类别的5项子类制度中，资源环境承载力监测预警机制、编制自然资源资产负债表和对领导干部实行自然资源资产离任审计的占比稍高，分别为17.2%、15.5%和15.5%。由以上分析可知，国家对先行示范区建设地区下达的制度创新要求中生态文明绩效评价考核和责任追究是重点任务，这与生态文明现阶段以约束性导向为主的发展特征相契合，与国家将生态文明战略摆在治国理政的重要地位相一致，也需要各地区将生态文明建设作为政府的重要任务，真正建立考核的"指挥棒"，方能保证生态文明制度创新落到实处。

资源有偿使用和生态补偿制度的任务数量占比14.5%，位居第二。在"制度子类"一栏中，生态补偿机制以31项任务数量居于首位，在该类制度中占比93.9%，生态补偿机制意在通过鼓励各地区开展生态补偿试点制定横向的生态补偿办法，逐步增加对重点生态功能区的转移支付。该项制度创新的探索力度较大，体现了国家在推进生态文明建设的过程中注重调整生态环境保护和各相关方的利益关系，加强了对重点生态功能区保护工作的协同开展。

环境治理制度虽然排位较为靠后，但在"制度子类"中污染防治区域联动机制的任务数量为12项，占该类制度的半壁江山，这与图1-11中涉及的跨区域先行示范区试点相对应，也在一定程度上说明生态文明是一项系统工程，需要流域上下游、地缘相接的发展片区等共同努力和协同推进，方能解决区域经济社会发展与生态环境保护的矛盾，根本改善区域生态环境质量。

（2）八类制度进展分析

通过对先行示范区建设地区及制度创新重点的进展评估（图1-14）发现，各先行示范区积极推进制度创新工作，绝大部分处于"推进中""已完成""应用中"三个环节，"未开展"占比很低。

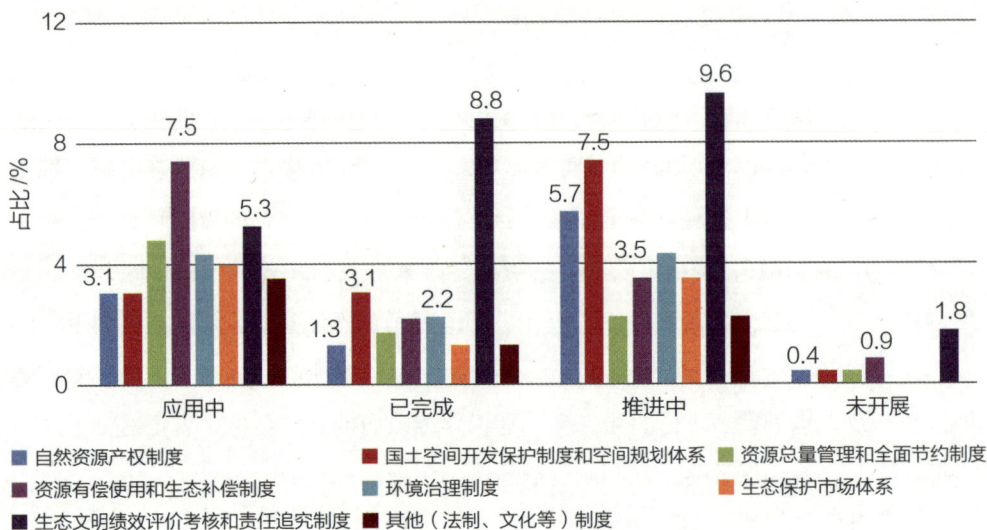

图1-14　八类制度创新工作的总体进展

（数据来源：对各生态文明先行示范区提供资料进行汇总分析）

资源有偿使用和生态补偿制度处于"应用中"的数量占比居首位（7.5%[1]），说明该类制度在各先行示范区得到积极推广且取得了实质性成效，也说明该类制度可推广、可复制、可落地的可行性相对较高。

生态文明绩效评价考核和责任追究制度处于"推进中"和"已完成"的数量占比均居第一位（分别为9.6%和8.8%），处于"应用中"的数量占比居第二位（5.3%），这在一定程度上说明该类制度从国家层面下达的任务数量较多，已在地方积极推进，不少地区取得了良好的进展且运行良好，但也有很多示范区建设较为缓慢。未来各先行示范区需要加大该类制度建设的创新力度，形成各地区建设生态文明的"倒逼力量"。

国土空间开发保护制度和空间规划体系处在"应用中""已完成""推进中"的数量占比分别为3.1%、3.1%（第二名）、7.5%（第二名），说明该类制度在各地区推进的积极性较高，尤其在国家全面推进国土空间规划工作后，该类制度的落实和应用力度空前提升。

自然资源产权制度、环境治理制度、生态保护市场体系、资源总量管理和全面节约制度以及其他（法律、文化等）制度的推进力度较大，说明生态保护、环境治理成为102个先行示范区大力推进的核心事项，也是通过污染防治攻坚战贯彻落实生态文明重要举措的具体体现。

**3. 区域层面进展分析**

图1-15将各先行示范区按照东部、中部、西部3个区域划分，并对制度创新情况进行了分析。总体来看，中部地区处于"应用中"的制度占比43.9%，完成度相对较高，进展较快；西部地区处于"应用中"的制度占比33.3%，处于"推进中"的制度占比36%，完成度次之，进展相对较快；东部地区处于"应用中"的制度占比29.9%，推进相对缓慢，初步分析可能与该地区需要推进的制度相对较多、统计信息更新不及时等原因相关。

---

[1] 为消除各种影响因素，更系统、直观地展示各项制度之间的情况，本部分所占比例计算以全部制度的不同进展状态综合作为100%。

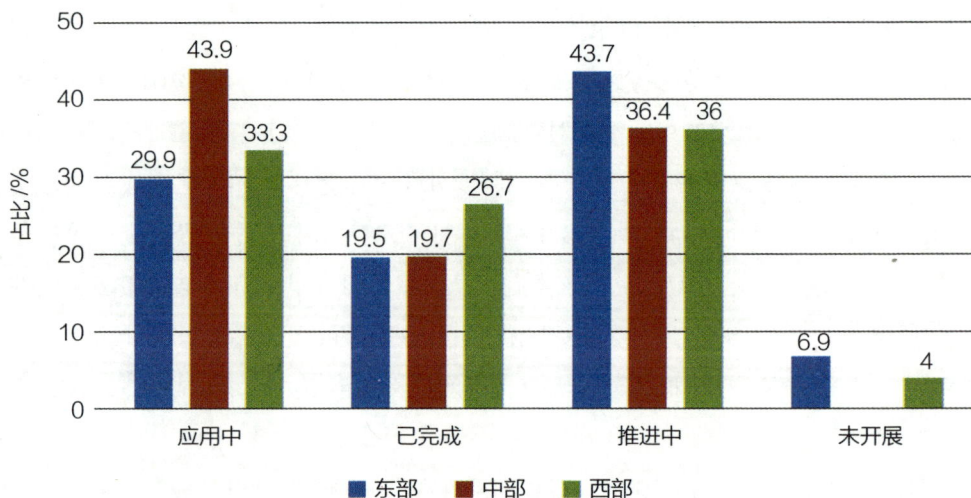

图1-15　区域层面制度创新进展分析

（数据来源：对各生态文明先行示范区提供资料进行汇总分析）

### 1.2.3　生态文明先行示范区的建设成效

**1. 国家要求的制度创新工作成效**

（1）总体成效

综合各先行示范区建设成果，制度创新工作成效可以按照"较好""一般""暂无"3个等级来评估：①"较好"，指进展处于"应用中""已完成""推进中"的制度全部或者部分工作在实践中取得了明显成效，解决了一定的现实问题，完成了制度建设的（部分）目的；②"一般"，指进展处于"应用中""已完成""推进中"的制度全部或部分得到实践应用，虽然取得了一定成效，但尚不明显，与制度设立的目标仍然存在一定差距；③"暂无"，指没有取得任何制度成果（即进展处于"未开展"状态），或者虽然制度处于"推进中""已完成""应用中"，但是没有任何实质性的指导作用，不具备推广意义。

按照上述分类评估方式，综合地方自评、现场调研、专家多轮评估等，初步评估了228项制度的建设成效（图1-16）。虽然绝大多数制度创新工作进展较快

（图1-12），但取得成效的制度（含"较好"和"一般"两个等级）只占53.5％，暂无成效的制度占比达到46.5％，这说明各先行示范区在推进制度创新工作中仍需加大创新成果的应用和执行，而不能只停留在出台政策和完成架构等层面。

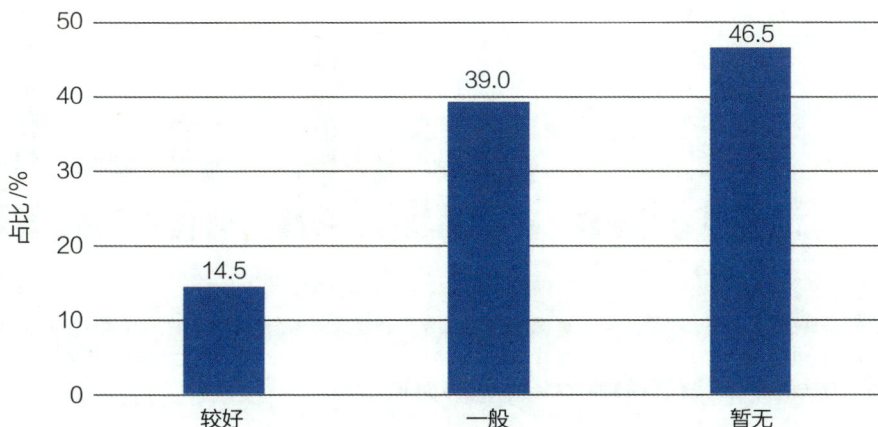

图1-16　制度创新工作成效分析

（数据来源：对各生态文明先行示范区提供资料进行汇总分析）

**（2）分类评价**

图1-17按照"较好""一般""暂无"的分类方式，对不同类型制度取得的成效进行了综合分析。图1-18采用"相对成效"指标表示先行示范区在推进制度创新过程中取得的实质性成效。相对成效计算方法见式（1-1）：

$$相对成效= 成效较好比例/（成效一般比例+暂无成效比例） \qquad （1-1）$$

式中，相对成效数值越高说明该类制度取得的实质性成效越好。

生态文明绩效评价考核和责任追究制度在各先行示范区中的推进速度较快、力度较强（图1-14），但在取得成效方面却不甚突出，处于"暂无"和"一般"等级的数量占比均排在首位。经评估，其相对成效仅为0.04，可以认为该类制度取得的实质性成效较差。究其原因，一方面在于对地方传统的考评体系进行优化需要较

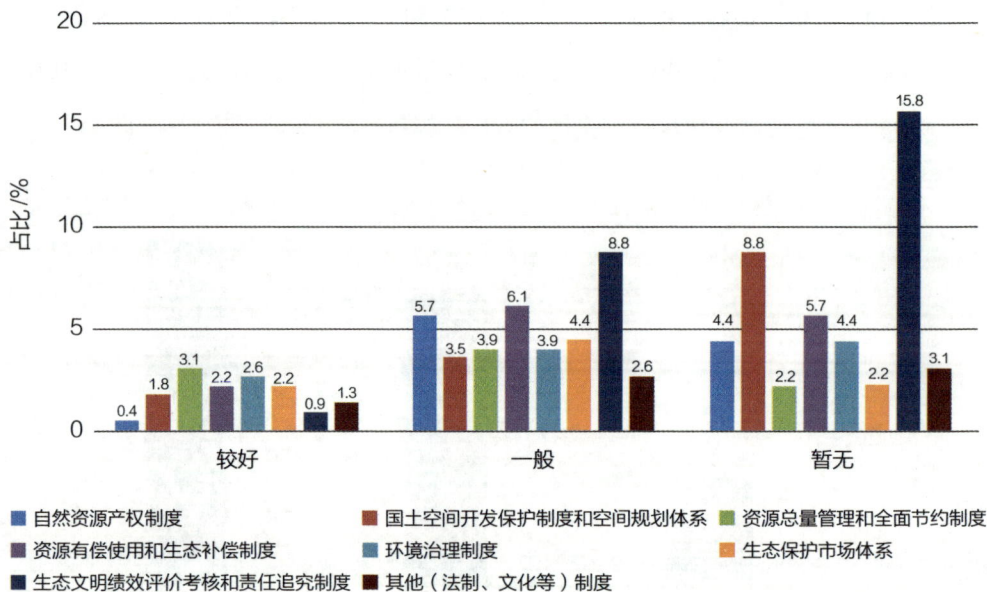

图1-17　八类制度创新工作成效分析

（数据来源：对各生态文明先行示范区提供资料进行汇总分析）

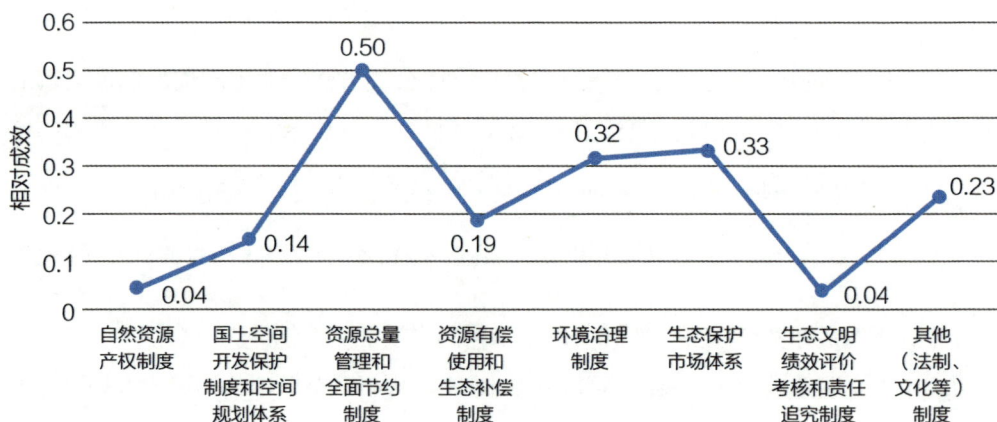

图1-18　八类制度的相对成效分析

（数据来源：对各生态文明先行示范区提供资料进行汇总分析）

长时间方能实现，另一方面也与东部地区部分生态文明发达地区（如浙江）的资料缺乏有关。

虽然国土空间开发保护制度和空间规划体系这类制度在各先行示范区积极推进，但截至2018年年底，其处于"一般"和"暂无"等级的数量占比较高，分别为3.5%和8.8%，相对成效为0.14，说明该类制度在推进过程中取得的成效并不明显。随着2019年国家正式全面推进国土空间规划工作，该类制度的建设成效也空前提升。

资源有偿使用和生态补偿制度的成效处于"较好""一般""暂无"等级的比例分别为2.2%、6.1%、5.7%，排名分别为第三、第二、第三，相对成效为0.19，说明虽然国家强有力地推行对资源有偿使用和生态补偿制度的创新探索，各试点区域也纷纷落实（生态补偿处于"应用中"的比例占据首位，图1-14），但其应用和推广还需要时间验证。由于该类制度大多涉及跨区域层面，工作初始需要国家（上位）层面强有力的推动方能实现，如贵州、云南、四川三省有效建立的赤水河流域跨区域生态补偿机制就与生态环境部"自上而下"的努力推动息息相关。

环境治理制度处于"较好"等级的数量占比位居第二，处于"一般""暂无"等级的数量占比比较靠后，相对成效为0.32，说明其取得的实质性成效较好。生态保护市场体系也存在相同的规律，说明这两类制度取得的成效相对明显，也说明各试点区域坚持绿水青山就是金山银山的发展理念，现阶段始终将环境治理和生态保护放在首位。目前，我国涌现出了福建省农村生活污水、垃圾治理的市场化治理模式和江西省山水林田湖草系统治理等优秀案例。

相对于其他类制度，自然资源产权制度取得的成效不突出。该类制度大多处于"推进中"和"应用中"的状态（图1-14），相对成效也不明显（相对成效为0.04）。自然资源产权制度要求针对水流、森林、山岭、草原、荒地、滩涂等所有自然生态空间统一进行确权登记，通过建立权责明确的自然资源产权体系和资产管理体制实现对各类自然资产的分类管理。该项工作是一项巨大的系统工程，涉及面广、时间跨度长，且各地区的标准不统一，因而给工作的落实增加了难度。

其他制度包含生态文化体系、生态法治体系等内容，虽然制度数量整体占比不高，但是相对成效较高（0.23），说明各地在生态文明创建过程中的自主意识在逐步提高，全社会的参与力度也在逐步提升。

（3）区域层面分析

通过对东部、中部、西部3个区域的先行示范区的创新成效分析（图1-19）可知，中部地区的建设成效处于"较好"和"一般"等级的排名靠前，取得的成绩最为突出，涌现出蚌埠市秸秆多元化综合利用、赤水河流域跨省协作综合治理等一批优秀案例。东部地区也取得了较明显的成绩，但是仍然有近一半处于"暂无"等级，当然也与本次调研不够充分或地方资料可得性不足有一定关系，但是对于经济发达、发展条件优越的东部地区来说，制度创新工作仍需进一步加大力度，充分发挥多种资源和地缘优势，起到生态文明先行示范的"排头兵"作用。西部地区的整体成效尚不明显，需要发挥地缘优势，加快开展符合区域特征和发展需求的制度创新工作。

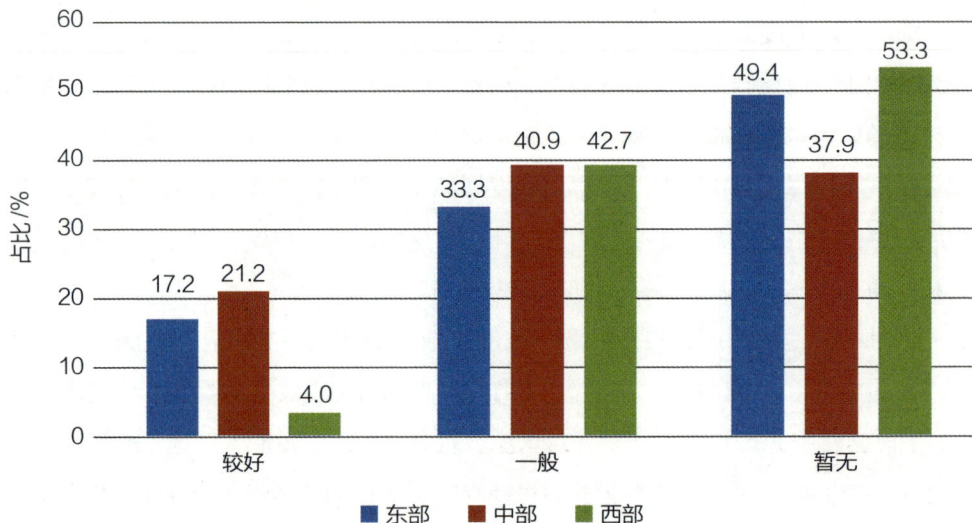

图1-19　区域层面的创新成效分析

（数据来源：对各生态文明先行示范区提供资料进行汇总分析）

## 2. 制度创新工作的实践成效

各先行示范区深入贯彻落实国家生态文明建设的系列战略部署，加快落实相关制度创新工作，充分立足于自身发展特色，将制度创新与实际需求相结合，形成了一批优秀的实践案例（表1-2），涉及生态环境保护与治理、推动绿色发展、生态文化体系建设、"互联网＋"生态文明建设等多个领域，各优秀案例的主要空间分布见图1-20。

表1-2　先行示范区优秀实践案例

| 分类 | 实践案例 |
| --- | --- |
| 生态环境保护与治理 | 伊春市东北老林业基地生态文明综合改革 |
| | 三江源国家公园体制试点改革 |
| | 宜昌市黄柏河流域综合执法改革 |
| | 厦门市以"五全工作法"推进生活垃圾分类 |
| | 成都市以风险防控为首要任务的长安静脉产业园建设 |
| | 福建省农村生活污水、垃圾治理 |
| | 平谷区"生态桥"基层环境治理模式 |
| | 塞罕坝荒漠变绿洲、青山变金山的造林模式 |
| 推动绿色发展 | 上海市推进崇明生态岛建设 |
| | 成都市创新绿色经济发展模式 |
| | 泉州市推行能源变革、实现低碳转型 |
| | 张家口市可再生能源示范区建设探索 |
| | 雅安市生态文化旅游融合发展模式 |
| | 蚌埠市秸秆多元化综合利用 |
| | 镇江市"绿色工厂"引领城市低碳转型发展 |

| 分类 | 主要案例 |
|---|---|
| 生态文明制度创新 | 贵州省生态法制体系建设 |
| | 赤水河流域跨省协作综合治理 |
| | 京津冀跨区域协同发展 |
| | 南京市水价综合改革探索 |
| | 云南省集体林权制度改革 |
| | 云南省国家公园体制试点建设 |
| 以系统工程思维推进生态文明建设 | 江苏省系统推进生态文明建设 |
| | 浙江省"五水共治"的实践经验 |
| | 粤港澳大湾区绿色发展探索 |
| | 江西省寻乌县山水林田湖草沙综合治理 |
| | 南京市生态城市建设探索 |
| | 黄石市矿山型城市的生态化转型 |
| 生态文化体系建设 | 深圳市构建生态文明建设社会行动体系 |
| | 深圳市探索以"碳币"为核心的全民参与长效机制 |
| | 梅州市客家文化与生态文化融合发展 |
| "互联网+"生态文明建设 | 镇江市以"生态云"建设提升区域治理水平 |
| | 东莞市生态环境信息化绿色价值链平台建设 |
| | 天津市TEDA循环经济信息服务平台 |
| | 杭州市"互联网+"再生资源回收的探索示范 |

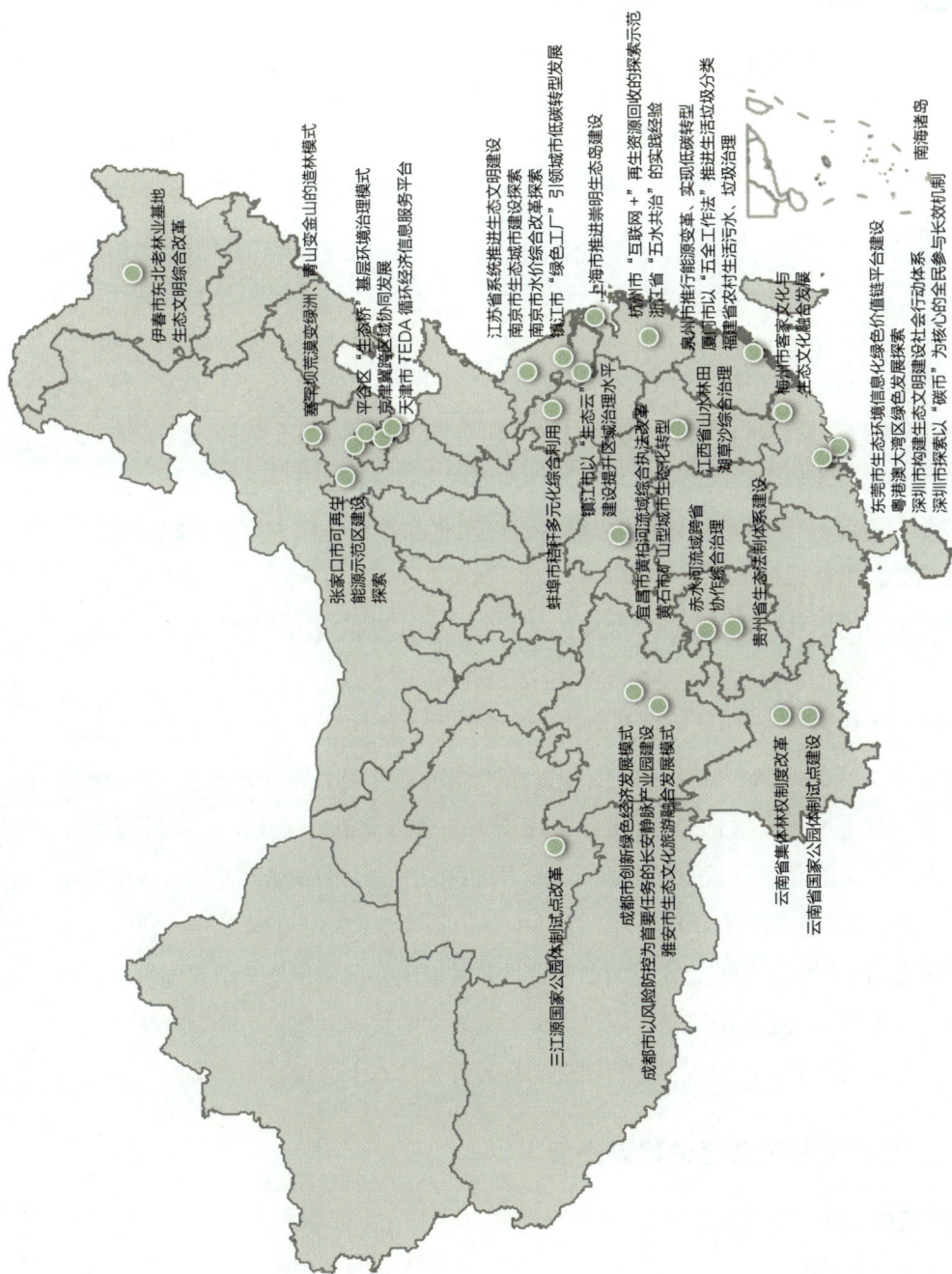

图1-20　生态文明先行示范区优秀案例空间分布

伊春市东北老林业基地生态文明综合改革

雍平沙荒漠变绿洲，青山变金山的造林模式

张家口市可再生能源示范区建设探索

平谷区"生态桥"基层环境治理模式

京津冀协同发展

天津市TEDA循环经济信息服务平台

江苏省系统推进生态文明建设

南京市生态城市改革建设探索

镇江市"绿色工厂"引领城市低碳转型发展

上海市推进崇明生态岛建设

苏州市"互联网＋"再生资源回收的探索示范

浙江省"五水共治"的实践经验

泉州市以"五全工作法"实现低碳转型

厦门市推行能源变革

福建省农村生活污水、垃圾治理

梅州市客家文化与生态文化融合发展

东莞市生态环境信息化绿色价值链平台建设

粤港澳大湾区绿色发展探索

深圳市构建生态文明建设社会行动体系

深圳市探索以"碳币"为核心的全民参与长效机制

南海诸岛

镇江市"生态云"

建设提升区域综合执法改革

蚌埠市淮河多元化综合利用

宜昌市黄柏河山水林田湖草沙综合治理

黄石市矿山生态修复转型

赤水河流域跨省协作综合治理

江西省山口岩田湖草沙综合治理

贵州省生态法制体系建设

张家口市可再生能源示范区建设探索

三江源国家公园体制试点改革

成都市创新绿色经济发展模式

成都市以风险防控为首要任务的长安静脉产业园建设

雅安市生态文化旅游融合发展模式

云南省集体林权制度改革

云南省国家公园体制试点建设

## 1.3 生态文明试验区建设

### 1.3.1 生态文明试验区的由来

我国生态文明建设持续推进，但仍滞后于经济社会发展，特别是制度体系尚不健全，体制机制"瓶颈"亟待突破，迫切需要加强顶层设计，并与地方实践相结合开展改革创新试验，探索适合我国国情和各地发展阶段的生态文明制度模式。为此，党的十八届五中全会提出，设立统一规范的国家生态文明试验区，重在开展生态文明体制改革综合试验，规范各类试点示范，为完善生态文明制度体系探索路径、积累经验。2016年8月，中共中央办公厅、国务院办公厅印发了《关于设立统一规范的国家生态文明试验区的意见》（以下简称《意见》），在综合考虑各地现有的生态文明改革实践基础、区域差异性和发展阶段等因素后，首批选择了生态基础较好、资源环境承载力较强的福建省、江西省和贵州省作为生态文明试验区。《意见》的出台体现了党中央、国务院的改革决心，有利于树立正确的改革方向，加强对地方的指导，将各项改革决策部署落地，加快推进我国生态文明体制改革进程。《国家生态文明试验区（福建）实施方案》也与《意见》同步印发。

2017年10月2日，中共中央办公厅、国务院办公厅印发了《国家生态文明试验区（江西）实施方案》和《国家生态文明试验区（贵州）实施方案》；2019年5月，又印发了《国家生态文明试验区（海南）实施方案》。至此，我国4个生态文明试验区的实施方案全部获批并发布，标志着我国生态文明试验区建设进入全面铺开和加速推进的阶段。2019年1月，中共中央、国务院又出台了《关于支持河北雄安新区全面深化改革和扩大开放的指导意见》，提出要创新生态文明体制机制，推进雄安新区国家生态文明试验区建设。国家生态文明试验区建设对凝聚改革合力、增添绿色发展动能、探索生态文明建设的有效模式具有十分重要的意义。

### 1.3.2 生态文明试验区的建设进展

#### 1.定位

生态文明试验区（以下简称试验区）是国家生态文明体制改革的综合性试验平

台，针对试验难度较大、确需先行探索、不能马上推开的一些生态文明重大制度开展先行先试，以规范各类试点示范，为完善生态文明制度体系探索路径、积累经验。根据福建省、贵州省、江西省、海南省的经济社会发展水平和生态文明建设基础，分别赋予其不同的试验任务和战略定位（图1-21）。

| 试验任务 | 战略定位 |
|---|---|
| **福建省**<br>整合规范现有的相关试点示范，推动一些难度较大、确需先行探索的重点改革任务在福建省先行先试，建设生态文明体制改革试验区，引领带动全国生态文明体制改革 | 国土空间科学开发的先导区<br>生态产品价值实现的先行区<br>环境治理体系改革的示范区<br>绿色发展评价导向的实践区 |
| **贵州省**<br>发挥生态环境优势和生态文明体制机制创新成果优势，在生态脱贫攻坚、经济绿色发展、生态环境保护、国际交流合作等领域进行探索 | 长江、珠江上游绿色屏障建设示范区<br>西部地区绿色发展示范区<br>生态脱贫攻坚示范区<br>生态文明法治建设示范区<br>生态文明国际交流合作示范区 |
| **江西省**<br>推动绿水青山向金山银山转化，探索中部地区绿色崛起新路径；构建山水林田湖草生命共同体，探索大湖流域保护与开发新模式；实现生态保护与生态扶贫双赢，推动生态文明共建共享，探索形成人与自然和谐发展的新格局 | 山水林田湖草综合治理样板区<br>中部地区绿色崛起先行区<br>生态环境保护管理制度创新区<br>生态扶贫共享发展示范区 |
| **海南省**<br>着力在构建生态文明制度体系、优化国土空间布局、统筹陆海保护发展、提升生态环境质量和资源利用效率、实现生态产品价值、推行生态优先的投资消费模式、推动形成绿色生产生活方式等方面进行探索 | 生态文明体制改革样板区<br>陆海统筹保护发展实践区<br>生态价值实现机制试验区<br>清洁能源优先发展示范区 |

图1-21　生态文明试验区的试验任务和战略定位

**2.建设进展**

4个试验区中，由于海南省的实施方案批复较晚、建设时间短，本节重点对福建省、贵州省、江西省3个试验区的建设进展及成效进行评估。

在国家批复的实施方案中，共对福建省、贵州省、江西省这3个试验区提出了110项重点任务，其中，3个试验区发挥地方主动性和改革首创精神自行开展的改革试验任务合计28项。通过对2018年3个试验区提供的《生态文明试验区中期自评报告》进行梳理、分析和评估可知，3个试验区已取得83项制度成果，任务完成度达到75.5%，各项改革任务总体推进符合预期，完成度较高，取得了较好的改革成果。

从3个试验区制度改革的进展情况和实施状态来看（图1-22和图1-23），福建省整体工作开展较早，制度改革完成度较高，且取得了很好的成效。3个试验区的部分制度虽已按期完成，但在推进过程中仍存在很多困难，如基于出台时间短、市场化机制不健全等原因，制度推动、落地较慢，实施成效一般；有些改革受制于各部门综合协调较弱、统筹难度较大等原因，执行落实效果不理想，有待进一步强化其可操作性。此外，江西省的4项工作（"江西省自然资源资产管理体制试点实施方案""江西省关于划定并严守生态保护红线的若干意见""按流域设置环境监管

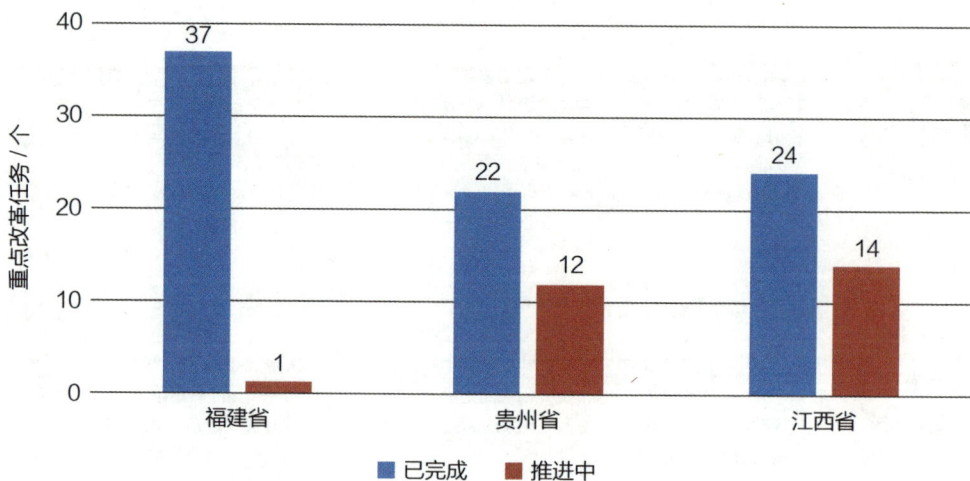

图1-22　3个试验区制度改革进展情况

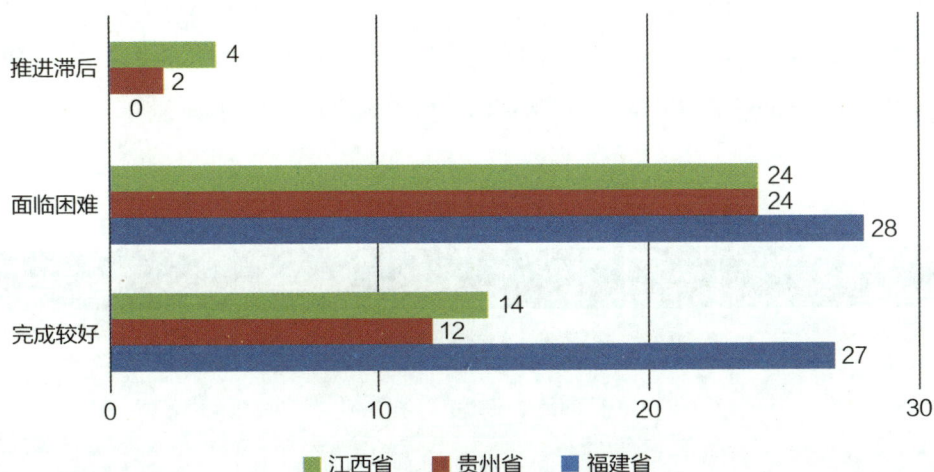

**图1-23　3个试验区制度改革实施状态**

（数据来源：对各生态文明先行示范区提供资料进行汇总分析）

注：不同实施状态（"完成较好""面临困难""推进滞后"）中存在某一项制度重复计数
的情况，所以各个省份不同实施状态的加和会超过国家下达的制度改革任务总数（图1-
22）。以福建省为例，"完成较好"的某项制度在推进过程中可能也会遇到困难，所以该项制
度也会在"面临困难"中计数一次。

和行政执法机构试点实施方案""江西省碳排放交易总量设定与配额分配方案"）
和贵州省的2项工作（"贵州省自然资源资产管理体制改革实施方案""贵州省环
保机构监测监察执法垂直管理实施方案"）推进滞后，有待进一步加大方法支撑、
培育内生动力、理顺各部门关系、抓紧政策出台及落地实施。

（1）福建省总体进展

截至2018年，福建省在实施方案确定的38项重点改革任务中，已有37项按要求
形成了改革成果，1项正在推进中（"福建省环境治理监管职能整合方案"）。总
体来看，福建省推进速度较快，改革试验任务完成良好，基本实现了预期效果目
标，形成了一批创新突出、成效显著、经验宝贵的重大改革举措。

在中央部署的38项试验区重点改革任务（表1-3）中，"福建省省级空间规划试

点工作实施方案""福建省永久基本农田范围""武夷山国家公园试点实施方案""福建省培育环境治理和生态保护市场主体的实施意见"等27项制度成果取得了良好的成效并具备较强的可复制性,其中22项改革经验和做法已向全国复制推广。

表1-3 福建省重点任务梳理

| 任务领域 | 序号 | 重点任务 |
|---|---|---|
| 建立健全国土空间规划和用途管制制度 | 1 | 福建省省级空间规划试点工作实施方案 |
| | 2 | 霞浦县—宁德市等地区空间规划编制试点方案 |
| | 3 | 福建省市县空间规划编制办法 |
| | 4 | 福建省省级空间规划编制办法 |
| | 5 | 福建省建设用地总量控制和减量化管理方案 |
| | 6 | 福建省陆域生态保护红线划定成果及配套管控措施 |
| | 7 | 福建省海洋生态保护红线划定成果及配套管控措施 |
| | 8 | 福建省永久基本农田范围 |
| | 9 | 福建省城市开发边界划定技术规定、划定成果和管理规定 |
| | 10 | 武夷山国家公园试点实施方案 |
| 健全环境治理和生态保护市场体系 | 11 | 福建省培育环境治理和生态保护市场主体的实施意见 |
| | 12 | 福建省用能权有偿使用和交易方案 |
| | 13 | 福建省碳排放权交易实施细则 |
| | 14 | 福建省林业碳汇交易试点方案 |
| | 15 | 在全省所有工业排污企业全面推行排污权交易制度 |
| | 16 | 福建省建立绿色金融制度体系方案 |

| 任务领域 | 序号 | 重点任务 |
|---|---|---|
| 建立多元化的生态保护补偿机制 | 17 | 福建省重点流域生态保护补偿管理办法（修订） |
| | 18 | 汀江—韩江跨省流域生态保护补偿试点方案 |
| | 19 | 综合性生态保护补偿试点方案 |
| | 20 | 福建省重点生态区位商品林赎买等改革试点方案 |
| 健全环境治理体系 | 21 | 探索开展按流域设置环境监管和行政执法机构试点 |
| | 22 | 九龙江—厦门湾污染物排海总量控制试点 |
| | 23 | 福建省培育发展农业面源污染治理市场主体方案、农村污水垃圾处理市场主体方案 |
| | 24 | 农村生活污水、垃圾治理五年提升专项行动 |
| | 25 | 福建省环保督察制度方案 |
| | 26 | 福建省环保机构监测监察执法垂直管理实施方案 |
| | 27 | 福建省环境治理监管职能整合方案 |
| | 28 | 福建省建立环境资源保护行政执法与刑事司法无缝衔接机制的意见 |
| | 29 | 福建省各级法院、检察院环境资源司法机构设置方案 |
| 建立健全自然资源资产产权制度 | 30 | 晋江市自然资源资产统一确权登记试点方案 |
| | 31 | 福建省自然资源统一确权登记办法 |
| | 32 | 福建省自然资源产权制度改革实施方案 |
| 开展绿色发展绩效评价考核 | 33 | 福建省绿色发展指标体系和生态文明建设目标评价体系 |
| | 34 | 长乐市、晋江市、永安市和长汀县、南靖县、霞浦县自然资源资产负债表编制试点方案 |

| 任务领域 | 序号 | 重点任务 |
|---|---|---|
| 开展绿色发展绩效评价考核 | 35 | 福建省自然资源资产负债表 |
| | 36 | 莆田市和闽清县、仙游县、光泽县党政领导干部自然资源资产离任审计试点方案 |
| | 37 | 福建省党政领导干部自然资源资产离任审计实施意见 |
| | 38 | 厦门市、武夷山市生态系统价值核算试点方案 |

注：参考中国国际工程咨询有限公司关于福建、江西、贵州三省国家生态文明试验区建设进展中期评估报告。

在全力落实好中央部署的重点改革任务的同时，福建省发挥地方首创精神，自主开展了"集体林权制度""生态环保投资工程包""网格化生态环境监管体系""漳州市'生态＋'模式""南平市绿色创新发展模式""莆田木兰溪流域治理""长汀县水土流失治理""永春县全域生态综合体模式"等一批具有地方特色的制度改革，丰富和拓展了试验区改革措施，增强了试验区建设实效。

（2）贵州省总体进展

截至2018年，贵州省实施方案确定的34项重点改革任务（表1-4）中，已形成22项制度成果，还有12项正在推进中，完成度达到65％，总体完成情况较好。贵州省坚持以生态文明理念引领经济社会发展，强力实施大生态战略行动，在保持经济快速发展的同时持续改善生态环境质量，初步探索出一条经济发展与生态环境改善协同共进的新路子。

贵州省通过积极的探索实践，基本建立了多元参与、激励约束并重、较为系统完整的生态文明制度体系。其中，"贵州省自然资源统一确权登记试点实施方案""贵州省健全生态保护补偿机制的实施意见""全面建立河长制""贵州省水电矿产资源开发资产收益扶贫改革试点实施方案"等12项制度成果如期完成并取得良好成效，具有可推广、可示范的意义；"贵州省自然资源资产管理体制改革实施方案""贵州省环保机构监测监察执法垂直管理实施方案"2项制度改革进展滞后，还需加快推进进度。

**表1-4 贵州省重点任务梳理**

| 任务领域 | 序号 | 重点任务 |
|---|---|---|
| 开展绿色屏障建设制度创新试验 | 1 | 贵州省省级空间规划编制办法 |
| | 2 | 贵州省城镇建设用地总量控制管理实施方案 |
| | 3 | 贵州省自然资源统一确权登记试点实施方案 |
| | 4 | 贵州省自然资源资产管理体制改革实施方案 |
| | 5 | 贵州省推进农业林业领域政府和社会资本合作实施方案 |
| | 6 | 贵州省矿产资源开发利用、土地复垦、矿山环境恢复治理"三案合一"方案 |
| | 7 | 贵州省健全生态保护补偿机制的实施意见 |
| | 8 | 贵州省自然生态空间用途管制实施办法 |
| | 9 | 全面建立河长制 |
| | 10 | 贵州省地下水开采利用管控办法 |
| 开展促进绿色发展制度创新试验 | 11 | 贵州省绿色制造三年专项行动计划 |
| | 12 | 生态文明建设标准体系框架及明细表 |
| | 13 | 贵州省培育环境治理和生态保护市场主体实施意见 |
| | 14 | 贵州省构建绿色金融体系实施方案 |
| | 15 | 贵安新区绿色金融改革创新方案 |
| | 16 | 贵州省环境污染强制责任保险试点方案 |
| | 17 | 贵州省水权交易管理办法 |

| 任务领域 | 序号 | 重点任务 |
|---|---|---|
| 开展生态脱贫制度创新试验 | 18 | 贵州省重点生态区位商品林赎买等改革试点方案 |
| | 19 | 贵州省水电矿产资源开发资产收益扶贫改革试点实施方案 |
| | 20 | 贵州省培育发展农业面源污染治理、农村污水垃圾处理市场主体方案 |
| 开展生态文明大数据建设制度创新试验 | 21 | "十三五"贵州省环境保护大数据建设规划 |
| | 22 | 贵州省生态环境数据资源管理办法 |
| 开展生态旅游发展制度创新试验 | 23 | 贵州省旅游资源管理办法 |
| | 24 | 贵州省全域旅游工作方案 |
| 开展生态文明法治建设创新试验 | 25 | 贵州省环境资源保护司法机构全覆盖方案 |
| | 26 | 贵州省环保机构监测监察执法垂直管理实施方案 |
| | 27 | 全面试行生态环境损害赔偿制度 |
| | 28 | 修订贵州省生态文明建设促进条例、环境保护条例，制定贵州省环境影响评价条例、水污染防治条例、世界自然遗产保护管理条例等 |
| 开展生态文明对外交流合作示范试验 | 29 | "生态文明贵阳国际论坛"发展规划 |
| | 30 | 贵州省生态文明智库 |
| 开展绿色绩效评价考核创新试验 | 31 | 贵州省生态文明建设目标评价考核办法及绿色发展指数 |
| | 32 | 贵州省森林生态系统服务功能价值核算试点办法 |
| | 33 | 贵州省自然资源资产负债表 |
| | 34 | 贵州省贯彻落实《领导干部自然资源资产离任审计规定（试行）》实施意见 |

注：参考中国国际工程咨询有限公司关于福建、江西、贵州三省国家生态文明试验区建设进展中期评估报告。

在自主制度改革的创新探索中，贵州省也取得了阶段性成效：率先在全国出台生态扶贫专项制度，开展单株碳汇精准扶贫[1]试点，探索"互联网＋生态建设＋精准扶贫"的扶贫新模式；率先实行磷化工企业"以渣定产"制度，倒逼企业提高资源利用率；率先出台并实施全国首部省级层面的生态文明地方性法规（《贵州省生态文明建设促进条例》）和市级层面的生态文明地方性法规（《贵阳市促进生态文明建设条例》）；于2018年成功举办"生态文明贵阳国际论坛"，继2013年之后，习近平总书记再次向论坛发来贺信，肯定其重要作用，该论坛已经成为我国开展生态文明建设对外交流合作的"名片"。

（3）江西省总体进展

江西省实施方案确定的38项重点改革任务（表1-5）中，已完成24项，还有14项正在推进中，完成度达到63%。由于建设工作开展较晚，江西省的整体建设进度及成效与福建省相比尚不突出。

表1-5　江西省重点任务梳理

| 任务领域 | 序号 | 重点任务 |
|---|---|---|
| 构建山水林田湖草系统保护与综合治理制度体系 | 1 | 江西省自然资源资产管理体制试点实施方案 |
| | 2 | 江西省重点生态功能区产业准入负面清单 |
| | 3 | 江西省空间规划 |
| | 4 | 江西省关于划定并严守生态保护红线的若干意见 |
| | 5 | 按流域设置环境监管和行政执法机构试点实施方案 |
| | 6 | 江西省自然资源统一确权登记办法（试行） |

---

[1] 单株碳汇精准扶贫是指将贵州省深度贫困村建档立卡的贫困户种植的树编上身份号码，测算出相应的碳汇量，拍好照片再上传到平台，向整个社会致力于低碳发展的个人、企事业单位和社会团体进行销售；社会各界向贫困户购买碳汇的资金将全额进入其个人账户，以精准助力脱贫攻坚。

| 任务领域 | 序号 | 重点任务 |
|---|---|---|
| 构建山水林田湖草系统保护与综合治理制度体系 | 7 | 江西省流域生态补偿办法（修订版） |
| | 8 | 江西省水功能区监督管理实施细则 |
| | 9 | 江西省自然生态空间用途管制实施细则 |
| | 10 | 关于加强鄱阳湖流域生态系统保护与修复的决定 |
| | 11 | 江西省流域综合管理暂行条例 |
| 构建严格的生态环境保护与监管体系 | 12 | 江西省环保机构监测监察执法垂直管理制度改革实施方案 |
| | 13 | 江西省规模化养殖粪便有机肥转化补贴暂行办法 |
| | 14 | 江西省农村环境整治政府购买服务试点方案 |
| | 15 | 江西省"生态云"大数据平台建设方案 |
| | 16 | 赣江新区城乡环境保护统一监管和行政执法试点方案 |
| | 17 | 江西省排污许可工作管理办法 |
| 构建促进绿色产业发展的制度体系 | 18 | 江西绿色有机农产品示范基地建设实施方案 |
| | 19 | 江西省生态文明建设标准体系框架及明细表 |
| | 20 | 绿色生态技术标准创新基地（江西）建设工作方案 |
| | 21 | 江西省节约集约利用土地考核办法 |
| | 22 | 南昌市、宜春市生活垃圾强制分类试行办法 |
| | 23 | 江西加快农产品标准化及可追溯体系建设实施方案 |
| | 24 | 江西省气候资源开发利用与保护条例 |

| 任务领域 | 序号 | 重点任务 |
|---|---|---|
| 构建严格的生态环境保护与监管体系 | 25 | 江西省碳排放交易总量设定与配额分配方案 |
| | 26 | 江西省用能权有偿使用和交易试点方案 |
| | 27 | 江西赣江新区绿色金融改革创新总体方案、实施细则 |
| | 28 | 江西省环境治理和生态保护市场化改革指导意见 |
| | 29 | 江西省全民所有自然资源资产有偿使用制度改革试点方案 |
| | 30 | 江西省排污权交易实施细则 |
| 构建绿色共治共享制度体系 | 31 | 江西省贫困地区水电和矿产资源开发资产收益扶贫改革试点方案 |
| | 32 | 上犹县、遂川县、乐安县、莲花县生态扶贫试验区建设试点方案 |
| | 33 | 江西省环保社会组织行为规范指导意见 |
| 构建全过程的生态文明绩效考核和责任追究制度体系 | 34 | 江西省生态文明建设目标评价考核办法 |
| | 35 | 江西省党政领导干部自然资源资产离任审计实施意见 |
| | 36 | 江西省党政领导干部生态环境损害责任追究实施细则（试行） |
| | 37 | 江西省自然资源资产负债表 |
| | 38 | 江西省统筹开展生态文明建设考评追责工作的若干意见 |

注：参考中国国际工程咨询有限公司关于福建、江西、贵州三省国家生态文明试验区建设进展中期评估报告。

对于中央部署的38项试验区重点改革任务，江西省总体进展顺利，完成良好。其中，"江西省重点生态功能区产业准入负面清单""江西省空间规划""江西省流域生态补偿办法（修订版）"等14项制度完成度较高、举措落实到位、成效显著，部分措施具有创新性，可推广至其他地区；"江西省自然资源资产管理体制试点实施方案""江西省关于划定并严守生态保护红线的若干意见""按流域设置环境监管和行政执法机构试点实施方案""江西省碳排放交易总量设定与配额分配方案"这4项制度改革任务推进滞后，仍需抓紧推进。

此外，江西省还积极开展了生态文明制度的自主探索和创新，在"林长制"、鄱阳湖流域综合治理、生态司法保护机制、山水林田湖草生态保护与修复、城乡生活垃圾第三方治理模式、碳普惠制模式等方面形成了一批极具地方特色的制度改革成果。

### 1.3.3 生态文明试验区的建设成效

福建省、贵州省、江西省3个国家生态文明试验区深入贯彻落实党中央关于生态文明体制改革的总体部署，在生态文明制度创新方面先行先试、大胆创新，在自然资源资产产权、国土空间开发保护、环境治理体系、环境治理市场化机制以及生态文明绩效评价考核等重点制度建设领域探索形成了一批典型经验和做法，成效显著、亮点突出，也在促进污染治理、生态修复、绿色发展、资源节约等领域发挥了越来越重要的作用。2020年11月25日，国家发展改革委印发了《国家生态文明试验区改革举措和经验做法推广清单》（发改环资〔2020〕1793号），包含90项改革内容，在我国生态文明建设和体制机制改革创新方面起到了突出的引领示范作用。

**1. 生态文明制度创新成效初显**

福建省、江西省、贵州省3个试验区，作为承担国家生态文明体制改革创新试验的综合性平台，在自然资源资产产权、资源环境价格机制、生态补偿机制、市场化运作机制、法治建设等生态文明制度创新方面先行先试，取得了积极进展和阶段性成效。其中，流域生态补偿、培育环境治理和生态保护市场主体等市场化运作机制及生态文明法治建设等多项改革任务已经转化为可操作、有实效的制度成果，这些制度成果在实践中逐渐凝练成可复制、可推广的改革经验，值得向全国复制推广。

（1）建立市场化、多元化的生态补偿机制

流域生态补偿机制方面，为加强流域水环境治理和生态保护力度、不断提升水环境质量、保障流域水生态安全，3个试验区根据自身的流域特点和生态环境保护要求，进一步拓宽补偿方式，加大补偿资金筹措力度，建立了较为完善的流域生态补偿机制，既有覆盖全省的全流域生态补偿机制，也有涉及贵州、四川和云南三省的赤水河跨流域生态补偿机制，上下游协力，共同保护流域生态环境的格局正在逐步完善（专栏1-2）。其中，贵州省以赤水河流域为主体的跨流域生态补偿机制成效较为显著。

**专栏1-2　3个试验区推进流域生态补偿机制逐步完善的主要做法**

2018年2月，贵州省与云南省、四川省签订《赤水河流域横向生态保护补偿协议》，三省按照1∶5∶4（云南∶贵州∶四川）的比例共同出资2亿元设立赤水河流域横向补偿基金，补偿资金在三省间的分配比例为3∶4∶3（云南∶贵州∶四川），补偿基准年为2017年，实施年限暂为2018—2020年，并依据考核断面设置、生态环境功能重要性、保护治理难度等分段设立补偿权重，将补偿资金及治理任务分解落实到各责任市县。生态补偿的目标是保持赤水河流域水质稳定、不恶化，其中，清水铺、鲢鱼溪等干流国控断面水质年均值达到Ⅱ类标准。三省将依据各段补偿权重及考核断面水质达标情况分段清算生态补偿资金：若赤水河清水铺断面水质部分达标或完全未达标，云南省扣减相应资金拨付给贵州省和四川省，两省分配比例均为50%；若鲢鱼溪断面部分达标或完全未达标，贵州省扣减相应资金拨付给四川省；茅台镇上游新增断面水质考核部分达标或完全未达标，贵州省和四川省各承担50%的资金扣减任务。赤水河流域生态补偿是长江经济带生态保护修复工作中首个在长江流域多个省份间开展的生态保护补偿试点，探索了流域跨行政区域生态补偿的有效模式。

2017年8月，福建省政府出台了《福建省重点流域生态保护补偿办法（2017年修订）》，将流域生态补偿由原来的"六江两溪"扩大到全省12条主要流域，基本实现了全省流域补偿全覆盖，建立起责任共担、长效运行的补偿资金筹集机制，根据上下游不同市县应承担的生态补偿责任设置不同的筹资标准；建立奖惩分明、规范运作的补偿资金分配机制，对水质状况较好、水环境和生态保护贡献大、节约用水多的市县加大补偿，同时体现出对上游地区的生态贡献补偿。各市县政府在收到补偿资金预算60日内提出资金安排计划并向社会公示，省有关部门会同流域下游地区政府对补偿资金的使用情况加强监督检查。2016—2018年累计筹集补偿资金近35亿元，流域上下游关系进一步协调。此外，福建省还于2016年3月与广东省签订了《关于汀江—韩江流域水环境补偿的协议》，启动汀江—韩江流域生态补偿试点工作，共同设立横向生态补偿资金，实行"双指标考核""双向补偿"方式，探索构建上下游成本共担、效益共享、合作共治的跨省流域保护长效机制。

江西省在全国率先实施全流域生态补偿，出台了《江西省流域生态补偿办法》，并得到水利部的肯定。自2015年开展流域生态补偿以来，截至2018年10月共筹集、分配流域生态补偿资金47.81亿元。一是加大资金支持，在已筹集的20.91亿元资金的基础上，视财力情况逐步增加投入，2018年省级新增2亿元，全年资金投入超过28.9亿元；二是倾力生态扶贫，增设贫困地区补偿系数，贫困县补偿系数高出其他县50%；三是突出水环境综合治理，提高水环境综合治理因素权重；四是体现公平公正，采用因素法结合补偿系数进行两次分配；五是严格资金监管，建立监督检查或审计检查制度，强化跟踪问效。

森林生态保护补偿机制方面，开展重点生态区位商品林赎买改革试点。围绕增强群众的获得感，深入探索解决保护生态而得不到合理回报、生态产品价值得不到充分体现等问题，福建省率先开展重点生态区位商品林赎买等改革试点，通过直接赎买、合作经营、租赁、置换、改造提升、入股、合作经营等多样化的改革方式，因地制宜地将重点生态区位内禁止采伐的商品林，调整为生态公益林；根据各地重点生态区位商品林分布情况、林分结构特点和管护能力，通过多样化的改革方式明确赎买条件和程序，建立多元化的资金筹集机制；采取以财政资金引导为基础、受益者合理分担、吸引社会资金参与的赎买资金筹集机制，挖掘森林资源的经济价值，利用政策性银行长期贷款等市场化机制扩大赎买资金来源，改善森林生态功能和景观价值，有效化解生态保护和林农利益之间的矛盾。2016—2018年，福建省累计安排省级以上生态公益林补偿资金28.5亿元，完成试点面积约23.6万亩[1]，林农直接受益超过3.5亿元，实现了"社会得绿、林农得利"的双赢。

**（2）创新环境治理市场化机制，培育环境治理和生态保护市场主体**

3个试验区积极探索环境治理市场化机制，吸引各类资本进入环保市场，培育市场主体。其中，贵州省和福建省取得了较好的成效。

福建省完善了市场主体培育机制，印发了《福建省培育发展环境治理和生态保护市场主体的实施意见》，大力推行污染第三方治理、城乡环保基础设施一体化投资运营等市场化模式，吸引各类专业投资主体参与生态环保项目投资、建设和运营。在农村生态环境治理，尤其是农村垃圾、污水处理市场主体培育方面，积极推进农村生活污水垃圾治理PPP（政府和社会资本合作）项目，引进社会资本。2017年，全省节能环保产业产值达1 205亿元，涌现出福建龙净环保股份有限公司、福建龙马环卫装备股份有限公司、新大陆科技集团等一批具有重要影响力、带动力的环保龙头企业。

贵州省逐步建立起绿色发展市场机制，制定了《培育发展环境治理和生态保护市场主体实施意见》，提出了加快环境治理和生态保护市场主体的支持政策，印发了环境污染第三方治理名单。目前，全省累计开展省级环境污染第三方治理试点100余个，凯里市、务川县国家环境污染第三方治理试点建设基本完成，初步探索了乡镇污水处理规模化建设、一体化运营模式。

---

[1] 1亩=1/15公顷。

（3）建立较为完善的生态环境司法保护机制

习近平总书记多次指出，只有实行最严格的制度、最严密的法治，才能为生态文明建设提供可靠保障。3个试验区，尤其是贵州省，积极推进生态文明法治建设，完善生态环境司法机制并形成了较好的模式，对在全国推广具有很好的借鉴意义。

贵州省强化生态文明建设法治保障，率先出台了首部省级层面的生态文明地方性法规《贵州省生态文明建设促进条例》，并颁布实施了30余部配套法规，在全国率先建立了生态保护审批专门机构。在此基础上，贵州省还不断摸索和加大工作力度，于2018年年初实现了全省环境资源法庭（以下简称环资庭）全覆盖。每个新设的环资庭均配置了专门的员额制法官[1]、法官助理和书记员，以确保专业性。同时，为保障环资庭顺利运行，贵州省还印发了环境资源案件集中管辖规定，要求各环资庭实行民事、刑事、行政案件三合一审理模式；在省高级人民法院环境资源审判咨询专家库的基础上，增补新的审判咨询专家，并出台了专家库管理制度。2015—2017年，全省公益诉讼试点期间，共受理检察机关提起的公益诉讼案件153件，居于全国前列，其中有4件案件入选最高人民法院环境资源十大典型案例。

江西省建立了生态环境资源保护立法、司法保障网络，积极探索生态保护立法、司法、执法，高悬法制"利剑"守护绿水青山。一是加强环境资源立法，行使重大事项决定权，强化环境资源监督，连续23年开展"环保赣江行"活动；二是理顺打击环境污染犯罪部门间的协调配合和职能分工，县级公安机关基本建立了打击环境污染犯罪的侦察机构和力量，宜丰县等地成立了生态警察中心；三是基本实现全省环境资源审判机构全覆盖，推进环境资源审判专门化建设和集中管辖，积极探索环境资源民事、刑事、行政案件三合一审理模式；四是在全国率先提出"生态检察"，并推动生态检察工作向常态化、专业化、制度化、规范化发展；五是创新生

---

[1] 员额制是新一轮司法改革中建立司法人员分类管理制度、健全法官职业保障制度的重要改革措施。员额制法官是通过层层考试，再根据审判工作量、法院所辖区域人口、经济发展水平等因素，从现有法官中按照一定比例遴选出的"精英法官"。只有员额制法官才具有案件审判权，未选上的法官只能暂时担任法官助理，协助法官处理事务性工作，或是转岗到行政岗位待下一次遴选再参加考试。

态司法模式，在各地探索建立"河长法治特派员"制度，建立了"环境资源案件生态修复示范基地"，设立了生态旅游法庭，建立了"三定三快一重"的旅游审判工作机制，创建了"生态旅游审判110"模式。

福建省基本构建形成了系统完整的生态司法保护体系，生态资源环境的受理案件数、审结案件数、人均办案数均居全国前列；在全国率先实现了省、市、县三级生态司法机构全覆盖，全部设立了专门的生态检察、生态审判机构，统一办案、统一标准；建立了修复性生态司法机制，实现了惩治违法犯罪、修复生态环境、赔偿受害人经济损失"一判三赢"；建立了由法院、检察院、公安、生态环境、林草、水利、自然资源等部门组成的"行政执法与刑事司法"无缝衔接工作机制；实行巡回生态审判模式，针对重点林区、矿区、自然保护区、海域等特殊区域采取就地立案、就地开庭、就地调解、就地宣判等灵活多样的便民诉讼办案方式。

（4）建立健全自然资源资产产权制度，深入推进自然资源统一确权登记制度

贵州省在赤水市、绥阳县、中山区、普定县、思南县五个市（县）开展了自然资源确权登记试点，形成了一套行之有效的自然资源统一调查技术规范和自然资源确权登记技术方法与工作程序，通过国家所有权和代表行使国家所有权登记的途径和方式，实现了自然资源所有权与不动产权的有效关联。福建省出台了自然资源统一确权登记办法，并在厦门市、晋江市、武夷山国家公园开展试点，组织开展了水流、森林、山岭、滩涂以及探明储量的矿产资源等自然资源家底的调查摸底，界定了各类自然资源资产的所有权主体。江西省政府成立了自然资源统一确权登记工作领导小组，确定新建区、庐山市、贵溪市、高安市、南城县为试点县，并制定了《江西省自然资源统一确权登记试点实施方案》。目前，各试点地区的自然资源统一确权登记试点工作已取得初步成效，形成了江西省自然资源统一确权登记工作思路和调查技术路线、技术方法。

（5）推进环境权益交易体系的建立

福建省和江西省对环境权益交易体系进行了积极探索。福建省建立了政府储备机制和重点排污行业调控机制，在全省所有工业排污企业全面推行排污权交易，率先按照国家核算标准启动运行福建碳排放权交易市场，并将具有福建特色的林业碳

汇纳入市场交易；推进基于能源消费总量控制下的用能权交易试点；平均每年建成超过3 000个减排工程，主要污染物排放强度、能源消耗强度和清洁能源消费比重等指标均位居全国先进行列；排污权、碳排放权、用能权等环境权益交易总额突破11亿元，有效促进了环境资源配置效率的提高和企业的节能减排。江西省出台了《江西省落实全国碳排放权交易市场建设工作实施方案》，加强了重点企业温室气体排放报告平台建设，成立了省碳排放权交易中心；出台了《江西省用能权有偿使用和交易制度试点实施方案》，将水泥、钢铁、陶瓷等行业的高耗能工业企业纳入试点，积极推动交易平台建设；出台了排污权有偿使用和交易试点等相关配套政策规定，建立了排污权交易平台。

**2. 自然生态系统保护扎实推进**

3个试验区的自然生态系统基础较好，资源环境承载力较强。福建省是我国南方地区重要的生态屏障，而贵州省、江西省分别是长江上游、中下游重要的生态安全屏障，在国家生态安全格局中具有不可替代的地位和作用，但目前试验区的部分地区仍处在保护与破坏、改善与恶化的相持阶段。近年来，三省把自然生态系统保护和修复摆在突出位置，进一步加强国土空间管控，开展生态保护红线划定工作，推进荒漠化、石漠化、水土流失综合治理，着力构筑生态安全体系。

（1）优化国土空间格局，进一步加强生态空间管控

福建省、贵州省、江西省围绕构建人与自然和谐相处的国土空间格局，持续推进国土空间开发保护，加强生态空间用途管制。但从工作整体推进情况来看，3个试验区进展均较为缓慢，相对而言，福建省在推进武夷山国家公园体制试点上成效较好。3个试验区在永久基本农田、生态保护红线和城市开发边界划定等"三线"划定工作上都面临进度不一、衔接困难、缺乏法律依据、空间规划难以落地实施等问题。

福建省推进国土空间的有序开发和有效管制，提升了国土空间治理能力，建立了空间管控体系，科学合理地布局和整治生产空间、生活空间、生态空间。一是开展了省级空间规划试点，制定出台了《福建省省级空间规划编制办法（试行）》，明确了省、市、县不同层级空间规划的重点内容、编制方法和管制手段，编制形成了《福建省空间规划（2016—2030年）》，研究提出了空间规划管理体制机制改革

创新和相关法律法规"立、改、废、释"的若干建议并上报国家参考；二是建立了空间管控体系，统筹推进永久基本农田、生态保护红线和城市开发边界3条控制线划定工作，基本完成了全省生态保护红线划定工作，完成并公布了全省海洋生态红线划定成果，基本完成了陆域生态红线划定成果调整方案，完成了永久基本农田划定工作，共划定1 609万亩基本农田，对其严格实施永久保护；三是积极推进了武夷山国家公园体制试点，基本构建了突出生态保护、统一规范管理、明晰资源权属、创新经营方式的国家公园保护管理模式（专栏1-3）。

## 专栏1-3　武夷山国家公园体制试点主要经验做法

**理顺管理体制**。针对保护地多头交叉管理的问题，整合武夷山自然保护区管理局、武夷山风景名胜区管委会有关自然资源资产管理、生态保护等方面的职责，组建省政府垂直管理的武夷山国家公园管理局，实现统一管理。

**建立跨区域协调机制**。针对国家公园涉及多个县市管理权限的问题，组建各市县政府、有关主管部门和村场等利益相关方参加的"国家公园联合保护委员会"，制定联合保护公约和章程，形成联合保护体系。

**创新资源保护管理模式**。依据国家公园保护对象的敏感度、濒危度、分布特征和遗产展示的必要性，结合居民生产、生活与社会发展的需要，将试点区划分为特别保护区、严格控制区、生态修复区、传统利用区，实行分类管理、分区施策。

**构建利益共享机制**。针对试点区集体土地比重高的特点，实施生态搬迁、资源流转、生态补偿、社区发展扶持以及优先从村民中选聘护林员、扑火队员和后勤服务人员等措施，促进国家公园建设成果利益共享、社区建设与生态保护共赢。

**主要成效显著**。基本构建起突出生态保护、统一规范管理、明晰资源权属、创新经营方式的国家公园保护管理模式。

江西省出台了《江西省空间规划试点工作实施方案》，形成了《江西省空间规划（2016—2030年）》，市县"多规合一"试点也形成了规划成果；在新建区、贵溪市、高安市开展自然生态空间用途管制试点；划定生态保护红线面积5.03万km²，占江西省总面积的30.14%；建立土地资源红线制度，全面划定永久基本农田3 693万亩，构建永久基本农田"划、建、管、护、补"长效机制；完成资源环境承载力监测预警机制基础评价，重点生态功能区产业准入"负面清单"全部出台。

贵州省先后出台了《贵州省省级空间规划编制办法》《贵州省省级空间性规划"多规合一"试点工作推进方案》，并在六盘水市、三都县和雷山县开展了空间规划"多规合一"试点；明确安顺市等14个市（县）的城镇开发边界；在安顺市、遵义市开展"城市双修"国家试点；全省国土空间开发强度控制在4.2%以内。

（2）重点推进生态保护和修复工程

江西省以系统治理为抓手，坚持山水林田湖草生命共同体理念，从生态保护修复试点建设、森林质量提升、鄱阳湖流域生态系统保护与修复、耕地保护和修复、矿山环境治理和生态修复5个方面着力推进重大生态保护与修复工程建设（专栏1-4）。

---

**专栏1-4　江西省山水林田湖草系统保护修复的主要经验做法**

**实施山水林田湖草生态保护修复试点。**28个项目全面开工，实施了15条生态清洁型小流域建设，推动重点生态功能区、江河源头地区水土流失治理，治理面积840 km²，形成了山水林田湖草系统保护修复的"赣南模式"。

**实施森林质量提升工程，加大湿地保护力度。**持续推进封山育林，新增造林142.1万亩，封山育林100万亩，退化林修复160万亩，森林抚育560万亩。推动南岭山脉低产低效林改造，建设20个省级森林经营样板基

---

地。促进森林资源休养生息，在我国南方率先成立省级天然林保护工程管理中心，对2 290.8万亩天然商品林进行补偿，实施重点生态区非国有商品林赎买试点。全面落实江西省的《关于加强城市规划区湿地保护的决议》《湿地保护修复制度实施方案》，全省自然保护区、森林公园、湿地公园总面积达2 551万亩，占江西省总面积的10.2%，森林公园数量和湿地公园数量均居全国前列。

**积极推进鄱阳湖流域生态系统保护与修复，启动生态鄱阳湖流域建设行动计划。**开展鄱阳湖流域天然湿地保护与修复，持续推进退田还湖还湿。落实岸线开发、河段利用、区域开发和产业发展4个方面禁止限制准入内容以及相应的管控要求，开展全流域跨部门联合奖惩工作。

**实施耕地保护和修复工程。**新建高标准农田290万亩，建立耕地质量评价和等级监测制度，启动耕地休养生息试点、建设占用耕地耕作层剥离和再利用试点，开展土壤污染状况详查。

**开展矿山环境治理和生态修复。**在矿产资源开发活动集中的区域执行重点污染物特别排放限值，开展重点矿山恢复整治，新增矿山复绿面积20 km²，启动赣州市、德兴市绿色矿业发展示范区建设。

贵州省以岩溶地区石漠化综合治理为抓手，统筹开展天然林保护、重点防护林建设、退耕还林还草、退牧还草、小流域治理、坡耕地水土流失治理等重点生态项目，2017年完成退耕还林477.4万亩，治理石漠化面积2 520 km²。鼓励多元投资进入水土流失、石漠化治理领域，出台农林业PPP实施方案，开展农林业政府和社会资本合作试点项目，2017年试点实施了11个石漠化治理合作项目，总投资超过1亿元。全省石漠化向纵深发展的趋势基本得到全面遏制。

**3. 环境治理体系不断完善**

3个试验区在推行河长制、实施农村生态环境治理、推进生活垃圾分类等工作上取得了一定的成效，但环保监管体制改革、排污许可证等制度改革仍在推进中，成效尚不明显。

**（1）完善流域治理机制，全面落实河长制**

福建省、贵州省、江西省3个试验区积极推进流域综合管理体制改革，全面推行河长制，取得了较好的成效。福建省建立了省、市、县、乡四级河长体系和村级河道专管员制度，形成了"有专人负责、有监测设施、有考核办法、有长效机制"的河流管护新模式。目前，省内主要河流优良水质比例达到95.8%，农村小流域水质明显改善。江西省全面升级河长制，率先在全国建立规格高、覆盖面广、组织体系完善的五级河长制体系。贵州省全面推行河长制，制定总体工作方案以及1 544个各级河长制工作方案，在全省3 337条河流共设五级河长24 450名，聘请河、湖民间义务监督员11 220名，实现了所有河流、湖泊、水库河长制全覆盖。

**（2）完善农村环境治理体制机制，改善农村人居环境**

福建省、贵州省、江西省3个试验区积极培育发展农村垃圾、污水处理市场主体，完善农村环境治理机制。其中，福建省成效较为显著，农村人居环境得到明显提升，形成了可复制、可推广的改革经验。

福建省以专业化、市场化为导向，使农村污水、垃圾整治情况得以改善，培育发展农村污水、垃圾处理市场主体，制定实施了农村污水、垃圾整治提升三年工作方案，全力改善农村人居环境。实施投资工程包机制，以县域为单位，将镇村污水处理、农村生活垃圾收集转运等项目进行"肥瘦搭配"、整体打包，采取PPP等模式，委托有资质、有经验的企业规划设计或运营；污水治理和垃圾治理因地制宜地选择技术路线；建立财政奖补与村民付费相结合的资金分摊机制，在已建成污水处理设施的乡镇开征污水处理费，农村地区也开始缴纳保洁费。目前，福建省所有乡镇已建成生活垃圾转运系统，75%的行政村建立了生活垃圾治理常态化机制，78%的乡镇建成了污水处理设施，约6 000个行政村建成了生活污水处理设施，以县域为单位捆绑打包农村生活污水、垃圾治理PPP项目92个，治理效果显著提升，运营管理专业化、市场化程度显著提高。

贵州省加快完善农村环境基础设施建设，制定了农村人居环境整治三年行动实施方案；积极探索农业面源污染治理和农村污水、垃圾处理市场化机制，提出了多元化的农村污水、垃圾处理等环境基础设施建设和运营的政策措施。江西省印发了《德兴市、靖安县、宁都县农村环境整治政府购买服务试点方案》，在农村生活垃圾处理等领域有计划地推进政府购买服务试点，初步建立了以县（市、区）人民政府为责任主体、各有关部门具体负责的农村环境整治政府购买服务试点工作机制，广泛建立起村收、乡运、县统一处理的模式，试点县（市）农村生活垃圾分类投放、分类收集、分类运输、分类处置的工作格局初步形成。

（3）积极推进生活垃圾分类

截至目前，福建省厦门市主城区（思明区、湖里区）100％的小区、120家市直机关、85家星级宾馆、1 124所学校以及车站等公共区域已全部实行垃圾分类。其主要经验做法，一是出台了厦门市地方立法《生活垃圾分类管理办法》，并同时出台了20多项配套制度，建立起全链条的制度保障体系；二是分类投放注重激励，并采取设置专职垃圾分类桶边督导、分类直运处理、建设配套设施等措施，建立了全流程管控体系；三是建立了全方位的宣传引导机制，在中小学、幼儿园中增加有关生活垃圾分类知识的教学，通过全媒体资源进行全社会的理念传播，并组织宣讲团、志愿者等深入社会入户宣讲。

江西省在全国第一个以省政府的名义出台全省的《生活垃圾分类制度具体实施方案》，还在南昌、宜春等市启动了生活垃圾分类试点，使全省初步建立了城乡垃圾一体化收运处理体系。

（4）完善环保监管体制，推行环境监管网格化管理

3个试验区正在逐步推进环保监管体制的改革与完善，但在机构编制调整、人员划转调配等方面均存在一定问题，整体进展较为缓慢，成效不明显。

福建省围绕解决污染防治能力弱、监管合力不足等问题，加快完善环保监管体制，打通环保监管"最后一公里"。扎实推进省以下环保机构监测监察执法垂直管理制度改革；推行环境监管网格化管理，建成市、县、镇、村四级网格体系，推动环保精细化、精准化监管；环保公安联动机制成效明显，先后开展了畜禽养殖、大气污染源等20多项专项执法行动。全省查处案件数量8 891起，处罚金额2.46亿元。

江西省全面启动环保机构监测监察执法垂直管理制度改革，有序推进了赣江流域环境监管和行政执法机构试点、赣江新区城乡环境保护监管执法试点；健全了生态环境保护领域行政执法和刑事司法衔接机制，初步建立起覆盖省、市、县三级法院的环资审判体系，生态检察试点取得阶段性成果。

**4. 绿色发展机制稳步推进**

**（1）推动产业绿色发展**

产业绿色转型和高质量发展是推动生态文明建设的重要抓手。3个试验区在构建绿色循环低碳发展制度、激发绿色发展新动能方面都开展了大量工作。其中，福建省通过构建绿色循环低碳发展方式，在产业绿色发展领域取得了显著成效。

福建省深入践行绿水青山就是金山银山理论，优布局、强产业、全链条，推动生态产业化、产业生态化，构建绿色循环低碳的高质量发展模式。一是提升产业绿色化水平。对服装、食品、机械等传统优势产业加快智能化改造和技改力度，对电力、钢铁、水泥、造纸等高耗能、高污染行业严格能效、物耗监管，2017年全省取缔"地条钢"产能535万t，完成煤炭去产能244万t，清洁能源装机比重提高到54.5%，土地、能源、水消耗强度有效降低。二是培育绿色发展新引擎。数字经济、新材料、新能源、节能环保等新兴产业和旅游、物流、金融等现代服务业发展势头良好，2017年全省高新技术产业增加值增长12.5%，服务业增加值占全省生产总值的比重为43.6%，服务业对经济增长的贡献率超过第二产业，新旧动能加快转换。三是强化绿色发展的科技支撑。以创新为绿色发展的重要基点，加快绿色科研成果的转移转化、产业化步伐和示范推广，研发经费投入增速高于全国，区域创新能力不断提升。

江西省积极构建绿色产业发展制度体系。一是加快转变农业发展方式，促进农业产业"接二连三"[1]。全面推进绿色生态农业"十大行动"，大力实施"生态鄱阳湖、绿色农产品"品牌培育计划；探索了一批区域生态循环农业发展模式、病死

---

[1] "接二连三"是指农业与第二、第三产业循环链接发展。

畜禽治理体系、"互联网＋"农业新模式，打造了一批现代农业生态循环经济示范区，其中，新余市探索出"N2N"[1]生态闭链循环农业发展模式。二是着力推动新旧动能转换。实施"5511"工程倍增计划，全力创建鄱阳湖国家自主创新示范区；实施战略性新兴产业倍增计划，"一产一策"支持航空制造、中医药、电子信息、新能源、新材料等新兴产业发展；全力培育壮大生态环保产业和绿色制造产业，促进绿色产品、绿色工厂、绿色园区和绿色供应链全面发展，推动赣江新区绿色制造体系建设试点。三是现代服务业发展势头良好。重点支持一批省级现代服务业集聚区和省级服务业龙头企业；大力推进旅游强省战略，重点抓好18个国家全域旅游示范区、4个国家生态旅游示范区建设，着力实施"旅游＋"融合工程，探索创新生态旅游模式，国家5A级旅游景区新增至10个；积极发展大健康产业，建立江西省智慧健康创客研究院和江西省智慧健康研究院，上饶市成功入选首批15个国家中医药健康旅游示范区创建名单。

贵州省积极推动绿色经济发展。一是实施绿色经济倍增计划。加快发展生态利用型、循环高效型、低碳清洁型、环境治理型"四型产业"，2017年绿色经济"四型产业"占地区生产总值的比重达到37％。二是推进绿色改造提升。以高端化、绿色化、集约化为主攻方向，实施"千企引进""千企改造"工程，2017年引进大数据电子信息产业项目400个，改造企业1 597户、项目1 643个，关闭"地条钢"产能167万t。三是积极推动发展绿色低碳循环产业。以大数据为代表的绿色低碳产业发展异军突起，2017年数字经济增长37.2％，居全国第一位；生态旅游业蓬勃发展，成为贵州省构建现代经济体系、促进产业绿色发展的亮丽名片。

（2）构建绿色金融体系

福建省的绿色金融作用进一步发挥。一是坚持政府推动与市场驱动相结合，

---

[1] "N2N"是一个闭链循环系统。第一个"N"是指养殖业子系统，代表的是N家养殖企业；"2"是指处理中心，代表的是农业废弃物资源化利用中心和有机肥处理中心；第二个"N"是指种植业子系统，代表的是N家农业企业、种植大户和合作社。此模式通过中间的两个资源循环利用转化核心，成功地将上游的种植和养殖业废弃物产生端与下游资源再生产品应用端结合起来，推动了养殖业和种植业各产业链的无缝衔接，达到"三位一体"发展生态循环农业的目的。

充分挖掘和体现生态资源环境要素的市场价值，强化金融对绿色资源配置的引导优化作用，加快构建资源节约和环境友好的市场化激励约束机制。二是制定出台《福建省绿色金融体系建设实施方案》，率先开展绿色信贷业绩评价，全省绿色信贷和绿色非信贷融资余额达2 426亿元，从高污染、高耗能和高环境风险行业累计退出贷款110多亿元。三是在全省环境高风险领域推行环境污染责任保险制度，累计为442家企业提供风险保障金6.3亿元。积极推进林业金融创新，率先推出"福林贷"、中长期林权抵押按揭贷款、林业收储贷款等创新产品。每年提供林业信贷资金超过200亿元，实现了林业发展、生态保护和林农增收的"多赢"。

贵州省积极构建绿色金融体系。一是贵安新区获批国家绿色金融改革创新试验区，在区内推动贵州银行、贵阳银行等成立绿色金融事业部，兴业银行贵阳分行成立生态支行，中国银行设立绿色金融支行。二是抓紧制定支持绿色信贷产品和抵质押品的创新政策，稳妥有序地探索发展基于排污权等环境权益的融资工具。三是完成贵州银行、贵阳银行180亿元绿色金融债券的发行准备工作，完成93亿元企业绿色债券的申报准备工作。四是在遵义市、黔南州、贵安新区开展环境污染强制责任保险试点。

江西省积极扩大绿色信贷规模，拓宽绿色产业融资渠道，大力发展绿色保险业，加快赣江新区绿色金融改革创新试验区建设。2017年，全省绿色信贷余额达到3 000亿元。

（3）创新生态扶贫机制，保障落后地区民生

贵州省、江西省的部分地区由于自然地理环境导致农业生产条件差、农民居住分散、建设基础设施和公共服务成本高，不利于生态保护，面临搬迁扶贫的重任。在实践中，这2个试验区探索出了易地搬迁扶贫和生态扶贫等多种模式，让广大人民群众共享生态文明成果。

贵州省推进易地搬迁脱贫和多渠道生态脱贫，形成了"贵州模式"。一是探索易地扶贫搬迁。贵州省坚持省级统贷统还、以自然村寨整体搬迁为主、城镇化集中安置、以县为单位集中建设管理、贫困户不因搬迁负债和"以岗定搬""以

产定搬"六大原则，集中解决搬迁资金问题，建立搬迁对象后续保障机制，探索出易地扶贫搬迁的"贵州模式"。对近200万贫困人口实施易地扶贫搬迁，对迁出地进行土地复垦或生态修复，盘活了搬迁户承包地、山林地、宅基地"三块地"，开展了单株碳汇精准扶贫试点工作，探索出"互联网+生态建设+精准扶贫"的扶贫新模式。二是探索多渠道生态扶贫。充分发挥林业生态资源优势，制定重点生态功能区位商品林等赎买改革试点方案，在省级以上森林生态自然保护区和毕节市七星关区、纳雍县、织金县开展人工商品林赎买试点。筹建贵州林业发展投资有限公司，为贫困人口建档立卡并有针对性地制定生态护林员选聘政策，稳定贫困人口就业和收入。健全矿山资源绿色化开发机制。在具备矿产资源和水资源的地区，推动村民集体入股资源开发，形成稳定的集体收益渠道和可持续的资产收益脱贫机制。此外，在有条件的地区因地制宜、创造性地提出以传统手工技艺助推脱贫攻坚、以非遗振兴脱贫、生物多样性与减贫等试点方案，形成多渠道的生态脱贫模式。

江西省积极创新生态扶贫机制。一是将25个贫困县补偿系数设定为1.5，其他县补偿系数设定为1；二是支持金融机构和绿色企业利用债券融资；三是出台了《江西省水电矿产资源开发资产收益扶贫改革试点实施方案》，重点在24个罗霄山集中连片特困地区县和国家扶贫开发工作重点县进行试点。此外，江西省还全力推进易地扶贫搬迁工程，2018年易地扶贫搬迁2.26万人工作已全面启动。以上犹县、遂川县、乐安县、莲花县为试点开展生态扶贫试验区建设试点方案，进一步制定生态扶贫工作细则，启动了一批重点项目。安排扶贫搬迁生态移民指标，加强扶贫搬迁建设项目资金保障，全面推进脱贫人口和贫困村退出，推动打造全国生态扶贫共享发展示范区。

### 5. 生态文化日益繁荣

随着试验区生态文明建设的不断推进，公众的思想观念和生活方式也发生了深刻变化，保护生态环境就是保护美好家园已经成为社会共识，生态文化自信日益增强。

在生态文化培育方面，贵州省开展了多项工作并取得了较好成效。一是加强生态文明对外交流合作。自2009年开始举办"生态文明贵阳国际论坛"，至今已举办了10届，极大地深化了同国际社会在生态环境保护、应对气候变化等领域的交流合作。"生态文明贵阳国际论坛"将"走出去"与"请进来"相结合，使绿色产业推介、考察访问、培训授课、研讨等交流合作更加频繁，对促进贵阳试验区建设发挥了积极作用，已成为贵州省乃至我国生态文明对外交流合作的重要品牌。二是加大生态文明宣传教育力度。将每年的6月18日确定为"贵州生态日"，举办了"保护母亲河　河长大巡河"和"巡山、巡城"等系列活动。把生态文明教育纳入国民教育体系，编制了大中小学、党政领导干部生态文明读本。与生态文明建设相关的博士、硕士授权点达20个。三是全面开展生态文明创建活动。累计创建国家级生态示范区11个、生态县2个、生态乡镇56个、生态村14个，省级生态县7个、生态乡镇374个、生态村515个。另外，还建成绿色自行车道1 470 km，使绿色出行成为特色。

**6.评价考核和责任追究制度体系初步建立**

为了解决发展绩效评价不全面、责任落实不到位、损害责任追究缺失等问题，福建省、贵州省、江西省3个试验区在目标评价考核体系、自然资源资产负债表、领导干部自然资源资产离任审计、责任追究等方面进行了积极探索，建立并完善了体现生态文明建设要求的评价考核和责任追究机制，并取得了较好的成效。

（1）建立并完善生态文明目标评价考核体系

福建省建立了绿色目标考核评价体系，取消了包括扶贫开发工作重点县、重点生态功能区在内的34个县的GDP考核指标，出台了《福建省生态文明建设考核目标体系》（即"一办法、两体系"）、《福建省生态文明建设目标评价考核办法》和配套的《福建省绿色发展指标体系》，对各设区市党委、政府开展绿色发展年度评价和生态文明建设目标五年考核，建立了以"一办法、两体系"为基础的全省生态文明建设目标评价考核体系（专栏1-5）。

作为全国首个生态文明试验区，福建省以绿色发展为新的"指挥棒"。2017年6月，经福建省委、省政府研究同意，省委办公厅、省政府办公厅联合下发《福建省生态文明建设目标评价考核办法》，对各设区市党委和政府、平潭综合实验区党工委和管委会的生态文明建设目标实行评价考核，并将考核结果作为党政领导综合考核评价、干部奖惩任免的重要依据。

生态文明建设目标评价考核实行年度评价、五年考核。其中，年度评价按照《福建省绿色发展指标体系》每年开展一次，主要评估各地区资源利用、环境治理、环境质量、生态保护、增长质量、绿色生活、公众满意程度等方面的变化趋势和动态进展，并依此生成各地区绿色发展指数。评价结果向社会公布，并纳入生态文明建设目标考核。

生态文明建设目标考核按照《福建省生态文明建设考核目标体系》的要求五年考核一次，在五年规划期结束后的次年开展，并于6月底前完成。内容主要包括国民经济和社会发展规划纲要中确定的资源环境约束性指标，以及福建省委、省政府部署的生态文明建设重大目标任务完成情况。考核结果划分为优秀、良好、合格、不合格4个等级，考核牵头部门汇总各设区市考核实际得分以及有关情况，提出考核等级划分、考核结果处理等建议，并结合领导干部自然资源资产离任审计、领导干部环境保护责任离任审计、环境保护督察等结果形成考核报告。

根据《福建省生态文明建设目标评价考核办法》，考核结果作为各设区市、平潭综合实验区党政领导班子和领导干部综合考核评价及干部奖惩任免的重要依据。对考核等级为优秀、生态文明建设工作成效突出的地区，给予通报表扬；对考核等级为不合格的地区，进行通报批评，并约谈其党政主要负责人，提出限期整改要求；对生态环境损害明显、责任事件多发地区的党政主要负责人和相关负责人，按照《党政领导干部生态环境损害责任追究办法（试行）》《福建省党政领导干部生态环境损害责任追究实施细则（试行）》等规定进行责任追究。

贵州省严格生态文明绩效评价考核，取消了地处重点生态功能区的10个县的GDP考核指标，出台了生态文明建设目标评价考核和绿色发展指数指标体系，建立了生态文明领导小组，公开发布了各市（州）绿色发展指数和考核结果排名，对各市（州）党委、政府生态文明建设开展评价考核。

江西省优化市县科学发展综合考核评价体系，进一步提高生态文明在考核中的权重，出台了《江西省生态文明建设目标评价考核办法（试行）》，开展了公众生态环境满意度调查。

（2）探索编制自然资源资产负债表

3个试验区均开展了自然资源资产负债表的编制工作，其中，福建省进展较快且取得了一定成效。福建省出台了《福建省编制自然资源资产负债表试点实施方案》（以下简称《方案》）（专栏1-6），在长乐市、晋江市、永安市、长汀县、南靖县、霞浦县6个市（县）开展试点，完成了2014年、2015年自然资源资产负债表编制工作，初步探索了水、土地、森林、海洋等主要自然资源实物量核算账户统计核算规范和编制制度。于2017年年底编制形成了福建省（省级）自然资源资产负债表，摸清了全省主要自然资源资产家底，探索形成自然资源资产负债表编制制度。

专栏1-6　《福建省编制自然资源资产负债表试点实施方案》重要内容摘编

福建省根据自然资源的代表性和有关工作基础，在长乐市、晋江市、永安市、长汀县、南靖县、霞浦县开展了编制自然资源资产负债表的试点工作。

《方案》要求，编制自然资源资产负债表既要反映自然资源规模的变化，更要反映自然资源的质量状况。通过质量指标和数量指标的结合，更加全面系统地反映自然资源的变化及其对生态环境的影响。

根据《方案》，土地资源资产负债表主要包括耕地、林地、草地等土地利用情况，耕地质量等别分布及其变化情况，表式有土地资源存量及变动表和耕地质量等别及变动表；林木资源资产负债表包括天然林、人工林、其他林木的蓄积量和单位面积蓄积量，表式有林木资源存量及变动表和森林资源质量及变动表；水资源资产负债表包括地表水、地下水资源情况，水资源质量等级分布及其变化情况，表式有水资源存量及变动表和水环境质量及变动表；海洋资源资产负债表包括海域面积、海水质量等资源情况，表式有海域资源存量及变动表和海水质量及变动表。

《方案》要求试点地区的相关部门应确保基础数据来源合法、真实可靠，同时要积极改进调查方法，加强调查全过程的质量控制。

### （3）建立生态文明领导干部责任体系

3个试验区推行"党政同责、一岗双责"，推进领导干部自然资源资产离任审计、党政领导干部生态环境损害责任追究制度，建立起较为完善的领导干部责任体系。

福建省建立了生态文明领导干部责任体系。一是建立了党政领导生态环保目标责任制。制定了地方党政领导生态环保责任制考核办法，同时制定出台了《福建省生态环境保护工作职责规定》，形成了涵盖8个方面、49项指标的党政领导生态环保责任制考核体系，明确了52个部门的130项生态环境保护工作职责，厘清了各部门的履职范围与职责边界。二是建立了领导干部自然资源资产离任审计制度，在莆田市、南平市、光泽县开展市、县、乡三级试点，明确了领导干部自然资源资产离任审计的目标、内容、方法，确立了8大类别、36项审计评价指标体系，形成了对领导干部履行自然资源资产管理和生态环境保护责任情况的审计评价体系和规范，被审计地区领导干部履行生态环境保护职责的意识显著增强，实施绿色发展理念更加深入。三是制定了《福建省党政领导干部生态环境损害责任追究实施细则（试行）》，对生态环保工作履职不到位、问题整改不力的领导干部严肃追责，2017年约谈979人、追责437人，实现了由"末端治理"向"全程管控"的转变。

贵州省积极探索推进领导干部自然资源资产离任审计，印发了《贵州省贯彻落实〈领导干部自然资源资产离任审计规定（试行）〉的实施意见》《贵州省自然资源资产责任审计工作指导意见》，构建了自然资源资产审计评价指标体系，率先在全国开展了领导干部自然资源资产离任审计试点。同时，强化审计结果的运用，及时将审计结果存入被审计领导干部廉政档案，作为干部考核、任用的依据。强化环境保护"党政同责""一岗双责"，实行党政领导干部生态环境损害问责。

江西省出台了《江西省党政领导干部生态环境损害责任追究实施细则（试行）》，明确了各级党委、政府及有关部门的生态环境保护责任清单。出台了《省管领导班子和领导干部分类考核的意见（试行）》，突出了资源消耗、环境保护、化解产能过剩等指标考核。

# 第2章

# 生态环境保护与
# 治理探索示范

XIN**SHIDAI**
**SHENGTAI** WENMING
CONGSHU

## 2.1 生态环境保护与治理

### 2.1.1 概述

生态环境保护是指人类为有意识地减少生态环境系统所承受的超负荷利用压力而开展的保护自然资源和生态环境的行动，一方面可以通过生态系统自身的休养生息达到改善的目的；另一方面可以依靠一些人工措施减少污染排放和其他人为影响，合理利用资源。环境治理工作是指对已经受到破坏的生态环境进行修复治理，包括大气污染治理、水污染治理、土壤污染治理、荒漠化治理、水土流失治理等多方面的内容。

自党的十八大提出大力推进生态文明建设的要求以来，各有关部门在生态保护与修复、环境治理等方面相继出台了大量的政策文件。2014年，国家发展改革委联合11个部门发布了《全国生态保护与建设规划（2013—2020年）》（发改农经〔2014〕226号），根据不同资源类型的特点以及具体的生态环境问题，对各个生态保护区域及建设区域的划定标准进行了详细界定。2015年，中共中央、国务院出台了《生态文明体制改革总体方案》，提出了新的发展战略，在资源利用、国土空间开发等多个方面提出了规划要求。2016年，国务院印发了《"十三五"生态环境保护规划》（国发〔2016〕65号），落实了生态环境保护与修复的具体指标，强调了要创新生态环境保护与修复、环境治理工作制度，明确了对重点地区的管理措施等。2017年10月，党的十九大胜利召开，标志着中国特色社会主义进入新时代，生态文明建设和生态环境保护也进入新时代。党的十九大报告对生态文明建设和生态环境保护进行了系统总结和重点部署，梳理了近年来取得的成就，提出了一系列新的要求和目标，并相应进行了详细部署，为更好地促进生态文明建设、实现生态环境的保护和治理指明了前进方向。

党的十九大报告提出要坚持人与自然和谐共生，强化生态环境保护，紧扣新时代我国社会主要矛盾的变化，为人民群众提供更多优质生态产品，从而满足人民群众对美好物质和精神生活的需求；同时，还做出了推进绿色发展、着力解决突出环境问题、加大生态系统保护力度、改革生态环境监管体制四项重点部署，明确要求加快生态文明体制改革，建设美丽中国。2018年5月，习近平总书记在全国生态环境保护大会上强调，生态环境是关系党的使命宗旨的重大政治问题，也是关系民生的重大社会问题，并提出了新时代推进生态文明建设的六大原则（图2-1），为新时代推进生态文明建设指明了方向。

图2-1　新时代推进生态文明建设的六大原则

这六大原则对生态环境保护与修复、环境治理工作提出了新的要求，集中体现了习近平生态文明思想的时代内涵，深刻揭示了经济发展和生态环境保护的关系，深化了对经济社会发展规律和自然生态规律的认识，为我们坚定不移走生产发展、生活富裕、生态良好的文明发展道路指明了方向。

首先，要集中精力解决当前问题比较突出、公众比较关注的生态环境问题，明显改善空气质量，深入实施水污染防治行动，全面落实《土壤污染防治行动计划》，突出重点区域、行业和污染物；其次，要有效防范生态环境风险，系统构建全过程、多层级的生态环境风险防范体系，提高生态环境保护工作的科学性和有效性；再次，要提高环境治理水平，充分运用市场化手段完善资源环境价格机制，采取多种方式支持PPP项目，加大重大项目科技攻关，对涉及经济社会发展的重大生态环境问题开展对策性研究；最后，要强化环境保护与修复、环境治理工作中的公众参与，让公众进一步理解相关工作的内容及其科学性，加强公众参与的程度，在公众心中树立人与自然是生命共同体、绿水青山就是金山银山等理念，使公众成为相关治理工作的重要参与力量，同时要组织好相关职能部门，落实各级党委和政府的职责，确保合理分工、有效衔接，提高组织效率，采用必要的督察、巡查等手段，以保证相关部门的执行力。

新时代生态文明建设要求为生态保护与修复、环境治理工作赋予了了新的时代意义。生态保护与修复、环境治理工作是关系党的使命宗旨的重大政治问题，也是关系民生的重大社会问题。近年来，空气污染、垃圾围城、重金属超标、水污染等一系列生态环境事件的爆发，引发了公众对生态环境质量的高度关注。人们之所以关注生态环境，不仅是因为自身环保意识的提高，更是由于生态环境的恶化已经严重影响到人们的生活和健康，因此生态保护与修复、环境治理工作迫切需要实现现代化，加快推进新时代生态文明建设，提升改善生态环境的治理能力，不断满足人民群众日益增长的对优美生态环境的需求，切实保护人民群众的生态环境权益。

### 2.1.2　建设成果

党的十八大以来，生态环境保护与修复、环境治理工作一直处于我国治国理政的重要位置，工作力度也发生了历史性、转折性、全局性的巨大变化。在以习近平同志为核心的党中央的领导下，人民群众对生态文明建设的认识程度不断提高，国家的环境治理力度不断加大，相关制度不断完善，生态文明建设取得了显著成效。目前，我国林草植被覆盖度稳步提升，土地荒漠化、石漠化、水土流失三大生态问题得到有效遏制，河流、湿地、海洋生态保护和修复取得积极进展，生物多样性保护日益加强，大气、水、土壤污染状况持续恶化的势头得到初步遏制，人民群众的生态环境获得感不断增强。

在环境治理方面，国家和地方各级的治理力度逐步增强，有效减轻了环境安全风险，环境治理模式由终端治理为主转变为更加强调全过程控制，在环境治理实施方面也更加强调公众、企业、政府各方的共同参与。2013年9月、2015年4月和2016年5月国务院相继出台了"大气十条""水十条""土十条"，加强了政府主导的环境治理力度，并取得了显著成效。通过编制各项污染物减排规划、完善资源综合利用方案、加强废物排放前的综合治理、鼓励建设配套的减排设施等措施，我国已有效控制了工业"三废"的排放总量，一些领域的环境质量得到显著改善。

据《2019中国生态环境状况公报》显示，我国在空气质量方面的治理效果十分明显（图2-2、图2-3），全国338个地级及以上城市[1]可吸入颗粒物（$PM_{10}$）平均浓度比2013年下降46.6%，京津冀、长三角区域$PM_{2.5}$平均浓度比2013年分别下降46.2%和38.8%，北京市$PM_{2.5}$平均浓度从2013年的89.5 $\mu g/m^3$降至2019年的42 $\mu g/m^3$，《大气污染防治行动计划》提出的空气质量改善目标和重点工作任务全面完成。

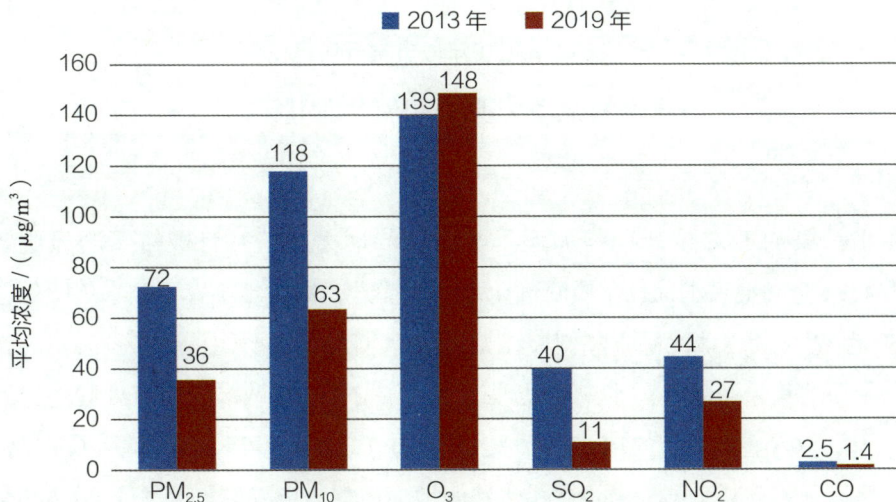

图2-2　2013年与2019年城市6项大气污染物平均浓度变化

（数据来源：历年《中国生态环境状况公报》）

---

[1] 地级及以上城市含直辖市、地级市、地区、自治州和盟。

图2-3　2013—2019年城市空气质量变化

（数据来源：历年《中国生态环境状况公报》）

在水污染治理方面，我国加大了水污染治理力度，并且取得了明显成效（图2-4）。全国地表水优良水质断面比例不断提升，2019年Ⅰ～Ⅲ类水体比例达到74.9%，劣Ⅴ类水体比例下降到3.4%，大江大河干流水质稳步改善。93%的省级及以上工业集聚区建成污水集中处理设施，新增工业集散区污水日处理能力近1 000万m³。36个重点城市的1 062个黑臭水体中，1 009个消除或基本消除了黑臭，消除比例达到95%。全国集中式饮用水水源地环境整治也取得较大进展，1 586个水源地发现的6 251个问题中整改完成率达到99.9%。

在土壤污染防治方面，我国31个省（自治区、直辖市）和新疆生产建设兵团完成了农用地土壤污染状况详查，26个省（自治区、直辖市）建立了污染地块联动监管机制。此外，我国还开展了耕地土壤环境质量类别划分试点和全国污染

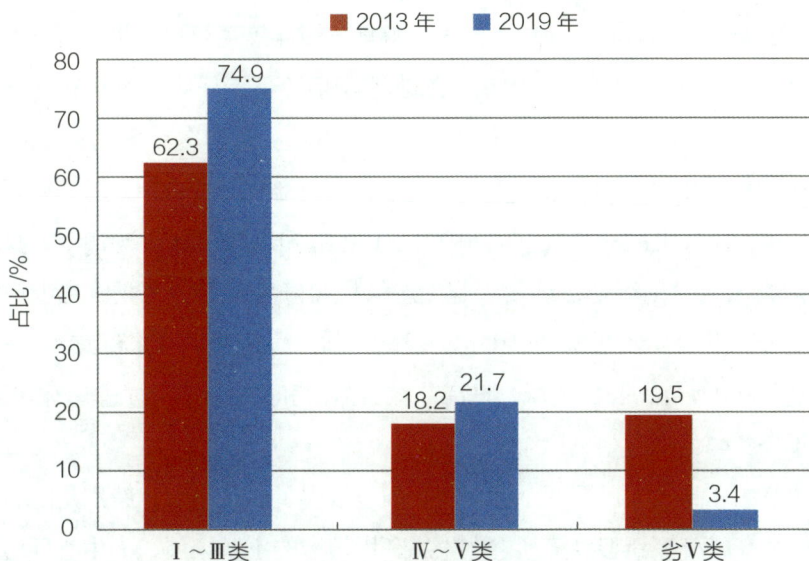

图2-4　2013年与2019年地表水不同水质占比

（数据来源：历年《中国生态环境状况公报》）

地块土壤环境管理信息系统应用，建成了全国土壤环境信息管理平台；六大土壤污染防治综合先行区[1]建设和200多个土壤污染治理与修复技术应用试点项目取得进展。

　　在生态环境保护与修复方面，各项工作均取得了显著进展。近年来，我国坚持污染防治与生态环境保护并重、生态环境保护与生态建设并举的方针，2013年经国务院批准印发了《全国生态保护与建设规划（2013—2020年）》，对生态环境保护与修复工作进行了系统部署。国家发展改革委还联合科技部、原国土资源部等多

---

[1] 六大土壤污染防治综合先行区是根据《土壤污染防治行动计划》确定的。2016年年底前，要在浙江省台州市、湖北省黄石市、湖南省常德市、广东省韶关市、广西壮族自治区河池市和贵州省铜仁市启动土壤污染综合防治先行区建设，力争到2020年先行区土壤环境质量得到明显改善。

个部门启动了生态保护与建设示范区建设，并于2015年公布了30个地级市和113个县级示范区名单，涉及森林、草原、河湖、湿地、海洋等主要自然生态系统类型，以及生态扶贫、生态产业发展、体制机制改革等相关重点任务。第八次森林资源清查资料显示，2013年我国森林面积达到2.077亿hm²，森林覆盖率达到21.63%，与20世纪80年代初相比，森林覆盖率增长了9.63%，增长幅度较大，森林蓄积量达到151.37亿m³，比20世纪80年代初的90.28亿m³增加了61.09亿m³。2018年，我国积极推进大规模国土绿化行动，继续实施生态保护和修复工程，完成沙化土地治理249万hm²，石漠化综合治理26.26万hm²，退耕还林工程造林1 342.88万亩，三北防护林工程造林890万亩，长江流域、珠江流域、沿海和太行山等重点防护林工程完成年度建设任务430万亩。

在资源节约和高效利用方面，近年来我国也取得了显著进展，特别是随着"互联网+"、共享经济等新型经济形态在生态环境领域的不断拓展，为生态环境保护与修复、环境治理工作提供了新的重要支撑。有关政府部门还加强了对矿产资源的保护力度，健全了用地标准，大力推广了各种节地模式及技术。根据《2017年中国土地矿产海洋资源统计公报》，2017年年末我国共有耕地20.23亿亩，超过了18亿亩耕地保护红线；同时，我国能源结构也不断优化，化石能源（特别是煤炭）在一次能源中的比例有所下降，非化石能源的比重有所增加，风电、水电等可再生能源以及核能等新能源发展迅速，能源利用效率也大幅度提高。

上述成就的取得与我国生态环境管理体制机制的不断完善是分不开的。党的十八大以来，我国在生态环境管理体制方面进行了一些新的调整，组建了生态环境部、自然资源部及其管理的国家林业和草原局等部门，改变了之前生态环境保护领域存在的职责不明确、监管者与所有者不清等问题，为有效实现山水林田湖草沙生命共同体的统一修复保护，提高生态环境保护与修复、环境治理的工作效率，制定和实施国土空间规划奠定了基础。此外，我国生态环境保护的相关法律不断健全，生态文明制度体系不断完善，自然资源产权制度、生态补偿制度等正在逐步探索中，为生态环境保护相关工作的开展提供了体制机制依据。

### 2.1.3 探索示范

近年来,为推动生态文明建设工作,我国陆续推动了生态文明先行示范区和生态文明试验区制度建设工作。2013年,国家发展改革委等六部委下发了《关于印发国家生态文明先行示范区建设方案(试行)的通知》,在一些地区开展了示范区建设,以推动绿色循环低碳发展为基本途径,促进了生态文明建设水平明显提升。2016年,中共中央办公厅和国务院办公厅印发了《关于设立统一规范的国家生态文明试验区的意见》,旨在开展生态文明体制改革综合试验,为完善生态文明制度体系探索路径、积累经验。

## 2.2 伊春:东北老林业基地生态文明综合改革

### 2.2.1 基本情况

伊春市是黑龙江省下辖地级市,森林资源丰富,开发建设60多年来,以占全国国有林区13%的森林面积提供了国有林区超过20%的木材产量。但随着森林资源的减少以及生态环境保护要求的日益严苛,伊春市的林业各行业也面临着东北资源型老工业基地普遍遇到的问题,资源相对枯竭、林业产业萎缩,而其他产业十分弱小,城市发展陷入"瓶颈"。近年来,伊春市认真贯彻落实绿色发展理念,系统推进生态文明建设,取得了明显成效。2014年,伊春市被国家发展改革委联合有关部门列入生态文明先行示范区建设地区(第一批)。2016年5月23日,习近平总书记到伊春市考察,做出了"生态就是资源,生态就是生产力""绿水青山就是金山银山,冰天雪地也是金山银山"等一系列重要指示,为伊春市坚持绿色发展理念、走绿色转型发展之路指明了方向(图2-5)。

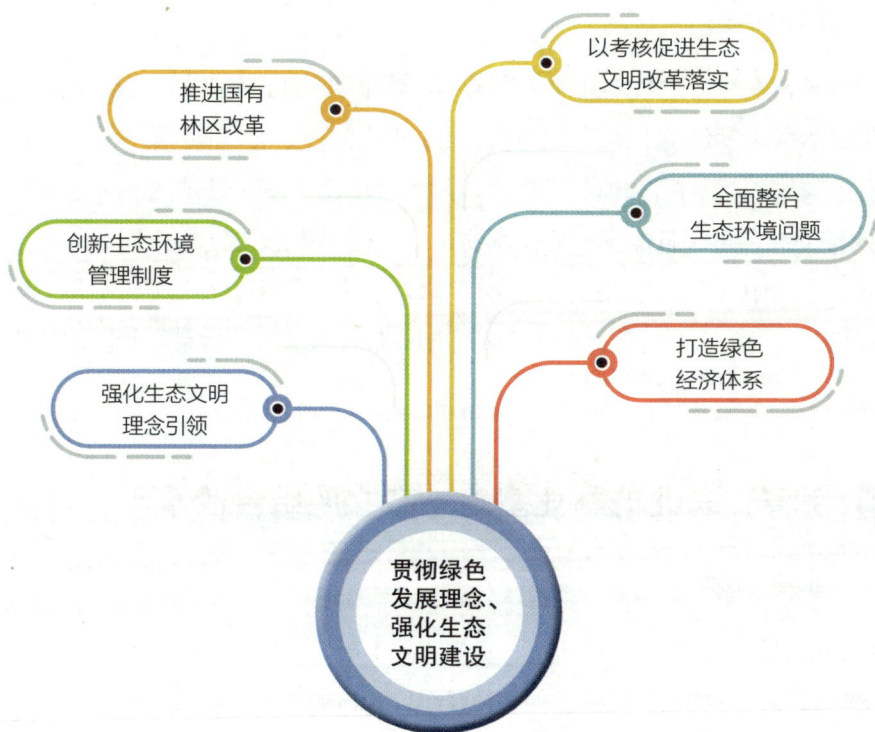

图2-5　伊春市推进老林业基地生态文明改革的主要思路

## 2.2.2　主要做法及成效

### 1. 强化生态文明理念引领，构建全新的工作思路

伊春市开展老林业基地生态文明改革，面临的是因资源型产业萎缩而带来的一系列经济和社会问题，通过在工作中强调生态文明理念引领，构建了新的工作思路。

一是伊春市委、市政府先后印发了《关于加快推进生态文明建设的实施意见》《关于推进国家生态文明先行示范区的落实意见》，市委全面深化改革工作领导小组专门设立了生态文明体制改革专项小组，市政府成立了国家生态文明先行示范区建设工作领导小组，在指导思想和组织上强化生态文明理念引领。

二是牢固树立生态红线就是"高压线"的观念，制定了《伊春市生态保护红线划定工作方案》，成立了生态保护红线划定领导小组。以1：10 000数据比例尺地图为基础[1]，校验全市省级以上自然保护区、国家公园、森林公园、地质公园、湿地公园、风景名胜区、饮用水水源地一级保护区等重要区域，核对矿产资源开发、森林土地利用布局、城市建设发展等实际情况和未来发展需求，将市域一半以上的土地划入基本生态控制线范围。

三是坚持法治先行，先后颁布实施了《伊春市土壤污染防治工作方案》《伊春市水污染防治工作方案》《伊春市大气污染防治专项行动工作方案》《伊春市畜禽养殖废弃物资源化利用工作方案》《伊春市关于建立病死畜禽无害化处理机制的意见》等，综合运用行政、经济、法律等手段，建立健全环保信用管理、绿色采购、绿色信贷、绿色保险等市场机制，完善环境监管模式和长效机制。

**2. 创新生态环境管理制度**

一是大力推进森林资产及生态服务价值评价工作，对多种生态环境指标进行实地监测。

二是实施国有林区森林经营碳汇项目。2014年，翠峦区林业局与香港碳排放权交易所合作开发了黑龙江翠峦森林经营碳汇项目；2012年，汤旺河区林业局与中国绿色碳汇基金会合作，开发了森林经营增汇减排项目，并将预计产生的碳汇量通过华东林业产权交易所的碳汇托管平台进行出售；2018年，通过对全市林业碳汇资源的本底调查，为森林经营增汇试点工作的开展提供了决策参考和数据支撑。

三是加快自然保护区监管体系建设。伊春市发布了《关于进一步加强伊春市自

---

[1]  2019年11月3日11时22分，我国成功发射首颗民用亚米级高分辨率光学传输型立体测绘卫星（高分七号），这也是目前高分辨率对地观测系统重大专项系列卫星中测图精度要求最高的科研卫星。随着高分七号卫星的成功发射，我国跨入1：10 000比例尺航天测绘新时代，将进一步丰富我国自然资源卫星观测体系，提升我国自然资源卫星测绘遥感与调查监测能力，同时以其高分辨率立体观测模式为生态保护红线、永久基本农田、城镇开发边界3条控制线提供更精细化的立体监测手段，从而更好地服务于国家生态文明建设以及国家治理体系和治理能力现代化。

然保护区规范化建设与管理的通知》，积极部署"一区一法"和保护区管理与建设工作，14个保护区纷纷出台了管理办法。

四是深化集体林权制度改革。为确保林权流转规范有序，伊春市先后发布了《关于进一步深化伊春国有林权制度改革试点工作的指导意见》《伊春林权制度改革林权流转办法》《伊春市完善集体林权制度实施方案》，明确了林权的流转范围，规定了林权流转必须坚持的原则和程序步骤。

五是积极推进林业投融资改革。为促进林权抵押贷款的全面开展，伊春市出台了《伊春市林权抵押贷款管理办法》，为全市集体和非公有林涉林经济发展提供了更多的资金支持。

六是持续推进生态移民工程。为最大限度地减少人为活动对森林资源的破坏，同时改善林场（所）职工的生产生活条件，伊春林区在面临全面停伐、经济下行的压力下，大力实施林场（所）撤并整合，实施生态移民工程。为确保工作的顺利开展，伊春市出台了《伊春市人民政府关于棚户区改造中实施移民异地安置的意见》，对撤并林场（所）移民搬迁给予补贴政策，并制定了保障性住房、社会保障扶助和创业、再就业等相关优惠政策。

### 3. 推进国有林区改革

一是坚持问题导向，抓住关键环节，重点围绕政企、政事、事企、管办"四分开"的要求，编制完成了《伊春市本级国有林场改革实施方案》。坚持试点先行，分别在部分区（局）开展了管理体制改革，政企分开、管办分开，企业办社会分离试点。

二是组建了伊林、旅游、供热三大集团，搭建起市场运营和融资平台。将伊林集团作为"政企分开、管办分开"和职工就业、转型发展的重要载体，在集团内部建立了现代企业制度和公司法人治理结构，重点打造了森林食品、建筑施工、家具制造、电子商务四大板块。

三是优化顶层制度设计，建立健全现代企业制度和市场化经营机制。以17个林业局为主体组建了伊春森工集团并实行"省属市管"体制。制定了完善的"政企分开"管理制度，明确市委、市政府的主要职责是管理伊春森工集团主要领导干部和国有资本、资源，不直接参与企业经营管理。

四是剥离森工企业的政府行政职能和社会职能，推进"企事分开""政事分开"，将各森工企业的政府行政职能移交市、区政府管理。

### 4. 推动重点产业发展，打造绿色经济体系

一是大力推进森林生态旅游业发展。自2016年2月被确定为全国第一批全域旅游示范区创建单位以来，伊春市以习近平总书记提出的"绿水青山就是金山银山、冰天雪地也是金山银山"的理念为指引，把森林生态旅游作为第一大引擎产业来推进，编制了"多规合一"的旅游规划，构建了全域性旅游发展格局，丰富了旅游业态，使服务功能更加完善，接待游客数量和旅游收入都大幅增长（图2-6）。

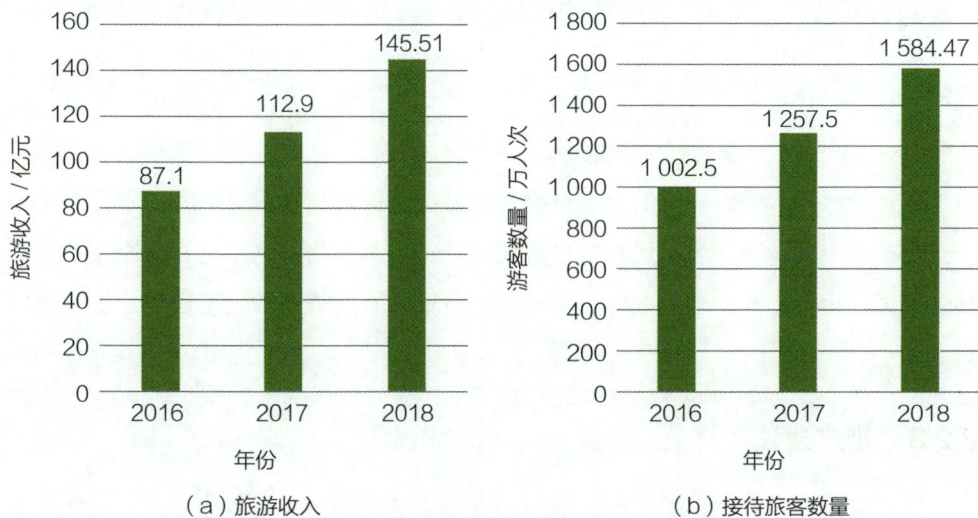

图2-6　2016—2018年伊春市旅游业发展情况

二是发展森林食品等产业。伊春市依托整体性生态资源优势，将森林食品产业确定为林区经济转型的支柱产业之一，先后出台了《关于加快推进林业产业发展的实施意见》《全市加快推进"粮头食尾""农头工尾"工作实施方案（2018—2020年）》等，形成了八条森林食品全产业链。同时，伊春市还大力推动药业和木材加工业的发展，构建了新的产业格局。

### 5. 全面整治生态环境问题

一是加大森林资源保护力度，全面巩固停伐成果。伊春市开展了森林资源专项治理百日行动、森林资源保护专项行动和严厉打击破坏森林资源违法犯罪专项行动。

二是强化大气、水、土壤等重点领域污染治理。伊春市开展了市建成区燃煤小锅炉淘汰及改造工作，加大了对全市污水处理厂建设督促力度，将全市40个集中式饮用水水源地保护区划分为保护区，实现了水源地"一源一档"[1]管理，推进了全市21条试点河流及其他366条河流（段）的"一河一策"编制工作，加强了河湖治理保护。

### 6.以考核促进生态文明改革落实

伊春市利用制度引导各级干部树立绿色生态政绩观：一是出台了《伊春市生态文明建设目标评价考核办法》，采取评价和考核相结合的方式，实行年度评价、五年考核，并将考核结果作为督促各县（市）、区（局）党政领导班子和领导干部综合考核评价、干部奖惩任免的重要依据；二是严格落实离任审计制度，出台了《关于开展伊春市领导干部自然资源资产离任审计试点工作的实施意见》，通过开展森林资产离任审计工作，强化领导干部履行自然资源资产管理和生态环境保护的责任意识。

## 2.2.3  推广建议

近年来，许多资源型老工业基地普遍遇到了资源枯竭、产业萎缩、人才外流等问题。通过国家政策引导和产业结构优化，一些城市成功进行了经济转型，摆脱了对资源的过度依赖，使传统资源地区再次复兴起来。但仍有很多的资源枯竭型城市还在谷底徘徊，转型发展之路十分坎坷。为了改变对自然资源的过度依赖，使资源型城市摆脱"资源富城兴、资源竭城衰"的困扰，进行经济转型是十分必要的。

---

[1] "一源一档"是指为每个集中式饮用水水源地建立环境管理档案，对水源环境状况实行动态评估。

伊春市大力推动老林业基地生态文明综合改革，以生态文明建设为关键推动力，以体制机制建设为核心，以经济、社会、环境协调发展为目标采取多种措施协调推进的策略，探索了一条行之有效的资源枯竭型城市转型发展的道路，可以为国内其他类似城市的转型发展提供经验借鉴。

## 2.3 三江源：国家公园体制试点改革

### 2.3.1 基本情况

青海省三江源地区对我国生态安全具有极其重要的意义，经过持续的保护保育，该地区的生态环境有了明显改善。但由于发展与保护的矛盾突出，管理体系"碎片化"问题严峻，三江源地区生态系统局部好转、整体恶化的趋势尚未得到根本遏制，生态环境保护与修复的任务仍然艰巨。在国家大力推动生态文明建设、保障生态安全的背景下，必须深入推动三江源地区的体制改革和创新，以改革促保护，护住"一江清水向东流"。

2014年，青海省被国家发展改革委等六部委批准为国家生态文明先行示范区，探索国家公园体制是青海省建设国家生态文明先行示范区承担的重点制度创新任务之一。开展先行示范区建设以来，青海省从自然生态系统的完整性出发，初步建立了三江源国家公园管理体制、制度体系、社区参与机制、多元投入体系、人力和科技支撑体系、监测评估考核体系，取得了有目共睹的成效和突破性进展，为协调自然保护与经济发展的关系，保育自然生态系统的完整性、原真性、多样性，筑牢国家生态安全屏障奠定了良好的体制基础（图2-7）。

### 2.3.2 主要做法及成效

#### 1. 按照生态系统完整性的要求，实现两大"整合"

三江源地区以管理体制变革为切入点，对分散在相关部门的自然资源管理职责进行了统一。长期以来，三江源地区的自然生态系统完整性被人为设置的各行政区划所割裂。以三江源自然保护区为例，依据《中华人民共和国自然保护区条例》

图2-7　三江源国家公园体制改革的主要做法

（以下简称《自然保护区条例》），其对地面上的草地、水、湿地等的管理权分散在地方政府和相关部门，但由于各行政区目标多元、部门间相互牵扯，形成了"九龙治水"的局面。因此，按照生态系统完整性的要求，通过整合分散在原国土、林业、环保等部门的自然资源和生态保护职责，组建了三江源国家公园管理局。三江源国家公园管理局作为青海省政府派出机构，承担三江源国家公园试点区以及青海省三江源国家级自然保护区范围内各类全民所有自然资源资产所有者的管理职责，负责生态保护建设工程项目的实施。

根据保护目的，青海省重组了三江源国家公园范围内的各类保护地并组建了相应的管理机构。三江源国家试点范围内有7类保护地，在国家公园体制改革中将各类保护地的管理职责划入三江源国家公园管理局，由一个部门承担保护地的保护管理、规划建设及展示利用职责。按"一园三区"的布局，通过分别整合国家公园内县政府涉及自然资源和生态保护的部门职责，三江源地区设立了长江源、黄河源、澜沧江源国家公园管理委员会（以下简称三园管委会），实现了对自然资源资产的统一保护和高效执法；同时，对国家公园所在县的生态资源环境执法机构和人员编制进行了整合，设立了资源环境执法局（整合县级政府所属的森林公安、国土执法、环境执法、草原监理、渔政执法等执法机构），由三园管委会统一实行生态资源环境综合执法，从而实现了完整意义上的"两个统一行使"。

在职能和空间整合的基础上，还需要处理好三江源国家公园管理局与地方政府的关系。三江源国家公园系中央事权，相关园区建设、管理和运行等所需资金由青海省人民政府向中央财政申请解决；三江源国家公园管理局及三园管委会通过综合规划、综合管理、综合执法对自然资源资产实行集中统一管理；属地县政府行使辖区内生态保护之外的经济社会发展综合协调、公共服务等职责，统筹园区内外的保护与发展；三园管委会实行以三江源国家公园管理局为主的局、县双重领导体制；国家公园范围内的12个乡镇政府作为保护管理站，增加了国家公园相关管理职责。

**2. 按照依法治园原则，实现两个"先立后破"**

根据依法建园的部署，三江源地区优先建立了国家公园建设法律制度。针对当前国家公园建设缺乏法律法规依据的情况，三江源国家公园管理局组织业务精深的工作人员和环境资源法专家组成了《三江源国家公园条例（试行）》起草小组。该试行条例于2017年6月得以通过，至此三江源国家公园正式迈出了依法建园的步伐。在前期广泛调查研究、集中讨论修改的基础上，青海省委、省政府先后制定印发了三江源国家公园科研科普、生态管护公益岗位、特许经营、预算管理、项目投资、社会捐赠、志愿者管理、访客管理、国际合作交流、草原生态保护补助奖励、生态保护、功能区管控12个管理办法，基本搭建了体制试点"1+N"政策制度体系。在此基础上，结合《自然保护区条例》等一起作为三江源国家公园及其内部各自然保护地管理的基本依据。

在内部功能区划分方面，按照"先立后破"的原则建立起国家公园建设与各自然保护地管理的衔接机制。改革之前，三江源地区各自然保护地从不同的管理目的和要求出发建立了独具特色的内部功能分区，但这些分区可能存在相互冲突和不协调之处。为建立和形成相对统一的内部功能分区，三江源地区根据国家公园的功能分区要求确立了保护区、核心区、缓冲区、实验区4类分区，同时有效结合现有自然保护地的保护要求，确保现有各类功能分区的保护等级不降低，实现了内部管理的转型过渡。

### 3.促进人与自然和谐，鼓励公众参与

三江源国家公园体制试点区内生活着大量的原住民，国家公园建设既要符合生态保护要求，又要满足人们的生产生活需求。这就需要建立国家公园共享共建长效机制，强化生态保护与改善民生的有机统一，处理好牧民全面发展与资源环境承载力的关系，使牧民能够更多地享受改革红利，积极主动地参与国家公园建设。

一是促进个人参与生态保护，创新生态管护公益岗位机制。在原有2 554个林地、湿地单一生态管护岗位的基础上，三江源地区按照精准脱贫的原则从园区建档立卡贫困户入手，2018年全面实现"一户一岗"，共有17 211名生态管护员持证上岗，户均年收入增加了21 600元；同时，强化、细化生态管护公益岗位规范管理，完善考核奖惩和动态管理机制，制定细化的评估方案，全面开展综合评估工作，利用信息化技术逐步实现"一岗一图一表一考核"。此外，三江源地区还推进山水林湖草组织化管护、网格化巡查，组建了乡镇管护站、村级管护队和管护小分队，组织开展了马队和摩托车队远距离巡查管护，并充分利用原来配发的流动帐篷及多媒体收视系统构建远距离的"点成线、网成面"管护体系，使牧民逐步由草原利用者转变为生态管护者，促进了人与生态环境的和谐共生。

二是完善社区参与机制，促进群众积极参与国家公园建设。鼓励引导并扶持牧民从事国家公园生态体验、环境教育服务以及生态保护工程劳务、生态监测等工作，使他们在参与生态保护、国家公园管理中获得稳定的长效收益；鼓励支持牧民以投资入股、合作劳务等多种形式开展家庭宾馆、旅行社、"牧家乐"、民族文化演艺、交通保障、餐饮服务等经营项目，促进增收致富，发展第三产业。通过公共服务能力的提升，吸引老人和小孩向城镇集中，减轻草场压力，逐步达到转岗、转业、转产的目的，实现减人减畜的目标。

**4. 维护生态资源安全，建立司法合作机制**

一是建立生态保护司法合作机制，加大生态环境执法监督力度。三江源国家公园管理局与青海省检察院、省高级人民法院建立了生态保护司法合作机制，成立了玉树市人民法院三江源生态法庭，组建成立了三江源国家公园法治研究会，建立了三江源国家公园法律顾问制度，充分发挥了司法在保护生态环境中的作用。

二是开展有效的执法监督活动。全面强化了三江源国家级自然保护区、可可西里自然保护区的保护与建设，先后开展了"三江源碧水行动""绿剑3号""绿剑4号"等专项行动和常规巡护执法行动，发挥了强大的震慑作用，增强了依法管园和建园的水平，确保了国家公园的健康发展。

### 2.3.3 推广建议

三江源地区在国家公园建设的过程中，深入把握自身生态系统的特殊性，突出自然资源的持久保育和永续利用，强调国家公园建设的核心是保护生态，采取最严格的生态保护政策，执行最严格的生态保护标准，落实最严格的生态保护措施，通过体制改革促进国家公园建设，不断增加资金投入，强化生态保护与改善民生的有机统一，推动国家公园建设与牧民增收致富、转岗就业、改善生产生活条件相结合，实现了人与自然的和谐。这些经验可以向存在多头管理且管理效率低下的国家公园体制改革试点区进行推广。

## 2.4 宜昌：黄柏河流域综合执法改革

### 2.4.1 基本情况

黄柏河是宜昌市境内长江左岸的一条一级支流，是宜昌的"母亲河"。随着黄柏河流域供水范围的不断拓展，流域内的生产生活对水资源质量的影响越来越大。2013年5月，流域上游的天福庙、玄庙观两座水库首次发生大面积水华，严重影响了当地的供水安全。改善黄柏河流域生态环境刻不容缓。

由于受制于体制机制因素，改善黄柏河流域水环境一直难有突破性进展：流域保护涉及河道管理、水土保持、水污染防治、渔业管理、城镇规划和建设、矿产资源开发、农业面源污染防治、船舶污染防治等多个方面，长期以来实行的是分部门管理与属地管理相结合的分散型执法体制，难以满足流域水资源保护的需要；多头执法、多层执法导致执法过程中权能交叉、职责不清，部门之间、上下级之间互相推诿的问题在一定程度上存在，执法力量分散、监管力量不足也导致了执法不作为及监管不力。

2014年，宜昌市被列入第一批国家生态文明先行示范区。以此为契机，宜昌市积极推动流域水环境保护的综合治理和执法，以体制改革创新为抓手，推动全流域、跨部门的综合治理和执法，产生了良好的效果（图2-8）。

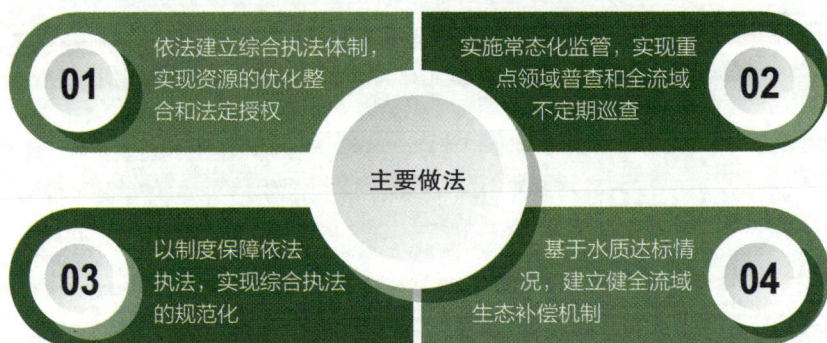

**01** 依法建立综合执法体制，实现资源的优化整合和法定授权

**02** 实施常态化监管，实现重点领域普查和全流域不定期巡查

主要做法

**03** 以制度保障依法执法，实现综合执法的规范化

**04** 基于水质达标情况，建立健全流域生态补偿机制

图2-8  宜昌市黄柏河流域综合执法改革的主要做法

## 2.4.2  主要做法及成效

### 1. 依法建立综合执法体制，实现资源的优化整合和法定授权

宜昌市成立了黄柏河流域水资源保护综合执法局，并设立了黄柏河流域水资源保护综合执法支队，具体负责综合执法工作。鉴于这项改革需要法定授权，宜昌市积极争取省政府支持，2016年11月，湖北省人民政府印发了《关于在宜昌市黄柏河流域开展相对集中水资源保护行政处罚权工作的批复》，授权在黄柏河东

支流域尚家河水库以上的干支流两侧第一道山脊线以内的区域集中行使水利、环保、渔业、海事等部门与水资源保护、水污染防治有关的行政处罚、行政强制、行政监督权，以确保黄柏河流域水资源保护综合执法机构取得执法主体资格。

在综合执法中必须理顺综合执法涉及的各种关系。根据湖北省政府的授权，综合执法范围覆盖夷陵区樟村坪镇、远安县嫘祖镇境内约418 km$^2$的区域，为实现对流域内水资源保护、水污染防治全覆盖的监管，集中行使水利、环保、渔业、海事等部门共96项行政处罚权、14项行政强制权、6项行政监督检查权职能，从而实现了对流域内水资源保护、水污染防治的全覆盖监管与保护。综合执法机构与市水利、环保、渔业、海事等部门以及夷陵区、远安县政府及其部门、流域内乡镇党委和政府共同建立了综合执法的沟通协调机制，实现了信息互通、协作配合，着力打破了各部门、各系统"信息孤岛""数据沉睡"的被动局面。

**2. 实施常态化监管，实现重点领域普查和全流域不定期巡查**

按照执法监督重心下移的要求，黄柏河综合执法支队在夷陵区樟村坪镇和分乡镇界岭村建立了两个基层执法点，人员常驻一线开展执法巡查监督。

一是开展了重点领域的普查工作。由于磷矿是黄柏河污染的主要来源之一，宜昌市组织开展了流域磷矿企业普查工作。综合执法机构对流域内65家磷矿企业的146个矿洞、68处矿井废水排污口、61处生活污水排污口进行了详细核查和定位统计，建立了监管台账，实现了全程的信息化监管。

二是不定期开展了全流域巡查。对巡查中发现的问题做到早发现、早制止、早处置，先后对47家单位和个人的违规排污、侵占河道、非法采砂、违法捕捞等违法行为下达各类执法文书87份，实施行政处罚21起。

**3. 以制度保障依法执法，实现综合执法的规范化**

为确保行政权力不越位、不错位、不缺位，黄柏河流域水资源保护综合执法支队建立了行政执法责任制、执法办案规定、日常巡查制度等10种执法制度；依据《中华人民共和国行政处罚法》的规定，针对行政执法的关节点、薄弱点、风险点建立健全了各项规章制度，制定了从案源登记、立案、处罚到结案全部执法业务流程的40多种执法文书样式。

为提高执法人员业务水平，黄柏河流域水资源保护综合执法支队专门编印了《黄柏河流域水资源保护综合执法法规汇编》以及执法教材，每月定期组织开展执法业务学习，同时组织全体新进人员参加水利部长江水利委员会、湖北省水利厅以及环保部门组织的执法培训。

**4. 基于水质达标情况，建立健全流域生态补偿机制**

黄柏河流域磷矿资源丰富，主要分布在夷陵区、远安县。过去，磷矿企业的废水排放存在不同程度的超标，总磷超标最大值达到6.75 mg/L，而废水排放一级标准是0.5 mg/L。如何调动县区政府和磷矿企业的治污积极性是一个重大挑战。

当地政府推行了水质与资金补偿、采矿指标"双挂钩"制度。以流域稳定达到Ⅱ类水质为目标，市级财政每年专项列支1 000万元生态补偿资金，夷陵区和远安县每年分别缴纳700万元和300万元水质保证金，实行断面水质达标情况与生态补偿资金、矿产资源开采指标"双挂钩"，对水质达标者给予补偿，不达标者不予补偿，若都达标则按相关比例分配。宜昌市政府每年还预留了部分磷矿开采指标奖励给水质达标县区。

### 2.4.3　推广建议

经过不断探索和完善，黄柏河流域综合执法改革取得了阶段性成效。2017年，黄柏河东支流域26个监测点水质达到Ⅲ类及以上的比例为95.13%，较2016年上升了1.95%，较2015年提高了2.54%，较2014年提高了5.71%。黄柏河流域纳入水资源保护综合执法范围的19条干支流截至目前未发生突发性水污染事件，水环境良好。

鉴于当前国家正在推进生态环境综合执法机构改革，宜昌市黄柏河流域先行开展的流域综合执法改革，基本理顺了相关部门的执法关系，可向省内跨行政区域的流域执法机构改革进行推广。

## 2.5 厦门：以"五全工作法"推进生活垃圾分类

### 2.5.1 基本情况

2016年7月，福建省获批成为首批3个国家生态文明试验区之一。生活垃圾分类回收是福建省生态文明试验区建设的一项重要内容，厦门市在推进生活垃圾分类方面开展了积极的探索，创新性地提出了"五全工作法"模式。早在2000年，厦门市即作为全国首批8个垃圾分类收集示范市之一，启动了垃圾分类工作，特别是自2016年年底以来，厦门市深入贯彻落实习近平总书记关于垃圾分类工作的重要指示，按照示范先行、以点带面、建章立制、滚动发展的思路，大力探索全民众参与、全机构协同、全流程把控、全节点攻坚、全方位保障的"五全工作法"，实现了垃圾的减量化、资源化、无害化处理，取得了显著成效。截至目前，全市主城区的生活小区、市直机关、学校、市属国有企业及车站、公园等公共区域和驻厦部队已全部推行垃圾分类，全市垃圾分类知晓率达90％以上、参与率达80％以上。同时，厦门市积极探索生活垃圾分类和可再生资源回收"两网融合"发展模式，有效推动了高品质资源回收和循环利用产业的规范化发展，促进了生态文明建设与经济建设、社会建设的协同推进。

### 2.5.2 主要做法及成效

#### 1. 按照"双四分"要求，打通垃圾分类全流程，系统夯实各环节

厦门市按照"双四分"（生活垃圾分四类、生活垃圾管理分四个环节）要求，扎实推进垃圾分类各项措施（图2-9）。

一是分类投放注重激励引导、宣传教育。首先，厦门市突出激励引导，变"要我分"为"我要分"，分类合格者可通过扫描二维码得积分、拿奖品，开展的"一米菜园"、制作环保手工皂、推广生态酵素等活动激发了市民对垃圾分类的热情。其次，通过全方位、全媒体宣传，让全市71.29万户居民对垃圾分类知识入心入脑；培养了大批垃圾分类一线工作者；切入学校教育，组织编写了《绿海鸥伴我行——厦门市生活垃圾分类知识读本》教材，向学生家庭发放了《致家长的一封

图2-9 厦门市垃圾分类及多样宣传活动

（图片来源：厦门市提供的资料和网络）

信》，通过"小手拉大手"达到"教育一个孩子，影响一个家庭；改变一个家庭，带动一个社区"的效果。

二是分类收集强调精细分工，落实桶边督导。各区财政下达专项经费聘请督导员，做好开袋检查和桶边督导工作；街道与物业公司、业委会签订垃圾分类责任状，落实垃圾分类投放管理责任；市生活垃圾分类工作领导小组办公室、市考评办公室组织暗访检查督促，提升分类收集的准确率；明确低值可回收物的收集处置机制，对低值可回收物的收集处置实行财政补贴政策，对回收企业回收箱进社区给予资金补助，最大限度地收集玻璃、啤酒瓶等低值可回收物；在全市约300个小区布设400套智能物联网回收箱，通过智能监测识别、居民兴趣引导、社区定制服务，探索"互联网＋回收"新型分类回收模式。

三是分类运输直运处理，严禁"混装混运"。厨余垃圾采取公交化的直运模式，全封闭直接转运到厨余垃圾处理厂，减少中转环节，防止二次污染；有害垃圾采用专用车辆定期到各小区或清洁楼收集转运；根据可再生资源回收企业设立的回收箱传感器发布的信息及时到小区收集可回收物，大件垃圾可以电话预约上门收集。同时，开展"混装混运"专项整治，对相关单位和个人依法进行处理。

四是对分类处理设施实现系统谋划、分阶段推进。首先，通过扩建、改建、新建厨余垃圾处理厂，提升厨余垃圾处理能力，并建成餐厨垃圾信息化管理平台，实现餐厨垃圾产、收、运、处全流程信息化监管；建成一座工业危险废物处理中心，实现全市有害垃圾的专业化处理。其次，依托"废品大叔"[1]公司，秉承"互联网＋物联网＋资源回收"的理念，着力开展专业化、规范化再生资源回收体系建设，实现"两网融合"发展，并打造国内知名的"废品大叔"交易平台（图2-10），设立全国可再生资源交易结算中心，有效链接前端回收、中端分拣打包及末端加工处理、回收利用等整个资源再生流转环节的行业用户，推动废旧物资循环再利用，有利于提升高品质可再生资源的经济效益。未来，厦门市计划依托陶朗集团全球领先的机械分选和资源回收技术，尝试探索全自动机械化垃圾分选模式和饮料包装、外卖包装等的押金返还回收模式，以进一步提升可回收物的回收利用效率。

**图2-10　厦门市"废品大叔"交易平台**

（图片来源：厦门市提供的资料和网络）

---

[1] "废品大叔"是对广大废品回收从业者的称谓。

**2. 建立全方位组织保障体系，逐步形成长效管理机制**

厦门市从组织领导、责任体系、资金保障、立法、执法监管、考核评比等方面入手，建立了全方位的组织保障体系，为现阶段垃圾分类处理及回收工作的顺利开展提供了不可或缺的组织保障。

一是建立了"全机构协同"的组织领导机制。成立了市级生活垃圾分类工作领导小组，由市4套班子协同领导，市长任组长，市委副书记任常务副组长。同时，明确了26个市直部门的职责，各司其职、协同共管。该领导机制全面服务于垃圾分类的动员、宣传、协调等具体工作。

二是建立了完整的责任体系。实行生活垃圾分类投放管理责任人制度，规定在实行物业管理的区域，物业服务企业为管理责任人，负责在所在小区开展生活垃圾分类宣传工作，动员小区居民分类投放垃圾，督促小区保洁人员做好生活垃圾分类收集工作。同时，对未实行物业管理的区域，结合实际分别规定了管理责任人，如由机关、团体等单位自行管理的办公或生产经营场所，该单位为管理责任人。

三是落实资金保障。市、区两级财政对生活垃圾分类经费统筹安排、按需保障，分类转运车辆的购置投入按市、区财政6∶4的比例承担；制定了鼓励小区单位、物业单位做好垃圾分类的"以奖代补"政策，建立了低值可回收物回收利用奖补机制，制定了废旧玻璃回收利用补助资金使用管理办法，鼓励社会资本参与生活垃圾处理设施的建设和运营。

四是完善立法。按照"立得住、行得通、管得了"的思路，厦门市于2017年9月正式颁布了《厦门经济特区生活垃圾分类管理办法》，同时配套出台了《厦门市生活垃圾分类工作考评办法》《厦门市生活垃圾之有害垃圾收运、储存、处理规定》等20项配套制度；针对物业公司的垃圾分类投放管理主体责任，推进《厦门市物业管理办法》的修订，并列入2018年立法计划，为依法推进垃圾分类工作提供了有力支持。

五是强化执法和全民监督。市城市管理行政执法局负责对各类分类投放收集不规范、主体责任不落实等违法行为进行处罚，并联合市政园林局、建设局开展了"混装混运"整治等专项行动，对垃圾混装且拒不整改的物业管理处、保洁员等单位和个人进行立案和处罚，并进行媒体曝光，起到了震慑推动的作用。同时，完善了投诉举报受理机制，建立了符合区情的督导机制，理顺了街道、社区、物业和督导员的关系，广泛发动社会力量参与督导，形成了"投入少、效果好、能持久"的督导工作机制。

六是建立随机暗访、考核评比机制。成立暗访组开展随机暗访，并将暗访结果进行综合排名，加强了对各区、各街道的督促检查，有效实现了压力传导。同时，建立《厦门市生活垃圾分类工作评价指标体系》，形成了一套较为完备的考评体系，开展对各区、各街道及各相关单位的考核评比，每月考评结果在新闻媒体公布，并将其与各区、各相关单位的年度工作绩效考评挂钩。

### 2.5.3 推广建议

厦门市"双四分"垃圾分类模式在社会意识培育、改善人居环境等方面初步取得了积极成效。全市生活垃圾分类工作的全民参与氛围日益浓厚、法规制度建设持续加强、全程分类体系不断完善、长效管理机制逐步建立，已初步形成"以法制为基础、政府推动、全民参与、城乡统筹、因地制宜"的工作格局，整体工作水平位居全国前列，很多做法和经验值得全国推广。但是，现有的垃圾分类做法也面临一些新的问题和挑战。其中一个突出问题是，现行垃圾分类运行模式成本高昂，且以财政投入为主，粗略统计显示，厦门市2017年推进垃圾分类工作的财政投入高达5.32亿元，可持续性较差。其他地方在推广垃圾分类的过程中，应积极探索不依赖财政巨额投入的可持续发展机制。

## 2.6 成都：以风险防控为首要任务的长安静脉产业园建设

### 2.6.1 基本情况

成都市作为第一批国家生态文明先行示范区，始终把推进生态文明建设作为经济转型升级、民生福祉改善和城市品质提升的重要举措，把绿色经济建设作为城市实现可持续发展的重要着力点。其中，静脉产业的打造是绿色经济的核心任务之一。

长安静脉产业园（以下简称园区）位于龙泉驿区，承担着成都市中心城区多类固体废物处置的重任。随着成都市"东进"战略[1]的不断推进和龙泉山城市森林公园的规划建设，园区逐步成为位于中心城区的森林公园中的"园中园"。园区周边景区密布，河流、湖泊等生态系统丰富，生态敏感性高，同时园区内还存在固体废物处置压力大、适宜建设用地有限、已有的处理设施统筹规划性差等一系列问题。为了解决上述问题，园区以生态风险防控为重点，加强区内生态治理和修复；统筹固体废物处置需求，搭建项目间协同处置链条；系统加强园区基础设施和生态景观建设，提升园区科创和宣教水平，促进园区与周边生态系统以及城市系统的和谐共融，并努力建成集固体废物处理、科技创新、环保科教和休闲旅游于一体的国家级示范园区（图2-11）。

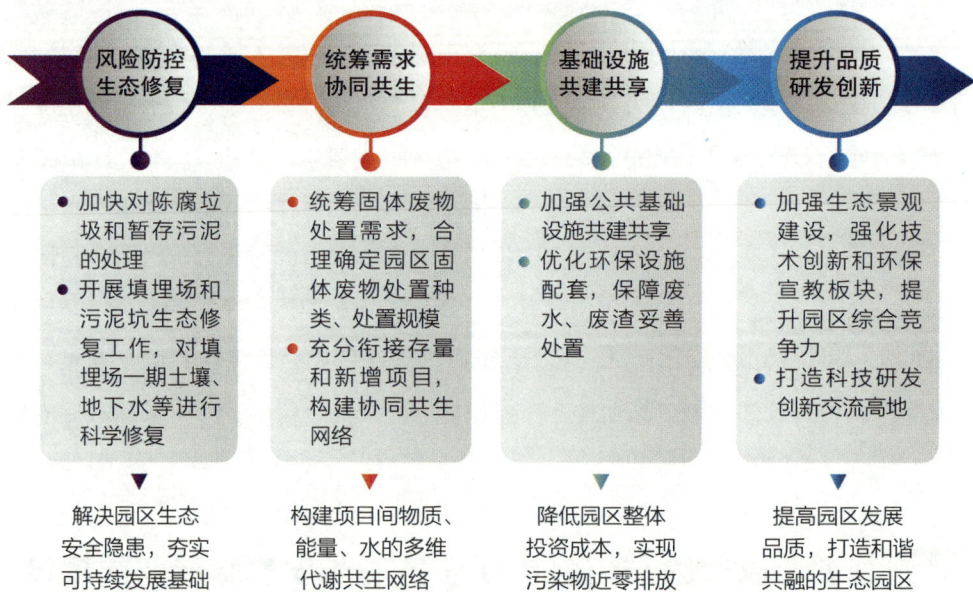

| 风险防控<br>生态修复 | 统筹需求<br>协同共生 | 基础设施<br>共建共享 | 提升品质<br>研发创新 |
|---|---|---|---|
| ● 加快对陈腐垃圾和暂存污泥的处理<br>● 开展填埋场和污泥坑生态修复工作，对填埋场一期土壤、地下水等进行科学修复 | ● 统筹固体废物处置需求，合理确定园区固体废物处置种类、处置规模<br>● 充分衔接存量和新增项目，构建协同共生网络 | ● 加强公共基础设施共建共享<br>● 优化环保设施配套，保障废水、废渣妥善处置 | ● 加强生态景观建设，强化技术创新和环保宣教板块，提升园区综合竞争力<br>● 打造科技研发创新交流高地 |
| 解决园区生态安全隐患，夯实可持续发展基础 | 构建项目间物质、能量、水的多维代谢共生网络 | 降低园区整体投资成本，实现污染物近零排放 | 提高园区发展品质，打造和谐共融的生态园区 |

图2-11 长安静脉产业园建设总体思路

---

[1] 2017年4月25日，成都市提出"东进、南拓、西控、北改、中优"的城市空间发展战略。其中，"东进"战略指翻越龙泉山，开辟"第二主战场"，使成都市从"两山夹一城"变为"一山连两翼"，在突破大城市病这一"瓶颈"的同时，打开面向未来的永续发展新空间。

## 2.6.2 主要做法

**1. 落实环境风险防控，稳步推进生态修复**

随着成都市发展重心的东移以及龙泉山城市森林公园的建设，园区的区位和战略地位发生了重大变化。与此同时，园区污泥坑内有大量污泥露天堆存、填埋场一期未做水平防渗，造成周边土壤和地下水污染，因此园区的生态敏感性和环境风险较高。基于此，园区在规划建设中以风险防控和生态修复为首要任务，着重解决自身安全隐患，打造公园式生态园区。

一是新建垃圾焚烧发电设施，加快对填埋场一期陈腐垃圾的处理，减少渗滤液对周边土壤及地下水的污染，并利用焚烧发电设施协同干化焚烧污泥坑暂存的污泥。二是分期开展暂存污泥和陈腐垃圾处理后的生态修复工作，开展填埋场一期土壤、地下水等介质的科学修复，规避生态风险，并为园区的发展预留空间。结合污泥坑生态修复，园区还规划打造人工湿地等景观体系（图2-12），以提升环境承载力、保障生态环境安全。

图2-12　长安静脉产业园中的人工湿地示意图

（图片来源：《成都市长安静脉产业园建设专项规划》）

**2. 统筹固体废物处置需求，搭建固体废物协同共生网络**

一是通过系统分析成都市固体废物的产生和处置现状，合理预测规划期内全市废弃物的产生情况，根据处置缺口和上位规划[1]要求，合理确定园区固体废物处置种类和处置规模，并结合上位规划要求、园区自身条件、园区发展定位等将各类固体废物的处置定位分为3种类型（图2-13）：①终端保障类，指完全响应上位规划要求，承担全市相关种类固体废物的全部处置需求；②满足缺口类，指在科学确定自身处置规模的基础上能够满足上位规划要求，与市内其他处置设施共同承担相应类别固体废物的处置需求；③高端示范类，指上位规划无要求，但根据园区发展需要开展的高端建设和示范运营类处置项目。

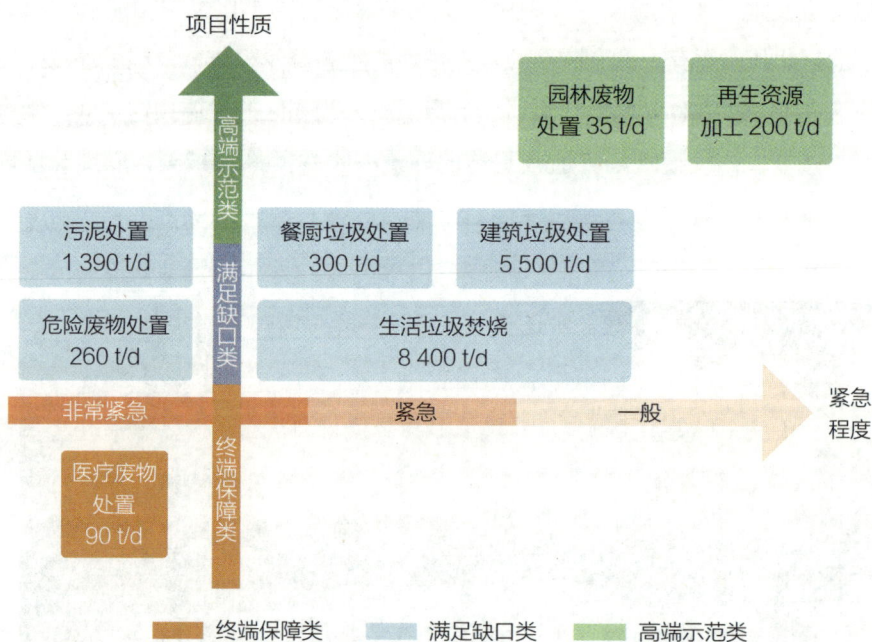

图2-13　长安静脉产业园固体废物处置定位分类

（图片来源：《成都市长安静脉产业园建设专项规划》）

---

[1] 上位规划是指上一个层次的规划，体现了上级政府的发展战略和发展要求。

二是充分衔接存量和新增项目,构建协同共生网络。单一处置技术存在副产品或二次污染难以处理等问题,需要通过项目间的协同共生并利用不同技术路线的互补优势来解决单一处置技术的固有缺陷(表2-1)。园区建设初期,由于缺乏统筹规划,兼之地形复杂,存在适宜建设用地紧张、已有建设项目协同性较差等问题。因此,园区以"集约共生、协同高效"为原则,通过深入分析新增与存量项目协同共生的关键节点,充分考虑新旧项目之间的技术协同性和规模匹配性,进而实现新增与存量项目之间的共生协同,构建项目间物质、能量、水的代谢共生链条,如以生活垃圾焚烧发电设施为核心,其产生的低温余热可用于污泥干化、渗滤液处理的厌氧过程,并协同焚烧市政污泥、陈腐垃圾、餐厨垃圾处理项目的沼渣等。此外,焚烧发电设施产生的炉渣还可用于制备再生骨料和再生砖等环保建材,实现副产品的综合利用(图2-14)。

**表2-1　处理处置技术选择**

| 处理对象 | 处理技术 |
|---|---|
| 市政固体废物类 | |
| 生活垃圾 | 焚烧发电技术(原有焚烧项目) |
| | 焚烧发电技术(新增焚烧项目) |
| 餐厨和厨余垃圾 | 预处理制浆+中温湿式两相厌氧消化技术 |
| 地沟油 | 制生物柴油技术 |
| 污泥 | 余热低温干化复合生活垃圾焚烧技术 |
| 园林绿化废物 | 好氧共堆肥技术 |
| 建筑垃圾 | 物理粉碎制造环保建材技术 |
| 再生资源类 | |
| 本地产报废车 | 压块粉碎再利用技术 |
| 废塑料 | 热解制柴油技术 |

| 处理对象 | 处理技术 |
|---|---|
| 危险废物类 | |
| 危险废物 | 新增焚烧项目 |
| | 原有焚烧项目 |
| | 原有固化项目 |
| 医疗废物 | 热解气化技术 |

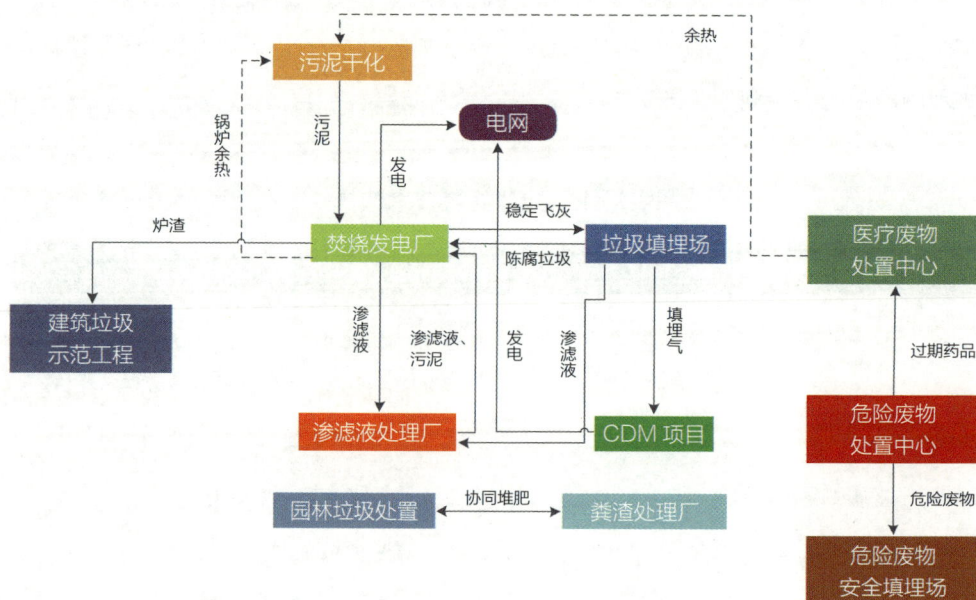

图2-14　长安静脉产业园固体废物协同处置共生网络

（图片来源：《成都市长安静脉产业园建设专项规划》）

### 3. 优化基础设施建设，提升园区可持续运作能力

一是加强公共基础设施共建共享。为了避免各项目主体重复投资，园区内水、电、热、气等公共基础设施均由园区层面统一规划、集中建设，充分实现共建共

享，从而降低了园区整体的投资成本。

二是优化环保设施配套。以实现园区污染物近零排放为目标，构建固体废物和副产物协同处置、水资源循环利用的共生链条。通过新增渗滤液处理项目三期、污水综合处理项目并分别用于处理渗滤液和一般性生产废水、生活污水，解决了园区渗滤液和污水处理的缺口问题，处理后的再生水可回用于园区景观绿化。规划建设了残渣填埋场，满足了生活垃圾及园区内各生产环节产生废渣（主要包括餐厨垃圾处置项目产生的沼渣、生活垃圾焚烧产生的炉渣等）的应急填埋需求，保障了园区的安全、可持续运行。

**4. 提高园区发展品质，打造和谐共融的生态园区**

一是在项目建设中既考虑固体废物处置的技术要求，也考虑与周边各类生态环境要素（山水林田湖草等）的融合并存，将项目终端产品的用途与相关环境单元的需求紧密结合，使其成为龙泉山城市森林公园的一个有机组成部分。结合园区定位、周边景观特色及成都市特色文化等因素，从颜色、外形及建筑材料等方面创新设计各项目建筑外观，构建多样鲜明的主题体系，实现园区建设的本地特色化。依托宣教展示中心等重点项目，推进标杆化项目的推介工作，打破人们对传统静脉产业园作为"固体废物消纳场所"的认知，将园区打造成面向公众的开放式、观光式环保及生态文明教育基地，使其成为城市系统的重要功能单元，真正实现园区与城市系统的和谐共融。

二是落实研发、中试等高端项目建设，打造科技研发创新交流高地。围绕园区静脉产业发展和处置项目建设的实际需求，配套建设研发、中试等功能板块，重点解决园区当前面临的生态修复、风险防控、再生资源高值化利用等技术难题，推进园区绿色发展理念的国内引领和国际化展示交流，多层面建设高新技术研发转化基地和绿色发展智慧创新基地。

## 2.6.3　主要成效

近年来，园区已建成万兴环保发电厂、垃圾渗滤液处理厂、危险废物处置中心、餐厨垃圾无害化处理项目、医疗废物处置中心等多个固体废物处置项目。目前，一个以长安垃圾填埋场、生活垃圾焚烧发电厂为核心，服务于成都市中心城区并辐射到周边区县的静脉产业集群已具雏形（图2-15）。园区规划为近期、中期、远期3个阶段，预计2035年建设完成，届时将会承担成都市全部医疗废物和生活垃圾焚烧灰渣这2类固体废物的全部处置需求，并协同处置生活垃圾、建筑垃圾、危险废物（不含医疗废物）、餐厨/厨余垃圾、污泥等多种固体废物。

图2-15 成都长安静脉产业园建设总体效果

（图片来源：《成都市长安静脉产业园建设专项规划》）

园区的建设运营具有良好的综合效益。从经济效益来看，通过各类固体废物的协同处置及基础设施的共建共享，能够实现对各类固体废物的资源化利用，降低建设运营成本，提升园区整体的经济效益。从社会效益来看，园区的建设将有效缓解城市固体废物处理的难题，避免因处置设施选址带来的"邻避效应"；各类处置设施的集中布局还可以实现公共基础设施的共建共享，节约大量土地；园区建成后能够带动大量的就业人口，具有极大的社会意义。从环境效益来看，园区建成后，每年可消纳固体废物500余万t，可大幅减轻固体废物对环境的污染；通过采用先进的处置技术与工艺可以产生电力、沼气等能源以及高值化利用产品，大大减少了碳排放和对矿产资源的开采。此外，多类固体废物处置设施的集聚化布局，也便于对污染进行集中控制、统一监管，可以有效降低园区的生态环境风险防控压力。

### 2.6.4　推广建议

成都市长安静脉产业园将生态修复和风险防控作为园区建设的首要任务，统筹项目之间的协同处置，加强园区基础设施配套，构建园区的物质-能量优质代谢循环，有效实现了成都市多类固体废物的资源化、规范化处置；搭建的技术创新平台系统提升了园区的生态建设水平，促使园区建设与城市发展和谐共融。长安静脉产业园的建设为成都市带来了良好的经济、社会、环境效益，具有推广和借鉴的价值。该模式可向固体废物产生量大、品种多且生态环境敏感性高的区域推广。

## 2.7　福建：农村生活污水、垃圾治理

### 2.7.1　基本情况

2016年7月，中共中央办公厅、国务院办公厅印发了《关于设立统一规范的国家生态文明试验区的意见》，福建省成为首批3个国家生态文明试验区之一，集中开展体制改革综合试验。在福建省设立国家生态文明试验区，是党中央、国务院在全面深化改革背景下做出的重要决定。《国家生态文明试验区（福建）实施方案》提出了多项福建省创建生态文明实验区的体制改革任务，"农村污水垃圾治理和环境污染第三方治理"是其中的重点改革任务之一。2016年以来，福建省在农村生活污水和垃圾治理方面开展了一系列工作，坚持党委领导、政府主导、企业运作、社会参与，建立了完善的配套政策制度，出台了《福建省农村污水垃圾整治行动实施方案（2016—2020年）》，按照"好操作、全覆盖、可持续"的工作思路，农村生活污水和垃圾治理成效明显，设区市农村污水和垃圾治理设施设备较为完备，农村环境污染第三方治理积极推进，显现出了一批可复制、可推广的经验和做法。

### 2.7.2　主要做法及成效

**1.坚持政府引导、政策先行，制定完善的配套保障政策措施**

福建省认真落实《国务院办公厅关于改善农村人居环境的指导意见》（国办发

〔2014〕25号）、《住房城乡建设部等部门关于全面推进农村垃圾治理的指导意见》（建村〔2015〕170号）、《福建省人民政府关于进一步改善农村人居环境推进美丽乡村建设的实施意见》（闽政〔2014〕57号）、《住房城乡建设部等部门关于印发农村生活垃圾治理验收办法的通知》（建村〔2015〕195号）和《国务院办公厅关于创新农村基础设施投融资体制机制的指导意见》（国办发〔2017〕17号）等文件精神，相继制定了《福建省农村生活垃圾治理验收办法》《福建省农村污水垃圾整治行动实施方案（2016—2020年）》（以下简称《实施方案》）等政策文件。为指导各地开展农村环境污染第三方治理，福建省政府印发了《福建省农村生活污水垃圾治理市场主体方案》（闽政办〔2017〕37号），指导各地以县域为单位将辖区内的污水、垃圾处理项目捆绑打包，引入社会资本，拓展资金渠道，提高建设运行水平。福建省住房和城乡建设厅联合省财政厅出台了《鼓励社会资本投资乡镇及农村生活污水处理PPP工程包的实施方案》《鼓励社会资本投资生活垃圾处理PPP工程包的实施方案》（闽建城〔2017〕2号），以推进农村污水、垃圾治理市场化工作；建立了PPP工作月报通报制度，跟踪督促进度滞后地区；印发了福建省《2017年农村生活污水垃圾治理考核评比办法》（闽建村〔2017〕21号），加大了市场化工作在季度考评中的分值设置，充分发挥了考评标准的导向作用；下发了《关于抓紧落实农村生活污水垃圾治理下一步工作的通知》，督促各地加快推进资金配套、市场化等工作进度。

**2. 大力推进生活污水、垃圾治理设施建设，因地制宜地选择治理模式**

在农村环境污染治理设施、设备建设方面，福建省929个乡镇中已有564个乡镇和4 600多个村庄建成了生活污水处理设施，682个乡镇建成了垃圾转运系统，近一半的村庄建立了垃圾治理常态化机制。以莆田市为例，全市共配备环卫车辆383部，已建成生活垃圾压缩式转运站59座，每个平原乡镇有1~2座垃圾转运站，山区乡镇全部配备压缩式运输车。2017年，莆田市计划新建17座、改造6座生活垃圾转运站，实现垃圾转运站全覆盖；计划投资5 200多万元添置环卫车辆。莆田市生活垃圾焚烧发电厂一、二期日处理垃圾量达1 050 t，三期扩建项目于2019年上半年全面竣工投产，日新增垃圾处理量1 800 t；仙游县即将动工建设垃圾焚烧发电厂，日处理能力600 t。同时，在人员配置方面，莆田市平均每486人配备1名保洁员，每个乡镇、村居均配备卫生监督员，城厢区华亭镇对保洁员实行镇聘村用、统一管理、统一考核。

在农村环境治理工艺和模式选择方面，全省各地积极探索、科学评估村镇特点，因地制宜地采用集中处置和分散处置相结合的模式，形成了一批好的经验和做法（专栏2-1）。例如，宁德市在改厕治污的过程中，结合农村环境整治、新农村建设进行农村污水处理统筹规划，并综合考虑"六江两溪"[1]、生态敏感区及农村人口规模合理选择工艺。在改厕到位的基础上，就地自建集中型、区域型、联户型、单户型生态化污水处理设施。对分散型农户、污水规模每天不超过1.5 t的，采用三格化粪池+人工湿地工艺；对于污水不易集中收集的连片村庄、规模每天不超过40 t的，采用厌氧+兼氧滤池工艺；对于拥有自然池塘和沟渠的村庄，采用厌氧+氧化塘+生态沟（人工湿地）工艺；对于土地资源紧张、经济条件较好、有乡村旅游基础的村庄，采用地埋式微动力污水处理工艺。

---

**专栏2-1　中科三净公司分散型污水处理技术**

中科三净环保股份有限公司的分散型污水处理技术主要采用3J-ZN智能净化罐、3J-ZN智能净化槽、3J-RBC生物转盘3种处理方式。

1.产品特点

3J-ZN智能净化罐是采用生物法处理的一家一户的生活污水处理设备，具有体积小、运行成本低（0.4元/t）、日能耗低（0.5 kW·h）、材料性能稳定（注塑+热熔接）、无二次污染、效果好（A2/O+MBBR）的特点。

3J-ZN智能净化槽是由厌氧、缺氧、MBBR和沉淀等工艺段集成于一体的村落级生活污水处理设备，具有运输方便、安装快（模块化安装）、

---

[1] 六江，指闽江、九龙江、敖江、汀江、晋江、龙江；两溪，指木兰溪、交溪。

材料性能稳定（PP板或碳钢板）、质量可靠（模块化生产+专业防腐）、效率好（A2/O＋MBBR）、地上和地下均可安装的特点。

3J-RBC生物转盘是在生物滤池的基础上发展起来的一种高效、经济的村镇级污水生物处理设备，具有结构简单、易于扩容改造、无二次污染、材料性能稳定（碳钢板）、设备设计使用寿命长（30年）、吨电耗低（0.20 kW·h）、产泥量少（相对于A2/O工艺污泥产量减少30％～50％）、占地面积小（相对于A2/O工艺占地面积减少2/3）的特点。

2.经典案例

（1）绝对分散式生活污水处理项目——湖上乡村落污水处理点（图2-16）。该工程位于福建省安溪县湖上乡，主要处理村落农户的生活污水，主体设备为3J-ZN智能净化罐，污水经处理后执行《城镇污水处理厂污染物排放标准》（GB 18918—2002）中的一级B标准。

图2-16　湖上乡村落污水处理点

（2）相对分散式生活污水处理项目——永安市青水乡集镇污水处理站（图2-17）。该工程位于福建省永安市青水乡，主要处理村域及周边居民的生活污水，主体设备采用3J-ZN智能净化槽，设计处理规模为50 m³/d，污水经处理后出水水质执行《城镇污水处理厂污染物排放标准》中的一级B标准。

图2-17  永安市青水乡集镇污水处理站

（3）相对集中式生活污水处理项目——西坪镇污水处理厂（图2-18）。该工程位于福建省安溪县西坪镇，主要处理村域及周边居民的生活污水，主体工艺采用3J-RBC生物转盘技术，6台并联安装，建成后处理规模可达到1 200 m³/d，污水经处理后执行《城镇污水处理厂污染物排放标准》中的一级B标准。

图2-18  西坪镇污水处理厂

泉州市永春县立足实际，积极创新农村生活污水处理模式。一是县城区及周边污水凡是能纳入污水处理厂的，全部铺设收集管道纳入其中进行处理。在全省建制县中率先采取BOT方式[1]建成污水处理厂。二是镇区污水通过建设中小型污水处理设施进行统一收集、集中处理，如在人口数量较多的蓬壶镇建成了日处理规模达1万t的中型污水处理厂，而在人口数量较少的东关镇、锦斗镇建成了日处理规模100～300 t的小型生活污水处理站。三是农村污水采取"集中＋分散"的方式进行处理。对于农村村民集中的区域，利用现有沟渠收集生活污水，由多户联建日处理规模20～60 t的农村生活污水处理设施，如茂霞村建设了日处理规模60 t的农村生活污水处理工程，采用微动力结合人工湿地的工艺处理农村生活污水（图2-19）。对于人口分散的农村偏远角落，采用三格化粪池处理生活污水，同时由县财政按固定比例统一补贴农户（每户600元），大力推广使用由该县企业利新德塑胶制品公司生产的塑胶一体化设施处理污水，再将处理后的生活污水引入田间湿地或人工小湿地。四是充分利用全县自然生态环境良好的有利条件，在小流域汇入口和桃溪部分河段统一规划建设10个河道生态湿地公园，面积为3 580亩，采用生物处理技术，运用湿地植物过滤污水，既处理污水，又美化环境。

图2-19　永春县微动力结合人工湿地工艺设施

（图片来源：福建省提供）

---

[1] BOT是Build-Operate-Transfer的缩写，意为"建设—经营—转让"，是私营企业参与基础设施建设、向社会提供公共服务的一种方式。

**3. 创新财政支付管理，建立三级收费、统一支付的垃圾治理财政支付管理体系**

在资金筹措、财政支付管理方面，福建省政府积极实施相关创新性改革。各地建立了三级支付体系，由区县政府、乡镇政府和农村居民共同承担环卫保洁成本。相应地，政府也建立了三级收费、统一支付的垃圾治理财政支付管理体系。这项改革解决了农村缺乏垃圾处理运营经费的问题，使城乡环境卫生焕然一新，群众满意度显著提高。以永春县为例，在卫生保洁经费中，按照每人每年60元的标准（县财政补助30元、镇配套20元、村配套10元）投入，并纳入财政预算（县级每年1 700万元），自2011年以来累计投入资金近4亿元，不断完善生活垃圾无害化处理场、城乡垃圾转运站等环卫设施。

在配套资金落实方面，2017年福建省安排8.1亿元补助农村生活污水和垃圾治理，重点从"补建设"转向"补运营"，目前已下达三格化粪池新建改造补助资金3亿元、乡镇污水处理设施建设省级"以奖代补"资金2亿元、村庄垃圾治理常态化机制建立经费1亿元、阳光垃圾堆肥房补助资金1 000万元、247个乡镇生活垃圾转运系统建设"以奖代补"资金两批次共8 000万元。全省所有设区市及所辖县（市、区）都出台了配套补助资金文件，正陆续下达补助资金，资金保障体系初步形成。以莆田市为例，2017年市财政预算投入4 500多万元、区（县）财政投入1亿元用于农村生活垃圾治理。通过制定村规民约或"一事一议"，动员村民每户每年缴纳垃圾处理费60～120元，在各村按规定足额收缴垃圾处理费后，市、区（县）财政分别按户籍人口每人每年不低于10元、20元予以奖励。

**4. 积极培育发展环境治理和生态保护市场主体，第三方治理模式建设初见成效**

福建省认真落实《国务院办公厅关于创新农村基础设施投融资体制机制的指导意见》（国办发〔2017〕17号）要求，出台了《福建省培育发展环境治理和生态保护市场主体的实施意见》（闽政办〔2016〕185号），通过推广PPP模式，推行环境污染第三方治理、合同能源管理和合同节水管理，培育了一批环境污染治理企业。

一是各地以县域为单位，将镇村污水处理、农村生活垃圾收集转运等项目进行打包，采取PPP等模式委托有资质、有经验的企业统一规划、统一设计、统一标准、统一建设。有条件的地方以设区市为单位，引入有实力的大型企业，对全市的农村生活污水、垃圾治理进行捆绑运营，所辖县（市、区）由该企业的分支机构运作，实现规模化运营，从整体上提高运营效率和治理水平。其中，包含3个关键环节：①以公开招投标的方式交给专业公司；②费用由省、市、县、镇、村合理分担，从根本上保证了运行经费；③管理与作业相互分离，实行两条线考核管理。

二是积极推进项目对接。通过在福州市举办农村生活污水、垃圾治理PPP项目对接会，邀请PPP政策专家、金融机构、咨询服务机构介绍相关政策、申报程序、准入门槛等内容，组织了18个市县政府部门和8家企业对接供需要求，促进政、银、企对接合作。在福建建设信息网上建立农村生活污水垃圾PPP项目对接信息平台，促进政企长效对接。截至2017年8月底，全省共推出了129个农村污水、垃圾市场化治理项目。

### 2.7.3　推广建议

农村污水、垃圾治理关系到农村环境的改善，对保障人民群众身体健康、提升人民获得感、促进美丽中国建设具有重要的意义。福建省在开展生态文明试验区创建的过程中，积极推进农村生活污水、垃圾治理改革，通过建立完善的配套政策保障了各项工作有规可依、有章可循；通过推进农村污水垃圾治理配套设施建设，使全省超过60%的乡镇建成了生活污水处理设施，70%以上的乡镇建成了垃圾收集、转运、处理、利用系统，50%以上的村庄建立了垃圾治理常态化机制；通过建立三级收费、统一支付的垃圾治理财政支付管理体系，解决了农村缺乏垃圾处理运营经费的问题，形成了长效的资金保障；通过积极推进农村环境污染第三方治理模式，有效培育了环境治理和生态保护的市场主体。福建省在农村污水、垃圾治理中开展的这些创新实践和有益探索可复制、可推广，可以为我国其他地区的农村环境治理提供借鉴。

## 2.8 平谷:"生态桥"基层环境治理模式

### 2.8.1 基本情况

《北京城市总体规划(2016—2035年)》提出了"率先全面建成小康社会,建设国际一流的和谐宜居之都"的战略目标,成为中华民族伟大复兴的时代使命担当。作为功能定位为生态涵养区的平谷区(图2-20),其生态建设成为首都实现可持续发展的重要一环。2015年,北京市平谷区与天津市蓟县(今蓟州区)、河北省廊坊市北三县(三河市、大厂县、香河县)作为京津冀协同共建地区由国家发展改革委联合有关部门共同列入生态文明先行示范区(第二批)。平谷区的生态文明建设与其当下的功能定位实现息息相关。

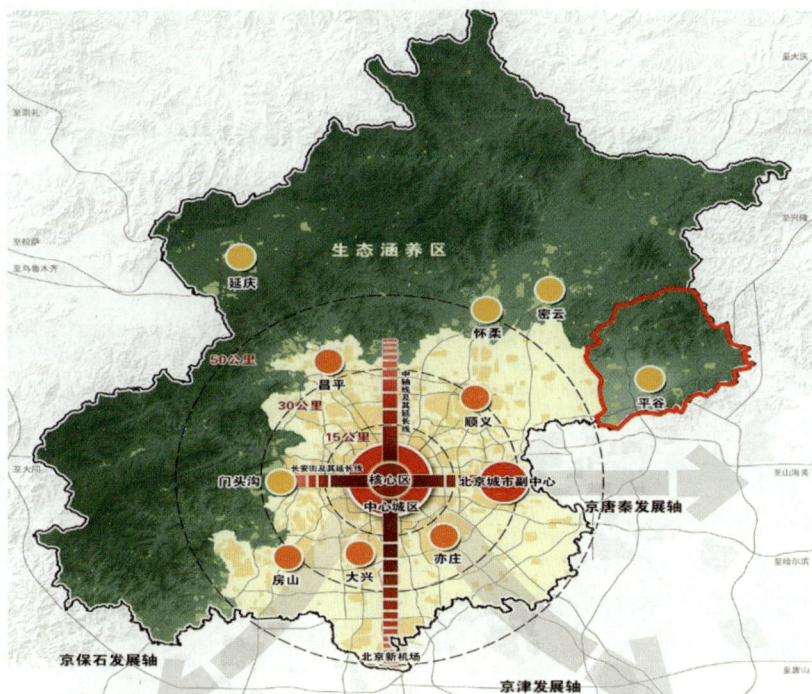

图2-20 北京市生态涵养区分布格局

(图片来源:《平谷区生态文明建设总体规划(2018—2035年)》)

平谷区是北京市的农业大区和著名的大桃之乡，近年来在农业迅速向现代化迈进的同时，也引发了一系列环境问题。在大气环境方面，果树园林年均产生20万t枝条、落叶等废弃物，普遍以焚烧、乱堆等方式进行处理，直接导致严重的大气污染；在水环境方面，全区年均产生的63.04万t粪便及54.16万t污水，部分以河道直排、田间直排等方式进行处理，造成部分国控断面考核不达标；在土壤环境方面，全区大田年均农药施用量为200.1 t/亩，化肥使用量为33.5 kg/亩，造成了土壤污染；在村容环境方面，果树废弃物、农药包装废弃物、畜禽粪便等随意丢弃或无序处理造成村容村貌"脏乱差"。突出的生态环境问题严重制约了平谷区的小康社会建设和乡村振兴的步伐。

为解决当下的资源环境问题，更好地实现城市功能定位，平谷区坚持"生态立区"，以生态文明先行示范区建设为契机，全力推进"生态桥"基层环境治理工程。"生态桥"即衔接生态农业中各类要素的桥梁，旨在实现生态循环农业闭环发展，以及农业废弃物的资源化利用和生态循环。"生态桥"工程聚焦果树园林枝条、畜禽粪污、蔬菜植株残体等农业废弃物的资源化利用，以政府资金"拨改投"[1]为纽带，坚持"五位一体"[2]运转机制，通过"三分"[3]工程建设部署，以加强科技创新为保障，打造"资源—农产品—废弃物—再生资源"的良性生态循环模式，有效促进了基层社会治理中政府、企业、基层组织、农户之间的协同共治，解决了环境治理"最后一公里"的问题；同时，实现了农林废弃物的高度资源化利用，推动平谷区的农业迈向绿色循环发展的新征程（图2-21）。

---

[1] "拨改投"是指股权投资方式实施"拨款"改"投资"的政策性扶持资金。
[2] "五位一体"是指政府主导、企业运营、村级组织、科研支撑、农户参与。
[3] "三分"是指分项目运作、分试点运行、分阶段推进。

图2-21　平谷区"生态桥"基层环境治理模式思路框架

## 2.8.2　主要做法

**1.坚持"五位一体"运转机制，实现合作共赢**

平谷区采取"政府主导、企业运营、村级组织、科研支撑、农户参与"的"五位一体"模式，从根本上解决了在以个体利益为主导的前提下形成的协作结构性缺失问题，促进政府责任、企业利益、农户受益的和谐统一。

政府立足于项目公益性，负责政策扶持、资源协调、购买服务、把握建设进度等。一是创新"拨改投"机制，实现"拨改投、投变本、本变股、股生利"。政府、企业、合作社共同投资、共占股份，建立项目公司和管理公司，通过市场化运作创新资金扶持方式，破解行政资金低效投入的问题。政府以100%的启动投资注入企业或合作社换取1%的股本，但拥有51%的受益分配权，只追求国有资产的保值增值，其他所得利益用于返还企业扩大再生产。二是建立政策集成制度，统筹制订全区各部门与农业循环、生态发展、基层治理等方面相关的政策，破除单打独斗、条块分割的体制机制限制。三是出台企业扶持政策，通过补贴企业加工费用、纳入区政府采购目录、税收、银行补息等方式，建立循序渐进、逐步撤出的奖励制度与扶持办法，激发企业的发展动力。

企业突出自主性，负责废弃物收集、有机肥生产、置换对接及销售等。企业秉持"龙头"带动、规模化经营理念，利用政府投资购置所需设施、设备，对农业废弃物进行统一收购，生产绿色、环保、安全的有机肥，再统一包装、上市及销售。"前端"收集方面，为运营点安装硬件设备，给农户发放二维码，全面实现通过App系统进行管理；"中端"经营方面，采取企业自主经营、自我运转的方式运行；"后端"销售方面，主要采取3种方式进行处理，一是"物物交换"，根据农户交纳果树枝的数量按比例提供有机肥，二是合作社分红，即企业每年以物化方式向合作社无偿提供有机肥，三是市场化销售。

村委会负责宣传组织，制定村规民约，引导广大村民积极参与项目的各个环节。一是做好宣传工作，及时公开各项规定及惠民政策，与群众共享信息，并畅通工程建设中的各种群众监督渠道，实现信息对等和畅通。二是"堵""疏"结合，出台管制措施及农户奖励政策，如修订村规民约，要求村民在公共区域内不得堆放树枝等废弃物，通过物化补贴、资金奖励等方式引导和鼓励农户积极参与建设。三是组织废弃物收集、有机肥置换，实现村企联动，提高运行效率。

此外，在科研支撑方面，北京市农林科学院负责技术设计与改良、成本核算、产品监测，并提出合理化建议；在农户参与方面，实施"物物交换"，如 1 t 桃树枝可以置换1~1.5 t有机肥，差价来源于政府一次性投资。

**2.实施"三分"战略部署，确保工程有序推进**

坚持分项目运作、分试点运行、分阶段推进。针对不同废弃物建设资源化利用项目，确定刘家店镇为先行试点并开展第一阶段建设，试点完成后再进入第二阶段，即向全区推广。

一是用果树枝条制作有机肥：总站＋分站。两个总站分别位于刘家店镇寅洞村和南独乐河镇张辛庄村，以辐射东西部各乡镇；分站布点在全区的17个乡镇（街道），枝条粉碎成粗粉后运至总站加工制作有机肥或直接还田（图2-22）。

图2-22　刘家店镇"生态桥"试点基地

（图片来源：平谷区提供）

二是养殖业粪污资源化利用：集中式＋分散式。建设西柏店村养殖污水处理模式，在马昌营、东高村、峪口、王辛庄、马坊等镇建设园林绿化地集中处理站，处理后直接用于园林绿化灌溉；在果品主产区推广污水还田再利用，建立"种养结合"的分散式处理模式，探索异位发酵床模式。

三是用蔬菜等废弃物制作有机肥：核心产区辐射。根据区南部作为蔬菜生产核心区的特点，在东高村镇建立以蔬菜秸秆为主要原料的有机肥加工厂，辐射南部地区乡镇。

### 3.创新技术集成模式，突出工艺可持续性

一是坚持产、学、研相结合，建立健全技术创新体系。依托农业科技创新区建设，积极与中国农业大学、北京农学院等高校沟通合作，通过技术探索、试点示范积极鼓励和引导科研机构开展技术研究和创新，鼓励企业建立相关科研中心，形成

主客体共同研究、共同创新的良好局面，以技术先进性确保治理工程的先进性和可持续性。

二是分类推广优化工艺技术路线。有机肥加工实施"种—养—沼—加"[1]循环模式，采用槽式和条垛式发酵组成的"二阶段堆肥"工艺（图2-23）；沼气提纯选择加压水洗、化学吸收法、变压吸附法、膜分离法、低温分离法等成熟的主流工艺；果树枝条利用粉碎机加工成粗粉。

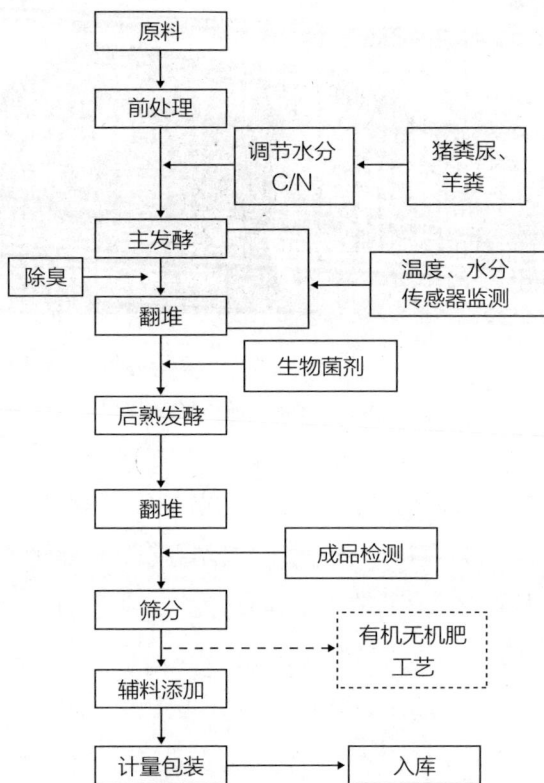

图2-23 "二阶段堆肥"工艺流程

（图片来源：平谷区提供）

---

[1] "种—养—沼—加"，即种植、养殖、沼气、加工环节。

### 2.8.3　主要成效

一是"烟污堵毒脏乱差险"等环境问题得到有效控制。目前，有机肥加工总站一期试点已建设完成，制作高标准有机肥16 570 t；全区11个乡镇的13个粗粉分站开始运转，已加工农业"九废"[1] 64 197 t。全区公共场所堆积的农业"九废"大幅减少，无序排放导致的大气、水、土壤污染问题得到有效解决，树枝火灾隐患、土壤洪涝隐患及畜禽疫病隐患得以有效清除，村容村貌显著改善，田园景观明显优化。

二是农业循环发展水平不断提升，资源利用率明显提高。通过搭建"生态桥"，促进"九废"变"九宝"、"九宝"变"九促"[2]，形成了农业生产的生态化链条，实现了农业废弃物的循环利用。2017年，平谷区农作物秸秆综合利用率达到99%。

三是基层自治水平显著提升，有力推动了小康社会建设。"生态桥"工程节省了80%的传统农业废物处理资金，解决了以往行政资金低效投入的问题；同时，通过运用政策引导、多主体参与等各种激励手段，有效激发了村集体、农户的积极性和主动性，建立了基层现代化、信息化的治理机制，打通了政府、企业、农户之间的断桥，建立了完整的行政、产业、金融、运营及信息链条，实现了共治、共建、共享的基层治理新路径。农村环境综合整治工作取得突破性进展，解决了制约平谷区小康社会建设和乡村振兴发展的根本问题（图2-24）。

### 2.8.4　推广建议

平谷区"生态桥"基层环境治理工程是"三农"发展的一项重大体制机制创新，是对基层社会治理做出的重要探索，打通了政府、企业、农户、基层党支部等

---

[1] "九废"是指桩、枝、杈、叶、秸、秆、草、果、菜。

[2] "九促"是指促进改善环境、改良土壤、改进水质、改拓交通、改优大气、改革体制、改变百姓生产生活方式、提升防火安全、提升休闲旅游品质。

"烟污堵毒脏乱差险" 等环境问题得到有效控制

- 农业 "九废" 大幅减少
- 大气、水、土壤污染问题得到有效解决
- 树枝火灾隐患、土壤洪涝隐患及畜禽疫病隐患得以有效清除
- 村容村貌显著改善，田园景观明显优化

农业循环发展水平不断提升，资源利用率明显提高

- "九废" 变 "九宝"、"九宝" 变 "九促"，形成了农业生产的生态化链条

基层自治水平显著提升，有力推动了小康社会建设

- 节省了 80% 的传统农业废物处理资金，解决了以往行政资金低效投入的问题
- 打通了政府、企业、农户之间的断桥，建立了完整的行政、产业、金融、运营及信息链条
- 农村环境综合整治工作取得突破性进展，解决了制约平谷区小康社会建设和乡村振兴发展的根本问题

图2-24 平谷区"生态桥"建设主要成效

在环境治理中的"断头路"，有效解决了基层治理"最后一公里"的问题，对大气、水、土壤环境的治理发挥了重要作用。另外，"生态桥"工程将废弃的农林资源变为"宝物"，有效促进了农业的可持续发展，成为平谷区经济转型发展的重要助力。综合来看，该模式具有重要的推广意义和可行性。

平谷区"生态桥"环境治理模式可向农业基础较好、生态环境治理任务较重、以生态环境建设为城镇首要任务或以乡村振兴为建设目标的区域推广，可以从根本上解决农村经济基础较差、生态治理能力薄弱、体制机制不健全等多种问题，打通了基层治理"最后一公里"，开启了农民生态意识的"最初一公里"。

## 2.9　塞罕坝：荒漠变绿洲、青山变金山的造林模式

### 2.9.1　基本情况

从20世纪60年代开始，由于木兰围场（塞罕坝是木兰围场的一部分）的树木被大肆砍伐且山火不断，千里松林几乎荡然无存，美丽的山岭水源之地变成了几十万亩的荒山秃岭，导致西伯利亚寒风长驱直入，造成内蒙古沙漠加速南侵。1962年，中央决定在河北省承德市塞市罕坝地区建设一座大型国有林场。以此为契机，三代塞罕坝人在不断的失败中，通过改进育苗技术、摸索种植方法等创造了112万亩人工防护林，并建立了科学的养护队伍，逐渐恢复了塞罕坝地区的植被，阻隔了内蒙古沙漠的南侵。塞罕坝通过开展旅游业、育苗业等实现了经济的绿色增长。塞罕坝的绿色奇迹生动地诠释了绿水青山就是金山银山的理念，为我国的生态文明建设树立了良好的典范（图2-25）。

图2-25　塞罕坝"美丽高岭"重现生机

### 2.9.2　主要做法

#### 1. 高位重视，全国动员积极参与塞罕坝绿化建设

一是国家支持绿化，组建塞罕坝机械林场。1961年，林业部决定在河北省北部建立大型机械林场，并选址塞罕坝。1962年，塞罕坝机械林场正式组建，主要任务为建成大片用材林基地，生产中、小径级用材；改变当地自然面貌、保持水土，为改变京津地带风沙危害创造条件。

二是学生响应号召，组建塞罕坝专业绿化队伍。全国18个省市的127名大中专毕业生与当地干部职工一起组成了一支369人的创业队伍。

#### 2. 艰苦创业，失败中不断摸索育苗技术

塞罕坝气候恶劣，极端最低气温达零下43.3℃，年均积雪时间长达7个月，沙化严重、缺食少房、偏远闭塞，但塞罕坝人坚持"先治坡、后治窝，先生产、后生活"，吃黑莜面、喝冰雪水、住马架子、睡地窨子、顶风冒雪、垦荒植树，铸造了坚毅的"塞罕坝精神"。

由于缺乏高寒地区的造林经验，起初塞罕坝的造林成活率不到8%。经过反复钻研，在失败中总结经验，塞罕坝人得出了外地苗木不适合坝上种植、只有在坝上培育的苗木才能在坝上成活的结论。

经过反复试验，塞罕坝人成功改进了育苗方法和技术，摸索出培育"大胡子""矮胖子"优质壮苗的技术要领，彻底解决了苗木的供应问题。通过不断研究实践，改进了苏联造林机械和植苗锹，创新了"三锹半"植苗技术，大大提高了植苗速度。

#### 3. 专业养护，强化灾害综合防控能力

一是明确林木种养模式。塞罕坝人按照"以育为主、育护造改相结合、多种经营、综合利用"的经营方针，探索并及时总结提炼，确定了适合塞罕坝林分特点的落叶松定向目标培育、樟子松大径材培育、绿化苗木培育、人工林健康经营和近自然化诱导、天然次生林改造培育、森林公园景观游憩林改良6种森林经营模式，总结出造林、幼抚、定株、修枝、疏伐、主伐、更新造林等循环有序的森林培育作业

流程。

二是加强森林灾害防范。建设了森防、监测检疫队伍体系，配备了100余名专、兼职监测人员，健全了预测预报网络；建立了完整的防扑火指挥体系和300余人的专业扑火队伍，现代化的防火车辆、扑火工具一应俱全。完善了防火隔离带、防火通道建设，将万顷森林分隔成网格状，9个望火楼全部安装了林火红外视频监控系统，将林地全部纳入监控范围。通过挖设防护沟、架设围栏构筑了造林地块立体防护网络，保护幼林不受牲畜危害，造林保存率达到93%以上。

三是加强林区道路建设。修建或改造林区道路445 km，其中修建砂石路319 km，林区主干道硬化或铺油126 km，林区道路网格化格局初步形成，为林场护林防火、生产经营、森林旅游等各项事业的发展增添了基础保障。

### 4. 严守红线，实现绿水青山就是金山银山

一是加快产业结构调整，降低对木材产品的依赖。在保证森林资源总量持续健康增长的前提下，林场控制林木蓄积消耗量在13万m³左右，采伐限额只用六成，而且主要用于森林抚育。同时，建立了极严格的林业生产责任追究制，若发现超蓄积、越界采伐林木的行为，实行一票否决制，坚决追究责任。

二是积极开发其他产业，培育林业产业新的经济增长点。①开发旅游业。以森林观光游为主适度开发旅游，基本形成吃、住、行、游、购、娱旅游配套产业链（图2-26）。②育苗产业。建设8万多亩绿化苗木基地，培育了云杉、樟子松、油松、落叶松等优质绿化苗木。1 800余万株多品种、多规格的苗木销往京津冀、内蒙古、甘肃、辽宁等全国十几个省份。③开发森林管理碳汇项目。2016年8月，塞罕坝林业碳汇项目首批国家核证减排量（CCER）获得国家发展改革委签发，成为华北地区首个在国家发展改革委注册成功并签发的林业碳汇项目，也是截至2018年年底全国签发碳减排量最大的林业碳汇自愿减排项目。塞罕坝首批森林碳汇项目计入期为30年，其间预计产生净碳汇量470多万t。

图2-26　塞罕坝旅游业

三是不忘初心，积极带动林场及周边发展。通过实施林海小城镇建设、安居工程、标准化营林区建设等实现厂区老旧房屋改造，水、暖、电、通信等升级改造，林场、营林区、望火楼全部实现"三网融合"[1]，网络通信水平居于全国先进水平，并为今后"互联网＋林业""互联网＋生态""智慧林场"建设打下基础，也基本解决了住房、就学、就业、就医等民生难题。

四是积极带动周边产业发展。绿色产业发展为林场的可持续发展提供了有力的经济支撑，同时创造了大量的就业岗位，带动了周边地区的乡村游、农家乐、养殖业、山野特产、手工艺品、交通运输等外围产业的发展。

### 2.9.3　主要成效

塞罕坝在生态环境建设发展思路（图2-27）的指引下取得了积极的成效。

---

[1] "三网融合"，又叫"三网合一"，意指电信网络、有线电视网络和计算机网络的相互渗透、互相兼容。

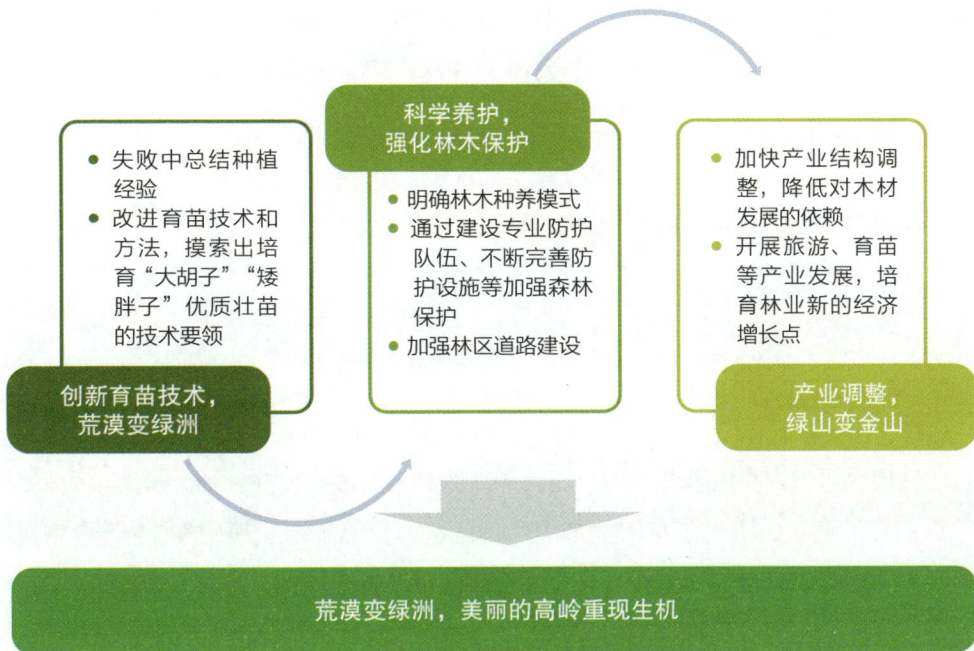

图2-27 塞罕坝生态环境建设发展思路

### 1. 荒漠变绿洲，林木绿化成效显著

1962—1982年，塞罕坝人在这片沙地荒原上造林96万亩，总计3.2亿余株，使"美丽高岭"重现生机。截至2018年，塞罕坝累计抚育森林300余万亩次，使林分结构更趋合理、林分质量更加优良。单位面林木积蓄积量是全国人工林的2.76倍，用不足全省1.5%的有林地面积培育出了全省7%的林木蓄积。截至2019年，林场完成了全部10万亩攻坚造林工程，幼树成林后，全场森林覆盖率由现在的80%提高到86%的饱和值，每年产生的生态服务价值达142亿元，涵养、净化淡水1.37亿m³，固定二氧化碳81.41万t，释放氧气57.06万t。

### 2. 绿山变金山，产业发展绿色化

塞罕坝游客年均50万人次，一年的门票收入达4 000多万元；通过经营育苗产业，每年收入超过1 000万元；2018年，达成首笔造林碳汇交易3.6万t，标志着塞罕

坝的碳汇产业迈出实质性的一步。绿色产业发展为塞罕坝的可持续发展提供了有力的经济支撑，同时创造了大量的就业岗位，带动了周边地区的乡村游、农家乐、养殖业、山野特产、手工艺品、交通运输等外围产业的发展，每年可实现社会总收入6亿多元。

### 3. 地球卫士，绿化成效得到国际认可

2017年12月5日，在肯尼亚首都内罗毕举行的第三届联合国环境大会上，河北省塞罕坝机械林场荣获2017年"地球卫士奖——激励与行动奖"。

## 2.9.4 推广建议

三代塞罕坝人扎根塞北高原，将荒原变为林海、沙漠变成绿洲，解决了内蒙古沙漠南侵的危机，阻遏了京津地带的风沙危害，恢复了塞罕坝"美丽高岭"的面貌。塞罕坝生态环境建设的成功是生态文明建设的鲜活范例，必将有效促进我国生态文明建设，续写其他"绿色传奇"。

塞罕坝的生态环境建设案例可向山体破坏严重、荒漠化明显的地方推广，通过充分利用塞罕坝经验，可以快速推动沙漠化治理、加速生态环境建设。

第3章

推动绿色发展探索示范

XIN**SHIDAI**
**SHENGTAI** WENMING
CONGSHU

## 3.1 推动绿色发展

### 3.1.1 概述

**1.新时代绿色发展的内涵**

绿色发展是以效率、和谐、持续为目标的经济增长和社会发展方式，是以人与自然和谐为价值取向，以绿色低碳循环为主要原则，以生态文明建设为基本抓手的发展模式。绿色发展就是要发展环境友好型产业，降低能源消耗，提高资源利用效率，保护生态环境，修复生态系统，推广低碳技术，发展循环经济，从而达到经济社会发展与自然的和谐统一。党的十八大以来，习近平总书记多次提到绿色发展理念，强调"生态兴则文明兴，生态衰则文明衰""保护生态环境就是保护生产力，改善生态环境就是发展生产力""我们既要绿水青山，也要金山银山。宁要绿水青山，不要金山银山，而且绿水青山就是金山银山"。习近平总书记用通俗易懂的语言阐述了绿色发展的内涵，强调了经济发展与资源环境的可持续和协调发展。

具体来看，可以从以下方面来推动发色发展：

一是推动绿色技术创新。科技创新是推动绿色发展的原动力，应始终把绿色技术创新、成果转化和推广应用放在绿色发展的首位，引领发展方式转变和产业结构调整，从根本上提升资源能源利用效率，降低发展的生态环境成本。

二是构建绿色投资金融体系。推动资本要素、金融政策和工具向绿色发展集聚，引导和激励更多的社会资本投入绿色科技创新和绿色产业发展中，丰富绿色金融产品及业态，满足绿色发展多元化、多方面的金融需求。

三是形成绿色产业体系。绿色产业是绿色发展的关键载体，应根据地区实际和产业、人才、科技及生态环境特点发展独具特色的绿色工业、绿色农业、绿色服务业，推动传统产业的绿色化转型改造，科学布局和发展战略性新兴产业，实现产业的绿色发展。

四是完善绿色消费体系。从需求侧管理推进绿色消费模式的转变，带动上游绿色产业的发展，促进生产过程的绿色化，对于推动绿色发展作用巨大。绿色消费包含引导消费者简约、适度地消费，倡导消费者和企业选择环境友好型产品，以及在消费和产品生产、销售时关注相关废弃物的处置等，从全生命周期的角度带动生产、流通及废弃物处理全过程的资源节约、环境友好。

五是重视生态环境治理。把生态环境保护作为绿色发展的出发点和落脚点，在保护中发展，在发展中保护。把生态环境承载力纳入发展的约束性条件，强化生态环境治理能力和体系建设，严格法规、标准约束，完善工作方式，引领和倒逼发展方式加快绿色转型，规范政府、企业、居民等主体的各类行为，加快生态修复和污染治理，实现人与自然的和谐共生。

**2.新时代绿色发展的意义**

绿色发展有助于推动我国环境治理体系改革的进一步深入。绿色发展是涵盖公民、企业和政府各层面的发展，是人与自然的和谐发展，这就对环境治理体系提出了更高、更全面的要求。

绿色发展要求推动循环经济发展。循环经济是充分发挥资源利用率，实现"减量化、再利用、资源化"的新发展模式，绿色发展为循环经济发展提供了技术和体制机制。在绿色发展过程中，人民群众和企业绿色环保意识的提高也起到了促进循环经济发展的作用。

绿色发展引导产品的绿色化，推动新的经济增长点形成。绿色发展的提出与深入实践使社会经济环境更加绿色，大量创新性的科学技术研发为绿色发展提供了基础，为新时代生态文明建设提供了有力支持。

绿色发展有助于培养人民群众的绿色思维，倡导绿色消费，鼓励绿色生活，培养整个国家的绿色人文情怀，使绿色发展渗透到社会生活的各个部分，从而真正实现人与自然的和谐发展。

绿色发展有助于提升国际竞争力。当今世界，绿色发展已经成为各国争夺经济、产业、技术制高点的重要领域和手段，谁掌握了先机，谁就掌握了主动权。建立绿色发展体系，在绿色发展中逐步提升绿色产业、绿色技术、绿色金融的发展水平，形成新的绿色综合国力，是我国建设社会主义现代化强国的重要内容，同时为促进全球的生态文明建设提供了中国方案。

### 3.新时代绿色发展的要求

党的十八届五中全会提出了指导我国"十三五"时期乃至更为长远时期的发展理念和发展方式，即创新发展、协调发展、绿色发展、开放发展、共享发展。习近平总书记在全国生态环境保护大会上发表了重要讲话，指出要全面推动绿色发展。绿色发展是实现生产发展、生活富裕、生态良好的文明发展道路的历史选择，是通往人与自然和谐境界的必由之路。为实现绿色发展就要加快推动生产方式绿色化，构建科技含量高、资源消耗低、环境污染少的产业结构和生产方式，大幅提高经济绿色化程度，加快发展绿色产业，形成经济社会发展新的增长点。同时，也要加快推动生活方式绿色化，实现生活方式和消费模式向勤俭节约、绿色低碳、文明健康的方向转变，力戒奢侈浪费和不合理消费。

一要加快发展绿色产业。绿色产业既包括狭义的绿色产业，也包括传统产业的绿色改造。狭义的绿色产业主要包括新能源产业、节能环保产业、信息产业、绿色制造业、文化传媒产业、生物医药医疗保健产业、生产性服务业、现代农业等。传统产业是国民经济的主体，其中还有相当多的企业沿袭粗放型的发展模式，资源和能源利用率低，生态破坏和环境污染严重。传统产业的绿色改造则几乎涵盖了所有的产业领域，涉及面广，在经济系统中所占份额大。可以说，没有传统产业的绿色改造就难以全面实现中国经济的绿色发展。对传统产业的绿色改造主要是要抓好绿色技术的研究开发和推广应用，同时推动产业结构以及能源结构的调整，促进传统产业向绿色生产转型。绿色技术的经济性是推广应用绿色技术的关键，要重视研发具有经济性的绿色技术，让绿色生产有利可图。

二要推动能源结构调整，加快发展可再生能源。能源结构的优化对绿色发展至关重要。可再生能源的经济性是制约可再生能源发展的关键因素。随着技术进步，风力发电和光伏发电的成本已经大幅度下降，但仍高于煤电。即使通过环境税、碳市场等手段将煤电的外部性部分内部化，风力发电和光伏发电的成本仍略高于煤电，因此缺乏成本竞争的优势，可以通过实施可再生能源配额制，通过强制性的手段鼓励和引导可再生能源的发展。

三要深化绿色发展的制度创新。要使绿水青山成为金山银山，必须深化绿色发展的制度创新：①完善绿色产业的制度设计，通过环境外部性的内部化，强化绿色技术、绿色生产的经济激励，促进绿色技术、绿色生产的推广应用，使之成为新的经济增长点；②完善绿色消费的制度设计，让绿色、生态成为新的生活消费导向，使绿色、生态成为产品和服务附加价值的组成部分，从而使绿水青山真正成为促进经济增长的自然生产力；③完善绿色金融的制度设计，使金融系统成为经济系统绿色转型的支撑平台。

四要实行空间差别化的政策制度。我国东、中、西部以及南北地区在资源禀赋、自然生态环境、经济社会发展水平方面都存在巨大差异。空间异质性会影响污染型企业对政策制度的行为响应，因此应当实施空间差别化的政策制度。经济发达地区的经济总量规模大、资源环境负荷重，实施严厉的环境规制的条件相对成熟，因此环境规制的主线应当是加强资源环境负荷的总量控制，使其不得超越资源环境承载力的硬约束。欠发达地区实施严厉的环境规制要比经济发达地区更困难。我国的欠发达地区大多分布在中西部地区，地处大江大河的上游区域或经济发达地区的上风向区域，欠发达地区加强环境规制、维护绿水青山是关系到我国国土生态安全和人民群众长远利益的国家大事。因此，兼顾绿水青山和金山银山应是欠发达地区实施环境保护和经济发展的主要目标。欠发达地区的企业技术效率相对较低，因而导致环境效益较差，因此这些地区的环境规划及制度建设应更多地考虑推动技术进步和结构优化，以提高企业环境效益。

五要提高公众的绿色发展意识。要把绿色发展融入文化建设，树立和弘扬生态文明主流价值观，加强宣传教育，增强全民的节约、环保、生态意识，形成人人、事事、时时讲生态文明的新风尚，构成政府、企业、民间组织、公民共同推动绿色发展的新格局。

### 3.1.2 建设成果

党的十八大以来，绿色发展理念逐步得到认可和推行，各项工作稳步推进，特别是各地区大力推动绿色发展并取得了显著成效。《2017/2018中国绿色发展指数报告——区域比较》所给出的2018年我国省际绿色发展指数测算结果显示，在省级尺度上，浙江、广东、江苏名列前三；在城市尺度上，深圳、杭州、北京、广州、上海名列前5位。整体而言，2010—2018年我国各省（自治区、直辖市）绿色发展指数基本呈现稳定上升的走势，至2018年，30个省（自治区、直辖市）的绿色发展指数均高于2010年的水平。纵向测评的结果显示，我国各省（自治区、直辖市）的绿色发展水平在不断提升，绿色发展前景良好。绿色发展水平的空间分布呈现出从东南沿海向西向北逐渐递减的态势，高值城市主要分布在沿海地区，低值城市大多分布在北方内陆地区，城市绿色发展的格局大体稳定。

从全国来看，2018年万元GDP能耗较2012年下降了24.83％[1]，2013年全国单位GDP二氧化碳排放量较2005年下降了28.56％，2018年全国单位GDP二氧化碳排放量较2005年下降了45.80％[2]，因此可见近年来绿色发展成绩斐然。2014年，《国务院关于国家应对气候变化规划（2014—2020年）的批复》（国函〔2014〕126号）中规定，我国将确保实现到2020年单位GDP二氧化碳排放量比2005年下降40％～45％。实际上，2017年我国就已经完成该目标。

一些绿色发展试点地区取得了更为显著的成效，为绿色发展的全面推广实施提供了典型经验。例如，成都市坚持走绿色发展道路，2017年市级财政在绿色、低碳、循环发展方面累计投入资金90亿元，新登记的绿色经济市场主体数量保持60％的增速，新增注册资本524亿元，产业结构逐步向绿色化推进。张家口市大力发展可再生能源，截至2017年4月，全市风电装机达到805万kW，并网784万kW；光伏发电装机251万kW，并网122万kW；生物质发电装机2.5万kW。张家口市还获批"光伏＋林业"方面的5个项目，总面积将近1万亩，2017年启动了2 000万 $m^2$ 清洁能源供暖工程，目前已建成清洁能源供暖工程565万 $m^2$。能源结构的优化不但推动了张家口市产业结构的优化，也大大推动了生态环境治理工作的开展，使全市大气环境质量得到明显改善。

---

[1] 数据来源于《2012中国生态环境状况公报》《2018中国生态环境状况公报》。

[2] 数据来源于《中国应对气候变化的政策与行动——2013年度报告》《中国应对气候变化的政策与行动——2018年度报告》。

### 3.1.3 探索示范

近年来，为推进生态文明建设工作，我国先后推动了生态文明先行示范区和生态文明试验区建设工作，在绿色发展探索方面也取得了明显进展。例如，福建省武夷山市的年终考核不再以GDP论英雄，而是要核算生态系统生产总值，推动绿色发展的效果十分显著。福建省用节能减排指标倒逼发展方式转变，近年来越来越多的地区在工业项目取舍上先看"生态脸色"，宁可少一点，也要好一点。高污染的传统产业被环保倒逼转型，尽管经历了短暂的"阵痛"，仍迎来了更持久健康的发展。福建省还推动了林业碳汇项目，既促进了森林质量的提高，又使林区的生态优势转化为经济优势，实现了社会得绿、企业得利、农民增收。在贵州省"既要绿水青山，也要金山银山。宁要绿水青山，不要金山银山，而且绿水青山就是金山银山"的绿色发展理念已经落地生根，正在开花结果。"十二五"以来，贵州省的经济增速连续位居国内前列，森林覆盖率也大幅度提高。贵州省还实施了大数据、大生态、大健康以及数字经济、旅游经济、绿色经济和传统产业转型升级等工程项目，全省绿色经济产值占地区生产总值的比重大幅提高，在经济发展的同时保护了生态环境。

## 3.2 上海：推进崇明生态岛建设

### 3.2.1 基本情况

上海市崇明区地处长江入海口，自然生态地位十分重要，在落实长江经济带发展战略、推动长三角一体化发展和助力上海建设卓越的全球城市进程中具有重要地位。2014年，崇明县（2016年撤县设区）被国家发展改革委联合有关部门列入生态文明先行示范区建设地区（第一批），为崇明建设世界级生态岛带来了契机。当地进行了一系列实践探索，取得了明显成效。

### 3.2.2 主要做法及成效

**1. 明确世界级生态岛目标定位，构建完整的建设框架**

2010年，上海市政府发布《崇明生态岛建设纲要（2010—2020年）》白皮书，初步明确了建设世界级生态岛的总体目标。2016年，上海市成立了世界级生态岛建设专家委员会，指出"崇明生态岛建设应当成为长三角城市群和长江经济带生态环境大保护的标杆和典范，体现生态岛建设的'中国智慧'"。同年，《崇明世界级生态岛发展"十三五"规划》发布，强调要以更高标准、更开阔视野、更高水平和质量推进崇明世界级生态岛建设，提出要将崇明"建设成为具有国内外引领示范效应，具备生态环境和谐优美、资源集约节约利用、经济社会协调可持续发展等综合性特点的世界级生态岛"。2018年，《上海市崇明区总体规划暨土地利用总体规划（2017—2035）》（以下简称《崇明区总体规划》）发布，提出"至2035年，把崇明基本建设成为在生态环境、资源利用、经济社会发展、人居品质等方面具有全球引领示范作用的世界级生态岛，重要指标达到世界级生态示范地区的领先水平，成为全国生态文明建设的重要标杆"。上述系列文件的发布明确了崇明世界级生态岛的目标定位（图3-1），为崇明区的合理保护与建设奠定了基础。

**2. 建立生态岛建设评价指标体系，实施动态评估考核**

为突出世界级生态岛发展的特征和要求，《崇明区总体规划》充分考虑了当地的实际情况，构建了一套体现崇明特色的指标体系，从"更加韧性的生态环境、高效集约的资源利用、睿智发展的城乡空间、和谐幸福的人居品质、低碳安全的基础设施、更可持续的绿色发展"六大方面明确了建设的核心指标，共计45项，用来衡量和评价世界级生态岛的建设成效，这些指标从不同角度和方面体现了崇明区的生态特点。同时，上海市强化了对指标完成情况的阶段性考核评估，构建了"一年一考核、三年一评估"的动态评估考核制度，还将生态岛建设纳入市政府目标考核系统，相关推进工作一旦发生滞后会立刻进行亮灯预警，对于生态岛建设推进中遇到的复杂问题，由副市长亲自协调。

**目标定位**

| 2010 | 2016 | 2018 |

《崇明生态岛建设纲要（2010—2020年》

《崇明世界级生态岛发展"十三五"规划》

《上海市崇明区总体规划暨土地利用总体规划（2017—2035）》

按照建设世界级生态岛的总体目标，大力推进资源、环境、产业、基础设施、社会服务等领域的协调发展，到2020年形成崇明现代化生态岛建设的初步框架

建设成为具有国内外引领示范效应，具备生态环境和谐优美、资源集约节约利用、经济社会协调可持续发展等综合性特点的世界级生态岛

至2035年，把崇明基本建设成为在生态环境、资源利用、经济社会发展、人居品质等方面具有全球引领示范作用的世界级生态岛，重要指标达到世界级生态示范地区的领先水平，成为全国生态文明建设的重要标杆

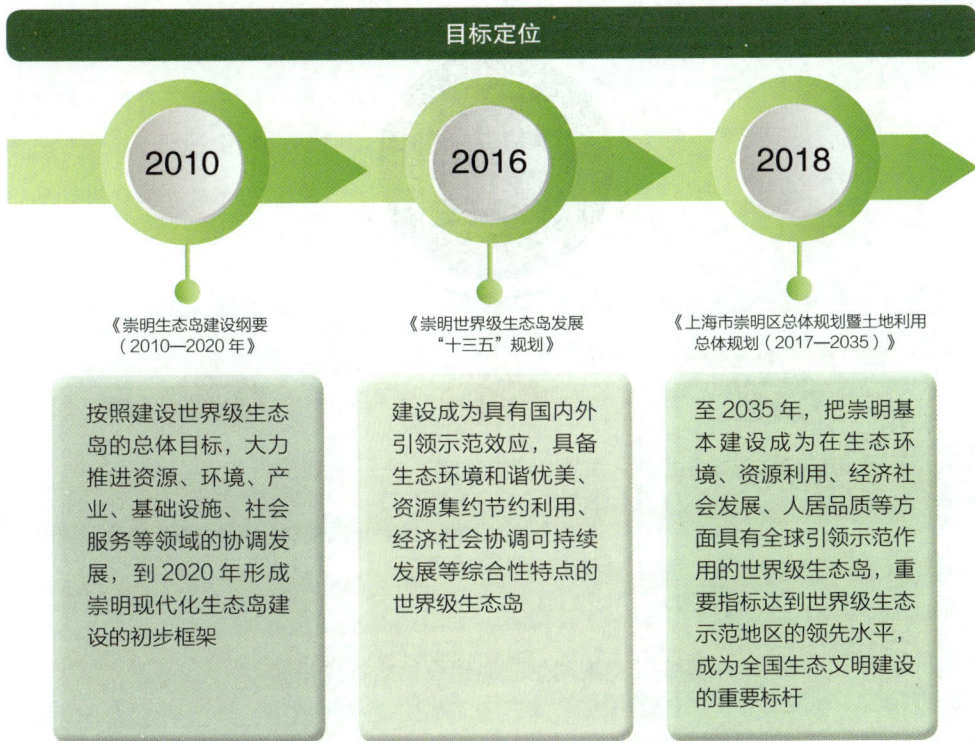

图3-1　崇明世界级生态岛目标定位

### 3. 完善生态岛建设的组织保障，建立政策推进机制

为加强生态岛建设的组织保障，上海市建立了领导组织和工作推进机制，在市、区两级层面逐步构建了完整的生态岛建设组织机制（图3-2）：2005年，成立崇明生态岛建设协调小组；2011年，成立新一届崇明生态岛建设推进工作领导小组；2017年，调整崇明世界级生态岛建设推进工作领导小组成员。在政策上，上海市对生态岛建设三年行动计划中的重点推进项目专门制定了配套支持政策，从资金、土地、建设管理等方面针对不同项目类型给予有别于全市其他区的配套政策支持。

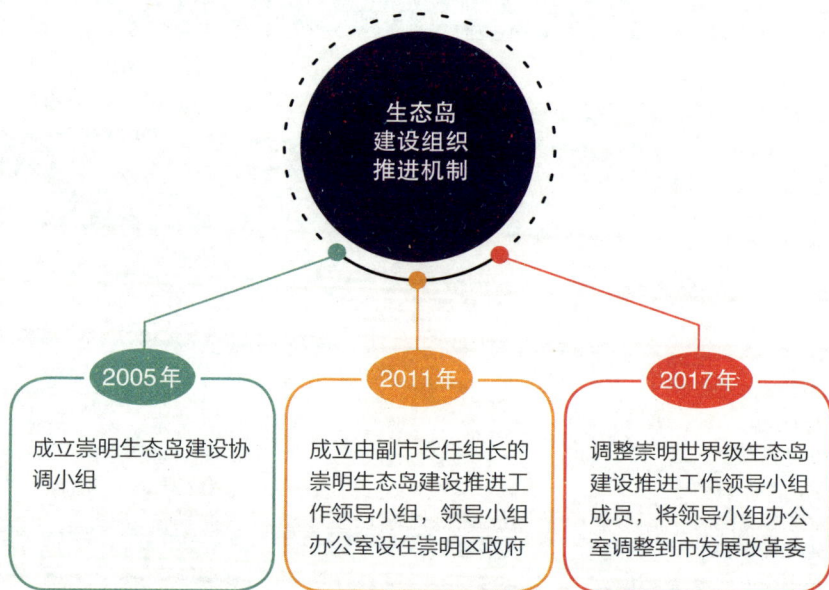

图3-2　崇明生态岛建设组织推进机制

**4. 优化生态功能空间布局，坚持"三个管控"**

为落实《崇明区总体规划》和《崇明世界级生态岛绿色生态城区规划建设导则》的要求，上海市对崇明区的生态空间进行了分级分类管控，严格保护一类、二类生态空间，限制三类、四类生态空间（表3-1）；划定了生态红线，将东滩鸟类国家级自然保护区，长江口中华鲟自然保护区，东风西沙水库、青草沙水库饮用水水源一级保护区，东平国家森林公园核心区以及西沙、北湖等重要湿地空间全部列入生态红线区域，实行最严格的管控措施，严禁一切不符合主体功能定位的开发活动；严格岸线保护，做好岸线资源利用与管理规划，有效保护了自然岸线生态环境。此外，上海市还坚持"三个管控"：①人口管控，即不突破现有70万人口规模，进一步优化人口结构；②建筑密度管控，即生态岛建设用地维持零增长，需要建设的项目通过进一步优化用地结构来实施；③建筑高度管控，即新建建筑高度原则上不超过18 m，以便真正实现"房在林中、路在林中"的美好景象。

表3-1　崇明区生态空间分级分类管控措施

| 分级 | 内容 | 总面积/km² | 基本管控措施 |
|---|---|---|---|
| 一类 | 崇明东滩鸟类国家级自然保护区的核心范围 | 101.7（其中长江口及近海海域面积101.67） | 属禁止建设区，实行最严格的管控措施，禁止一切与生态保护无关的开发建设活动 |
| 二类 | 东风西沙水库饮用水水源一级保护区、青草沙水库饮用水水源一级保护区、长江口中华鲟自然保护区、东滩鸟类国家级自然保护区的非核心部分、东平国家森林公园、崇明西沙湿地公园、北湖地区范围内的湿地空间 | 405.0（其中长江口及近海海域面积379.6） | |
| 三类 | 东风西沙水库、青草沙水库饮用水水源二级保护区，永久基本农田，重要林地，野生动物栖息地，重要湖泊河道、生态走廊、生态间隔带等 | 1 108.2（其中长江口及近海海域面积118.7） | 属限制建设区，禁止对主导生态功能产生影响的开发建设活动 |
| 四类 | 城市开发边界内的城市公园绿地、水系、楔形绿地等结构性生态空间 | 3.7 | |

注：以上海市政府发布的相关数据为准。

### 5. 提升生态环境品质，推进"三个全覆盖"

上海市多措并举，在崇明区大力营造更具竞争力的高品质生态环境，推进高质量、高标准、高水平的"三个全覆盖"，即农村生活污水处理达标排放全覆盖、农村生活垃圾分类全覆盖、农业废弃物处理的全覆盖（图3-3）。农村生活污水处理达标排放全覆盖已于2018年完成。至2017年年底，崇明区生活垃圾分类减量工作已覆盖全区，建成了较为完整的分类收集、分类运输和分类处置体系。农业废弃物处理聚焦水稻秸秆、蔬菜废弃物、瓜菜藤蔓、林地枝藤等农林废弃物，采取政府支持、市场运作、社会参与、分步实施的方式，基本实现了全收集、全处置、全利用，2018年崇明区主要农作物秸秆综合利用率达到95％。

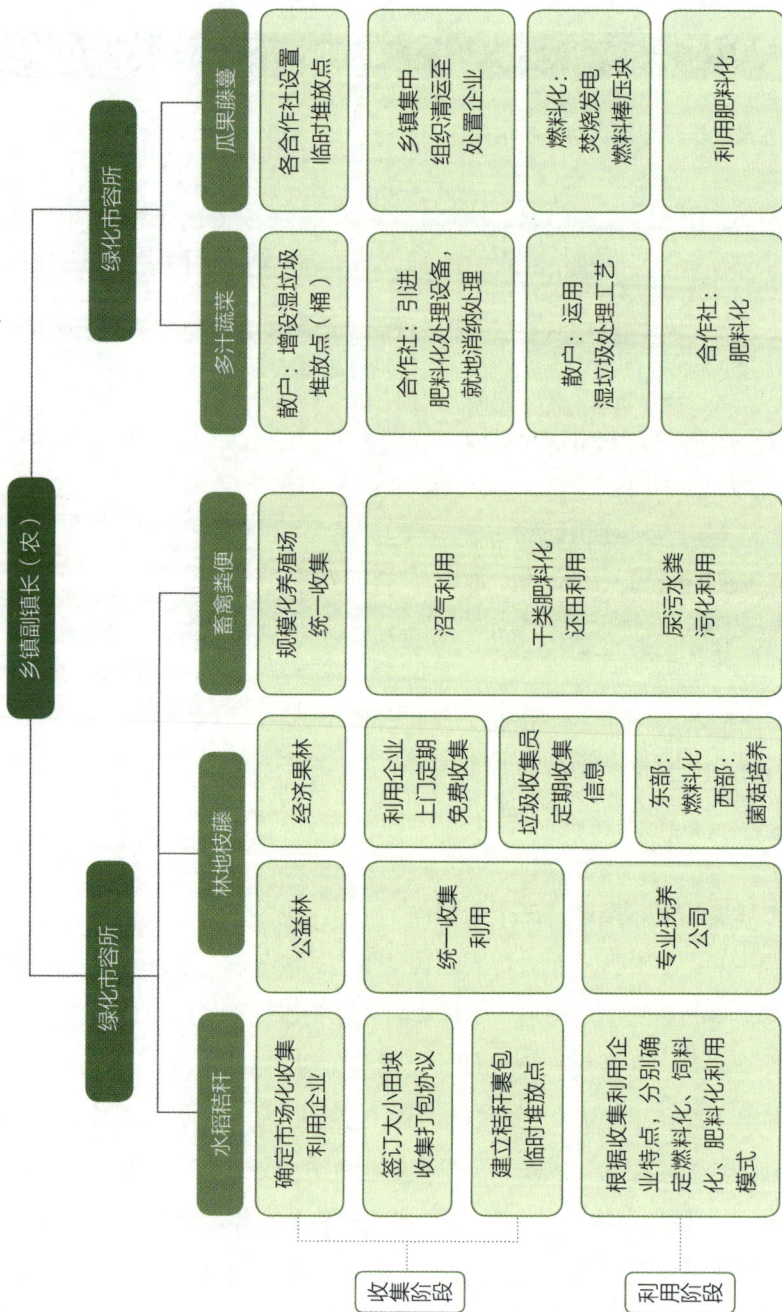

图3-3 崇明区农林畜废弃物资源化利用全覆盖工作流程

（图片来源：上海市提供的资料）

### 6. 实施生态惠民举措，打造绿色交通和绿色建筑

在加大保护力度的同时，崇明区持续引进优质资源，积极推进教育、文化、体育、卫生等各项社会事业的均衡发展，创建全国农村职业教育和成人教育示范县（区）。出台了促进就业的扶持政策，创新开发生态就业岗位，实施生态惠民保险，推出生态养老补贴，使社会保障体系不断完善。推行绿色交通，全力打造绿色交通岛，实现了崇明岛内新能源公交车全覆盖。发展绿色能源，稳步提高风电、光伏发电、生物质能发电等清洁能源的使用比例，全力打造绿色能源岛，2018年可再生能源装机容量达36.57万kW·h。打造绿色建筑，新建建筑全面实施绿色建筑标准，推动绿色建筑从单体向区域化、规模化发展，试点建设绿色生态城区，全力打造绿色建筑岛。

### 7. 以生态促绿色产业发展，发布绿色农业发展负面清单

一是打造生态农业高地。崇明区制定了国内首份绿色农业发展负面清单，加快农业结构调整，调优农业产业布局；出台了绿色农业投入品管控办法，制定了高于国家标准的绿色农药目录清单。2018年，崇明区绿色食品认证比例达到70%，实施了1万亩不施化学肥料、不施化学农药的"两无化"大米和3万亩绿色大米种植[1]，全部通过电商订单销售。二是推进高端绿色制造升级。推动长兴海洋装备基地由"制造"向"智造"转型，成为建设我国海工装备制造业创新中心的重要载体。三是提升现代服务业功能品质。创建了"多旅融合"的大旅游格局，优化生态休闲旅游区域布局，打造上海主要生态休闲地、国家全域旅游示范区和国家长江口生态旅游基地。

### 8. 探索生态文明制度建设，构建生态岛建设法治保障体系

以创建国家生态文明先行示范区为契机，崇明区积极开展自然资源资产产权和用途管制、生态环境损害责任终身追究两项制度的探索。围绕水、耕地、森林、滩涂四类自然资源，研究编制自然资源资产负债表（图3-4），明晰自然资源资产权

---

[1] 绿色大米是从普通大米向"两无化"大米发展的一种过渡性产品，在种植过程中允许使用一定量的化肥、农药等，产品质量符合绿色食品产品标准。

责。研究制定了《崇明区自然生态空间用途管制实施细则》《崇明区党政领导干部生态环境损害责任追究实施细则》，以强化自然生态空间有效管理和领导干部的生态环境、资源保护职责。建立健全了土地利用、水环境、大气环境、声环境、土壤环境等方面以及水生生态系统、湿地生态系统的监测网络系统。先后出台了《上海市人民代表大会常务委员会关于促进和保障崇明世界级生态岛建设的决定》《上海崇明公益林管理办法》《上海市崇明禁猎区管理规定》等文件，形成"1+X"模式的崇明世界级生态岛建设法制保障体系。

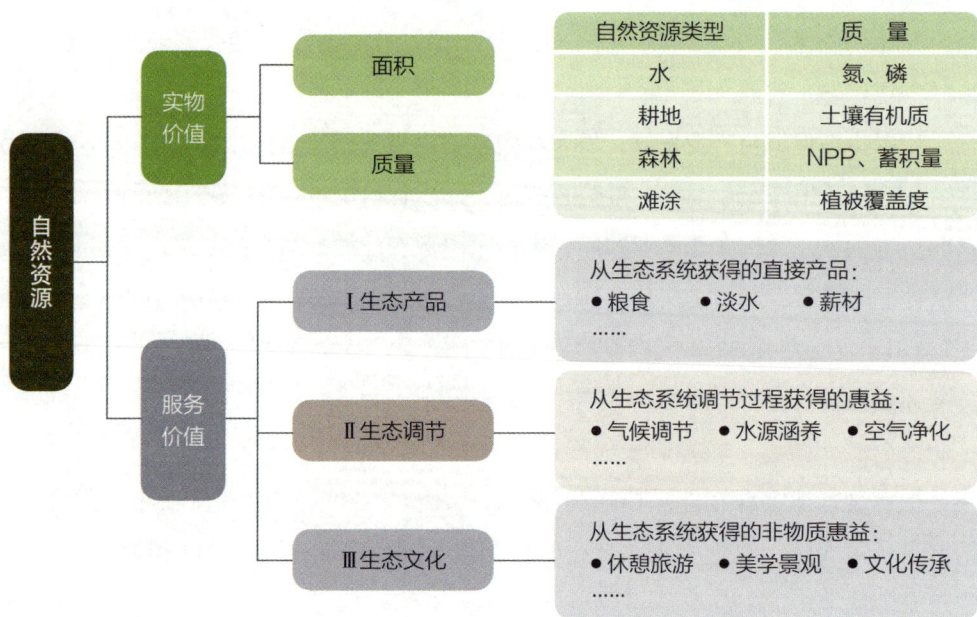

图3-4　崇明区编制自然资源资产负债表的思路

（图片来源：上海市提供的资料）

### 3.2.3　推广建议

崇明生态岛位于长江入海口，周边人口和经济活动密集，岛上的生态环境相对脆弱。上海市及崇明区以生态文明建设为抓手，在落实长江经济带发展战略、推动长三角一体化发展这个大背景下开展了生态岛建设，实施了一系列有效措施，取得了明显成效，探索了一条可行的可持续发展之路。崇明生态岛的建设经验可为国内其他沿海地区和大城市周边地区的生态文明建设和转型发展提供借鉴。

## 3.3 成都：创新绿色经济发展模式

### 3.3.1 基本情况

成都市作为长江上游的重要生态屏障，在国家和四川省生态格局中具有重要地位。2014年，成都市入选全国首批生态文明先行示范区。2018年2月，习近平总书记在四川视察期间提出了"要突出公园城市特点，把生态价值考虑进去，努力打造新的增长极"的要求。为全面落实这一重要部署，成都市委、市政府高度重视生态文明建设，以生态文明先行示范区建设为抓手，深入践行绿水青山就是金山银山的发展理念，重点着力于绿色低碳产业体系、"绿道＋"资源价值转化体系和绿色金融服务体系建设，同步完善绿色经济应用场景，提升绿色资源营造水平，夯实绿色经济生长环境，全面推动城市绿色经济发展，形成了经济高质量发展和生态环境持续改善的良性循环（图3-5）。

### 3.3.2 主要做法及成效

#### 1. 强化绿色发展系统谋划

成都市以生态文明先行示范区和绿色低碳城市为抓手，开展系统规划设计，全面有序地推动城市绿色发展。一是出台了《成都市推进绿色经济发展实施方案》，明确了成都市绿色经济发展目标，提出构建绿色经济"5＋3"空间布局[1]，重点发展新能源、节能环保、新能源汽车、绿色建筑、绿色物流、绿色低碳第三

---

[1] "5+3"空间布局："5"指新能源产业重点发展区、节能环保产业重点发展区、新能源汽车产业重点发展区、绿色金融产业重点发展区、森林康养产业重点发展区；"3"指装配式建筑产业聚集区、绿色低碳第三方服务产业聚集区、城市静脉产业聚集区。

| 01 强化绿色发展系统谋划 | • 出台《成都市推进绿色经济发展实施方案》<br>• 制定《成都市建设低碳城市推进绿色经济发展2018年度计划》 |
| 02 构建绿色低碳产业体系 | • 做强绿色工业<br>• 壮大绿色低碳服务业<br>• 培育绿色循环产业 |
| 03 打造绿色经济应用场景 | • 加快推进能源生成转换<br>• 大力推广形成绿色生产方式<br>• 倡导绿色低碳生活方式 |
| 04 提升绿色资源营造水平 | • 积极开展生态价值核算研究<br>• 创新绿色资源价值实现模式<br>• 搭建生态价值实现平台 |
| 05 营造绿色经济生长环境 | • 加强绿色科技创新，拓展国际交流合作<br>• 加大绿色经济融资服务<br>• 落实财税优惠激励政策<br>• 健全绿色发展绩效评价考核机制 |

图3-5　成都市绿色经济发展思路

方服务、绿色金融、城市静脉、森林康养9种产业形态（图3-6），丰富了12种应用场景（图3-7），将建设低碳城市作为推动经济高质量发展的重要领域和载体。二是制定了《成都市建设低碳城市推进绿色经济发展2018年度计划》，围绕构建绿色低碳制度、绿色产业、绿色城市、绿色能源、绿色消费、碳汇体系和提升低碳发展基础能力这"六体系一能力"的重点任务，统筹推进实施十大工程和36项年度工作任务，激活了绿色经济市场的内生动力。

**2. 构建绿色低碳产业体系**

一是着力做强绿色工业。大力推动新能源和节能环保产业发展，制定印发《成都市打好环保产业发展攻坚战实施方案》及年度工作计划。抢抓新能源汽车发展机

新能源
汽车产业

节能环保
产业

绿色建筑
产业

新能源
产业

做强绿色
低碳制造业

**01**

城市静脉
产业

绿色物流
产业

**02**

**03**

绿色低碳
第三方服务产业

壮大绿色
低碳服务业

培育绿色
循环产业

森林康养
产业

绿色金融
产业

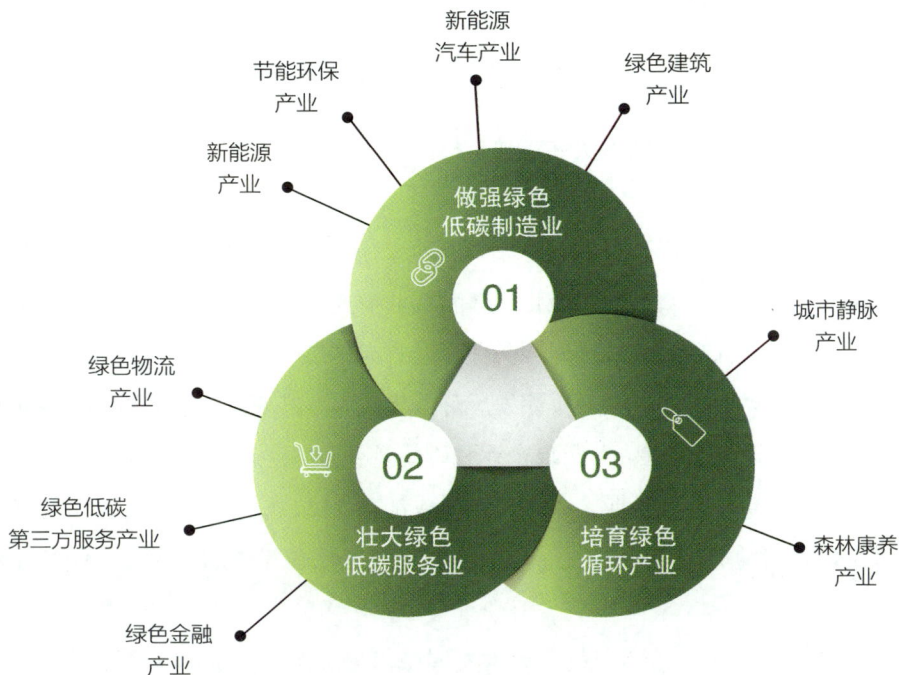

图3-6　构建绿色、低碳、循环9种产业形态

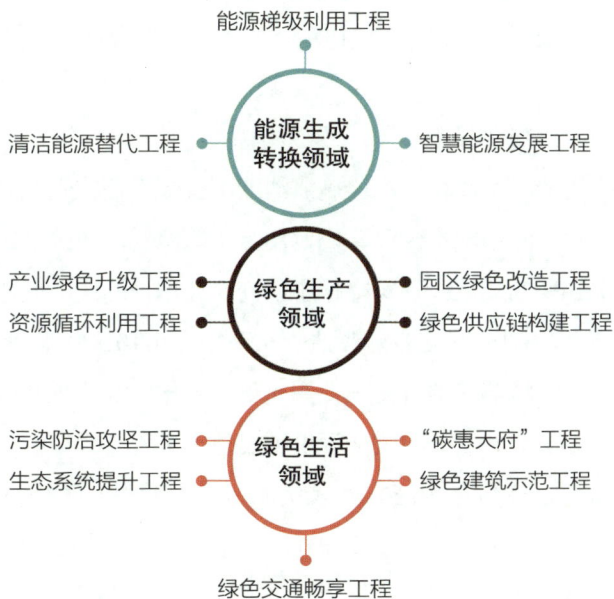

能源梯级利用工程

清洁能源替代工程

**能源生成
转换领域**

智慧能源发展工程

产业绿色升级工程

**绿色生产
领域**

园区绿色改造工程

资源循环利用工程

绿色供应链构建工程

污染防治攻坚工程

**绿色生活
领域**

"碳惠天府"工程

生态系统提升工程

绿色建筑示范工程

绿色交通畅享工程

图3-7　成都市绿色经济12种应用场景

遇，加快建设成都市绿色智能汽车产业功能区。着力推进绿色建筑产业发展，全市新建房屋建筑工程项目全面落实绿色建筑标准，成功获批国家首批装配式建筑示范城市。

二是着力壮大绿色低碳服务业。大力推动绿色物流配送服务，鼓励在物流领域使用新能源物流车，培育物流车以租代售新商业模式。积极发展绿色低碳第三方服务，依托成都市锦江现代节能环保服务业园区、成都市高新环保服务产业园区和成都市青羊环保技术服务产业园区集聚发展环保集成服务产业。推动低碳产品认证试点，基本建立起以低碳产品、低碳企业和碳足迹认证为主体的全方位认证管理体系。着力发展绿色金融服务业，制定出台《成都市人民政府办公厅关于推动绿色金融发展的实施意见》，大力发展绿色信贷和绿色保险，建成四川省首个绿色金融中心。

三是着力培育绿色循环产业。大力发展城市静脉产业，成都市长安静脉产业园成功获批国家资源循环利用基地。推进再生资源回收体系建设试点，推广"互联网＋回收"模式应用，孵化培育"互联网＋再生资源回收"公益应用平台——废宝网服务平台。加速推进生态康养旅游产业发展，加快森林小镇、森林康养基地建设。

### 3. 打造绿色经济应用场景

一是加快推进能源生成转换。实施清洁能源替代工程，强力实施电能替代，积极争取"以电代煤"专项电价政策，制定出台了能源利用政策，2018年落实了一般工商业电价下调10％的政策，切实降低了工商企业用户的用电成本。建设清洁能源生活区，加快燃煤锅炉和清洁能源改造，实现了全市10蒸吨[1]以下及禁燃区燃煤锅炉双"清零"。提高清洁能源公交车使用比例，强化清洁能源基础设施建设，加快了充电桩、加氢站、天然气分布式能源等项目建设进程。

二是大力推广形成绿色生产方式。实施传统产业提升工程，坚持依法依规淘汰和化解钢铁、建材等产业落后过剩产能，基本退出钢铁长冶炼流程、烟花爆竹

---

[1] 蒸吨指锅炉的供热水平，一般用t/h来表示。

和印染行业。实施重点行业企业清洁化改造和达标行动，全面推进绿色制造体系建设，水泥、平板玻璃、火电等典型传统行业实现全行业绿色化改造升级。实施资源循环利用工程，有序推进国家餐厨废弃物资源化利用和无害化处理试点，因地制宜地推广种养结合循环农业模式，实施PPP模式推进畜禽粪污综合利用，推进简阳市、金堂县省级全域秸秆综合利用试点建设，2018年全市秸秆综合利用率达97.9%。

三是倡导绿色低碳生活方式。鼓励绿色低碳出行，加快构建城市轨道、公交和慢行道"三网"融合的公共交通体系。出台了全国首个《关于鼓励共享单车发展的试行意见》，推动自行车以共享形式回归城市，启动建设自行车网络。推广应用新能源汽车，实施地方补贴、停车收费减免、不限行不限号、启动专用号牌等鼓励政策。积极推广环境标志产品，编制《成都市绿色建材产品指导名录》，推动绿色建材产品的本地应用。全面推进生活垃圾分类和"厕所革命"，推行公共机构绿色办公，提高政府绿色采购比例。

### 4. 提升绿色资源营造水平

一是积极开展生态价值核算研究。启动公园城市绿色生态价值研究、城市生态资产价值开发在环境权益交易市场中的应用研究，编制全市自然资源资产负债表。以独具成都特色的川西林盘为切入点，启动"川西林盘生态价值核算及绿色低碳示范建设"课题，研究编制以生态系统资产价值、生态调节服务价值、森林碳汇及温室气体减排价值为主要组成部分的生态价值核算方法，为探索天府绿道、龙泉山城市森林公园等市域重大工程的生态价值转化提供理论支撑。

二是创新绿色资源价值实现模式。梳理市域11 534 km²生态基底和2 800 km²城乡建设用地情况，启动天府绿道规划建设，着力打造覆盖城区、贯穿全域的三级绿道体系（图3-8）。大力推行"绿道＋生态保育""绿道+场景营造""绿道＋慢行服务""绿道+产业发展"的模式。以绿道建设为基础，植入商业功能，融合文、体、旅、商、农相关产业，营造高品质生活场景和消费场景，把绿道的生态价值转化成为经济价值、社会价值和人文价值，提高绿道的综合效益。

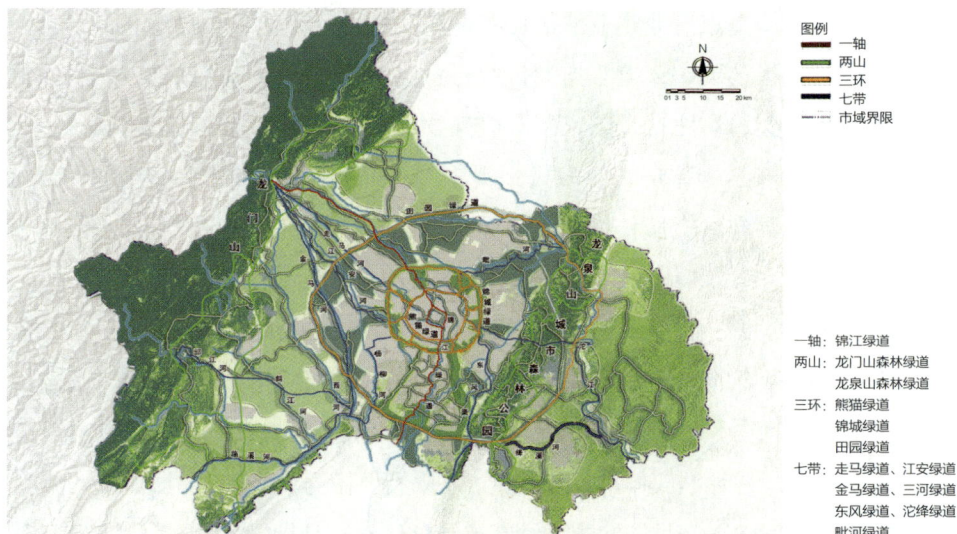

图3-8　天府绿道市域级绿道总体结构

（图片来源：成都市提供的资料）

　　三是搭建生态价值实现平台。以碳市场建设为抓手，搭建"绿水青山变金山银山"的转化平台。开展碳排放权交易及管理制度建设研究，明确碳配额、碳普惠和减排量多层次碳市场体系的建设思路，有序推进碳核查、平台开发等碳市场建设。"碳资产"确权赋能取得突破，为探索生态价值的经济化奠定了基础。以低碳交通、清洁能源为重点，持续推进碳普惠示范工程，启动全市首个低碳出行领域——"少开一天车，低碳蓉e行"碳普惠项目。

### 5. 营造绿色经济生长环境

　　一是加强绿色科技创新，拓展国际交流合作。积极培育绿色经济市场主体，推动绿色经济动能聚集。聚焦节能环保、新能源等领域，推进绿色、低碳科技创新，培育低碳技术创新平台等研发中心40余家，孵化国际国内领先技术20余项。抢抓"一带一路"重大发展机遇，积极搭建绿色低碳、生态环保领域开放平台，加强交流合作。先后举办了中国成都环保产业博览会等多个会议，积极推介展示成都市绿色、低碳技术研发和产品制造领域的最新成果。

二是加大绿色经济融资服务。着力构建"载体建设+政策倾斜+创新引导"的绿色金融发展生态培育机制。①建设绿色金融服务载体。以新都区为核心打造绿色金融中心，高标准规划建设绿色金融专业服务机构集聚区，形成银行、证券、保险、基金、租赁、小贷、担保、等级评定等多元化主体集聚发展的绿色金融服务生态体系。②加大市区政策支持。落实绿色企业上市挂牌奖励政策，符合条件的绿色产业、项目库企业可按规定享受税收优惠。建立绿色企业、绿色项目认证补贴制度，对发行绿色债券的企业，单户企业补贴最高不超过100万元；对绿色企业上市融资，分阶段给予最高350万元的奖励。③鼓励金融服务创新。大力发展绿色直接融资，推进绿色债券市场发展，建立全市绿色企业上市后备库，持续培育和推进绿色重点企业上市申报进程。创新"绿票通"，切实降低绿色企业融资成本。新都区作为成都市绿色金融发展载体，已成功申报四川省绿色金融发展试验区。

三是落实财税优惠激励政策。加大财政资金对环境治理和生态保护公益类项目的支持力度，助推绿色经济发展及其应用场景建设，市级财政累计向绿色、低碳、循环发展相关领域投入资金超500亿元。有序推进PPP模式，优化PPP项目实施流程。扎实推进环保费改税，落实税收优惠政策。

四是健全绿色发展绩效评价考核机制。建立生态文明绩效评价考核制度，制定实施《成都市生态文明建设目标评价考核办法》，设立50项成都市绿色发展评价指标和25项生态文明建设考核目标，其中包括绿道系统建设长度、立体绿化面积等体现成都市生态建设的特色指标，动态评估各区（市、县）推进生态文明建设的进展成效，发布成都市生态文明建设年度评价结果公报，使经济社会绿色发展的政绩导向更加鲜明。图3-9给出了成都市营造绿色经济生长环境的总体思路。

图3-9　成都市营造绿色经济生长环境的总体思路

### 3.3.3　推广建议

　　绿色经济发展作为成都市的六大新经济形态[1]之一，是推动绿色发展、加快生态文明建设的重要举措，也是推行资源节约、环境友好、循环高效的生产方式和构建现代化经济体系的重要支柱，能够有效解决区域资源环境约束日益趋紧、经济发展质量效益有待提升、环境治理形势严峻、绿色发展理念认识有待强化等实际问题，成为助力成都市实现经济高质量发展的新引擎。成都市绿色经济发展模式具有重要的推广意义和可行性，可以向经济基础较好、具备一定绿色发展基础且亟须向绿色、低碳转型的城市推广。

## 3.4　泉州：推行能源变革、实现低碳转型

### 3.4.1　基本情况

　　2014年，福建省被中央确定为全国首个省级生态文明先行示范区；2016年，福

---

[1] 成都市的六大新经济形态指数字经济、智能经济、绿色经济、创意经济、流量经济、共享经济。

建省发展战略升级，成为全国首个国家生态文明试验区，承担着落实生态环境保护和绿色发展先行实践的重任。泉州市作为福建省经济发展的排头兵和中国制造业发展的典型城市之一，其制造业转型升级成为区域经济与环境协调发展的典范，也成为支撑福建省生态文明建设目标的主阵地。近年来，泉州市全力实施科学发展、跨越发展，全面深化改革、促进绿色发展，制造业发展质量与生态环境保护能力均已达到较高水平，实现了制造业转型升级与生态文明建设的正向互促，形成了"三全六化"[1]模式。针对"十一五"时期引进石化产业造成的传统制造业能耗总量持续增长的问题，泉州市特别强调转变发展观和能源消费观，建立了政府主导、企业实施、市场驱动的工作格局，在重点行业、重点企业、重点园区3个维度实施能源消费总量与强度"双控"，依托能效提升工程和结构优化工程推进能源体系变革，助力实现我国对世界做出的减排承诺（图3-10）。

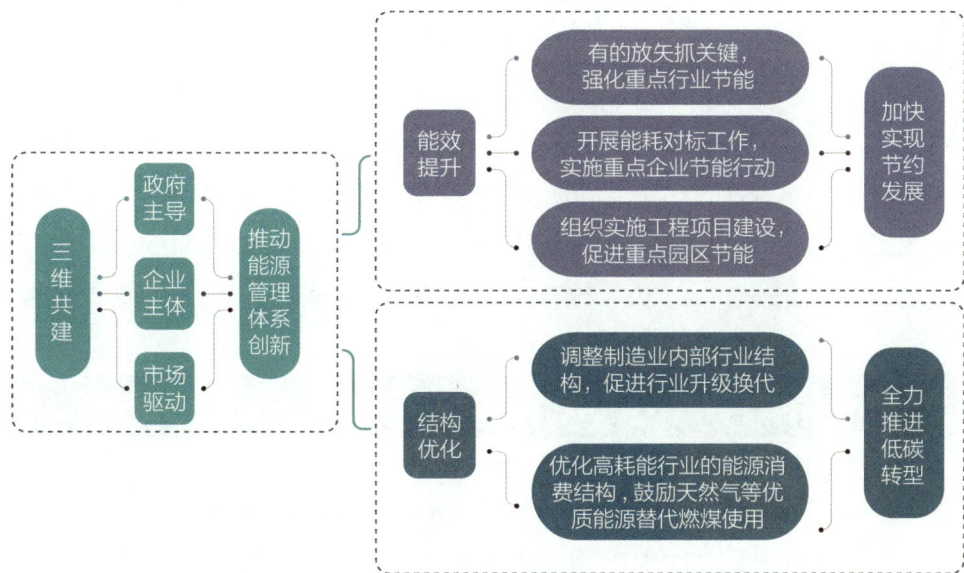

图3-10　泉州市能源变革的总体思路

---

[1] "三全"，即全方位规划统筹、全链条生态提质、全社会协同共建；"六化"，即集约化、创新化、低碳化、共享化、协同化、开放化。

### 3.4.2 主要做法及成效

**1.实施三维共建，创新能源管理体系**

市场经济国家的实践表明，节能属于市场调节失灵的领域，需要政府的宏观调控和引导。因此，泉州市在推动制造业能源管理体系建设的过程中，坚持政府主导、企业主体、市场驱动的工作格局，以改进管理体制、调整产业结构和推动技术进步为重点，促进企业降本增效。

一是突出政府主导，致力于创新激励与约束并举的行政经济政策体系，充分调动能源体系变革各责任主体的积极性。近年来，泉州市政府不断完善财政税收激励政策和节能监督检查机制，逐年加大对节能工作的资金支持力度，完善节能执法和监察队伍建设。同时，出台了《泉州市内资投资准入特别管理措施（负面清单）（试行）》等一系列供给侧结构性改革政策，从建设生态文明的高度通过改进管理体制引导和调控能源需求，提高能源利用效率和经济产出效益。2013年以来，泉州市共投入市级节能专项资金1 051.5万元用于奖励、补助节能项目，通过奖励部分以清洁生产实现节能的企业（专栏3-1），以点带面，促进全市节能工作的开展。"十二五"期间，政府通过指导帮助企业申报专项奖励资金和补助资金、执行差别电价倒逼机制等，保证了各行业淘汰落后产能工作的有序推进，力促安溪县、晋江市石材加工全行业退出，印染、制革、造纸、化纤等传统行业成功实现绿色转型。

---

**专栏3-1　泉州市清洁生产审核工作重点**

（1）政府制订推行计划，保证清洁生产工作有序推进。认真贯彻实施《中华人民共和国清洁生产促进法》，并结合当地实际制定了《关于加强清洁生产促进工作的通知》，明确了各级环保部门履行的职责，切实保证了清洁生产工作积极有序地推进；积极开展年度企业清洁生产审核工作技术培训，邀请权威专家对审核工作中出现的棘手问题进行专业解答；利用多种形式，多角度、全方位宣传清洁生产，引导企业领导层提高环保意识，帮助企业制订循环经济及清洁生产计划；将清洁生产审核作为环境影响评价的重要内容，加强建设项目环境管理，实行源头控制，督促企业严格按照清洁生产审核工作的步骤，把清洁生产与工艺改革、技术改造和淘汰落后设备紧密结合，提高清洁生产审核工作的质量。

（2）在重点行业推行强制性清洁生产审核，引导"双超双有"企业实施清洁生产改造。在石化行业推广节能减排新技术，开展了石化装置能量系统优化技术、高浓度难降解有机废水削减和治理技术等关键共性技术的研发攻关和应用示范，加快推广了应用回收低位工艺预热燃烧空气技术、高效清洁先进燃烧技术、尾气净化综合利用技术、低汞触媒技术等重点节能减排技术，开展了挥发性有机物综合整治。在印染、皮革等行业督促企业实施清洁生产改造，限制发展印染、皮革、造纸、石材、电镀五大行业的高耗水项目，推进废水、废气深度治理，推进新型染整产业园建设，建设完善中压蒸汽管网、天然气管网，督促印染企业完成清洁能源替代改造。

（3）在其他行业推行自愿性清洁生产，切实提高企业环境效益。优先审批符合国家产业政策和环保要求的清洁生产项目、采用清洁能源的建设项目，积极帮助企业争取上级专项资金。提高产业准入门槛，针对制革、纺织、钢铁等行业的企业开展落后产能普查工作及淘汰落后产能专项行动，通过淘汰落后工艺、设备，积极引导企业实施清洁生产审核。

二是突出企业主体，严格执行以能源节约和环境质量考核为导向的节能目标责任考核制度，带动行业整体能效提升。自2005年起，印染行业重点用能企业每年都与市政府签订"重点耗能企业节能责任书"，做到工作目标明确、运行程序规范、责任落实到位。2011—2015年，泉州市累计完成产品节能量176.06万tce，超过福建省下达的节能目标任务（135.54万tce）。2016年，泉州市万元GDP能耗、规模以上工业单位增加值能耗同比分别下降6.93％和10.39％，远高于全国平均下降水平（5％和5.47％）（图3-11）。

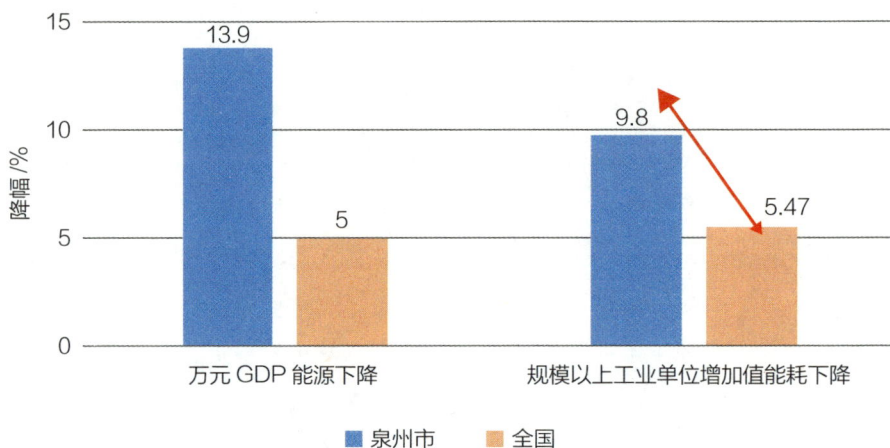

图3-11　2016年泉州市与全国能耗下降指标对比

　　三是突出市场驱动，充分发挥战略联盟在节能工作中的促进作用，使之成为企业开展能源消费变革活动的推动力量。节能技术装备落后、提升空间有限曾一度成为泉州市制造业节能工作开展的"瓶颈"，很多企业为在激烈的市场竞争中继续生存、获得长久的竞争优势，通过逐步创新发展路径、采取战略联盟的形式壮大自身实力。目前，已有纺织鞋服、食品饮料等10余个产业的企业联合高校、科研院所组建了技术创新战略联盟，推动行业关键技术攻关，如联盟企业汉祥纺织公司与俄罗斯自然科学院与工程院的两院院士达成合作，开展纺织印染企业技术的绿色效能分析、节水系统研究等。

### 2. 加快能效提升，突破重点领域节能

　　制造业是泉州市的支柱产业，是经济增长的重要驱动力，也是泉州市能源消耗强度最大的生产部门。因此，在推动制造业转型升级的过程中，泉州市把能源消费总量和能源消费强度作为经济社会发展的重要约束性指标，实施能源消费总

量和强度"双控"，逐步构建节约高效的用能模式，努力实现产业经济的生态化（专栏3-2）。

专栏3-2　泉州市能源消费情况及工业节能成效分析

1.能源消费情况分析

（1）制造业能源消费占比高（图3-12）。近年来，泉州市工业能源消费约占全市能源消费量的70%以上，而制造业能源消费又占规模以上工业能源消费量的80%，其中，九大主导产业能源消费占制造业能源总量的80%以上。从分行业消费结构来看，石油化工、建材家居、纺织鞋服行业的能源消费量较大，占九大主导产业能源消费总量的90%以上。

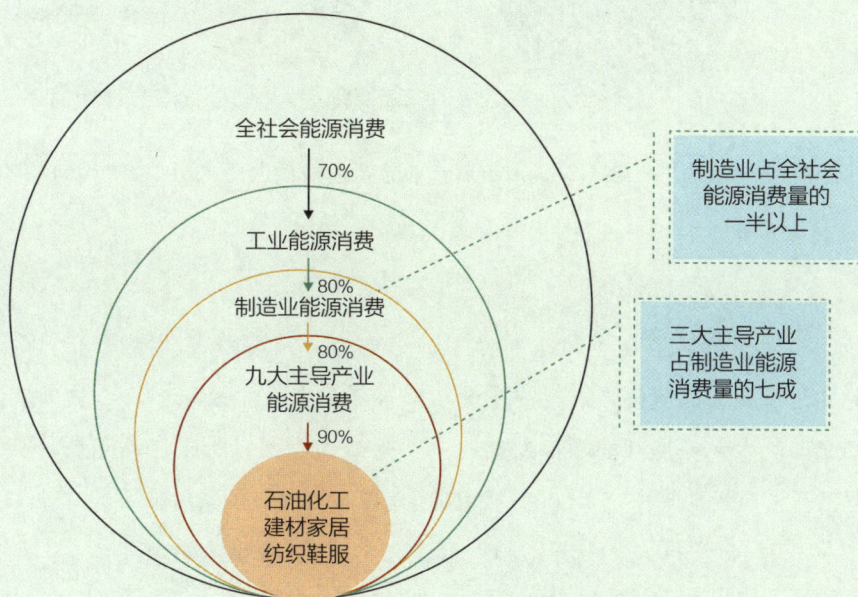

全社会能源消费

↓70%

工业能源消费

↓80%

制造业能源消费

↓80%

九大主导产业能源消费

↓90%

石油化工
建材家居
纺织鞋服

制造业占全社会能源消费量的一半以上

三大主导产业占制造业能源消费量的七成

图3-12　泉州市制造业能源消费

（2）制造业中用能大户集中在石油化工、建材家居、纺织鞋服行业。近年来，泉州市九大主导产业中，石油化工、建材家居、纺织鞋服行业的能源消费量较大，2012—2016年三大行业能源消费量占制造业的比重分别为79.53%、12.24%、3.89%；纸业印刷、工艺制品、食品饮料、机械装备、新一代信息技术的能源消费量占比较小，合计约占4.34%（图3-13）。

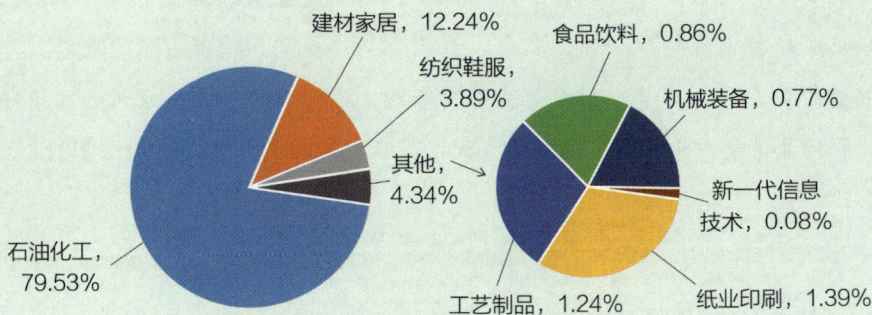

图3-13　2012—2016年泉州市制造业分行业能耗占比（历年平均值）

2.节能成效分析

泉州市能耗强度整体呈持续下降的态势，节能降耗成效显著。尽管"十二五"期间全市有惠安中化、联合石化芳烃脱瓶颈、鸿山热电二期、海峡水泥等高耗能项目新建投产，带来了较大的能源消费增量，能源强度出现短期反弹，但2005—2016年全市能耗水平整体仍呈下降趋势。"十二五"时期与"十一五"时期相比，全市万元GDP能耗和规模以上工业单位增加值能耗分别下降42.2%和38.7%（图3-14）。2016年，全市万元GDP能耗和规模以上工业单位增加值能耗继续下降，分别为0.52 tce/万元和0.57 tce/万元。

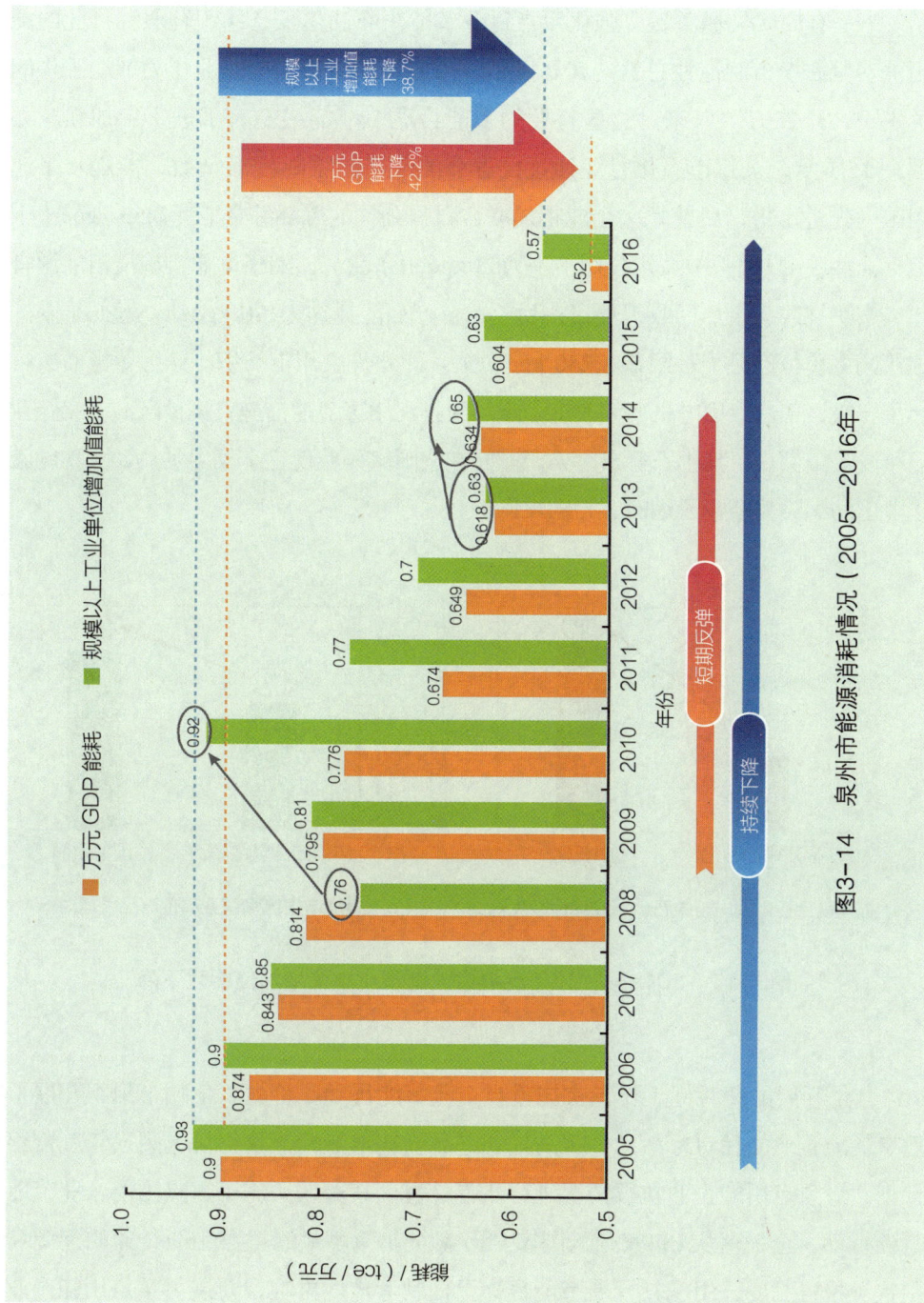

图3-14　泉州市能源消耗情况（2005—2016年）

一是有的放矢抓关键，强化重点行业节能。石油化工、纺织鞋服等行业的能源消费量占全市制造业总量的70％以上，因此泉州市将这些行业作为节能工作的关键，"十二五"以来，这些行业的节能管理、节能措施有了进一步加强。如图3-15所示，泉州市石化行业通过推进节能改造，不断挖潜增效，能耗水平达到国内先进水平，目前龙头企业福建联合石化公司的炼油综合能耗为55 kgoe（千克标准油）/t原油（中石化公司平均为58 kgoe/t原油）；陶瓷行业实施清洁能源替代、窑炉技改、余热回收等项目，目前单位产品能耗约为170 kgoe/t，远低于国家建筑陶瓷单位产品能耗限额（240 kgoe/t）。此外，泉州市纺织印染行业全面实行转型升级，普遍应用电机变频改造、余热回收利用等节能措施，集控区内多家企业已接受集中供热，其中石狮市印染产业园在全国率先实现完全集中供热，实现印染工业区纺织染整企业无烟囱、无燃煤锅炉。

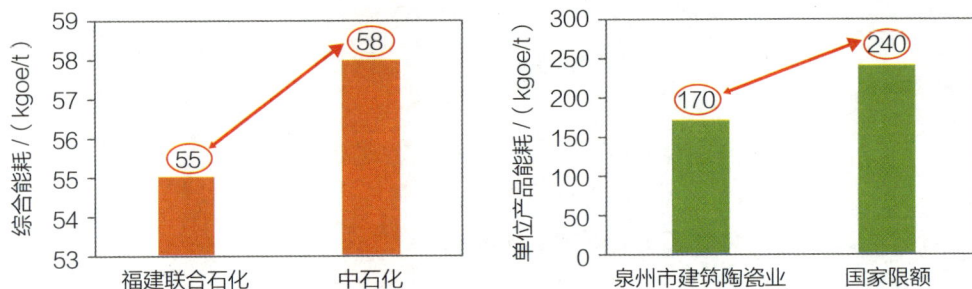

（a）福建联合石化公司与中石化炼油综合能耗对比　　（b）泉州市建筑陶瓷业单位产品能耗对标

图3-15　2012—2016年规模以上制造业单位增加值能耗下降

二是开展能耗对标工作，实施重点企业节能行动。首先，泉州市组织开展了重点耗能企业能耗对标活动，将高耗能产品能耗限额标准执行情况列入年度监察计划，对重点用能企业执行情况进行监督检查。其次，实施了重点用能企业节能低碳行动，全面落实134家列入国家"万家企业"名单的重点用能企业的能源利用状况报告制度，组织其开展节能目标责任制考核。再次，开展了重点用能企业能源管理体系建设，目前泉州市已有福建联合石化公司、福建湄洲湾氯碱工业有限公司等15家企业通过了省级验收，并被评为示范企业。此外，在能源计量工作方面，泉州市持续推进能源计量数据在线采集工作，同时要求重点用能企业按照国家标准要求配备能源计量器具，并建立能源计量档案，实现档案网上直报、动态管理。

三是组织实施工程项目建设，促进重点园区节能。2016年，泉州市通过项目带动，实施锅炉窑炉改造、电机系统节能改造等节能项目80个，项目年节能量33 462 tce。引导石狮鸿山热电厂、国电南埔电厂等6家发电企业投建集中供热工程，促进能源集约利用。在成功实现低压蒸汽集中供热的基础上，又启动了印染行业热定型机中温中压蒸汽项目，在全国率先建成完全集中供热的新型染整产业园区，淘汰染整企业蒸汽锅炉111台、导热油炉75台，改造定型机263台。

### 3. 优化用能结构，全力推进低碳转型

近年来，泉州市在发展中提高了重化工业在全部工业中的比重，虽然这为国民经济各部门提供了生产手段和装备，但由于重化工业属于高耗能行业，炼化一体化、惠安中化重油加工等重化工业大项目的相继投产也给泉州市的制造业节能工作增加了难度。为此，在转型升级过程中，泉州市注重优化制造业内部的行业结构和高耗能行业的能源消费结构，坚持存量提升和增量优化的方针，促进制造业的低碳化转型。

一是调整制造业内部结构，促进行业升级换代。一方面，通过加强节能评估审查和后评价提高了能耗准入门槛，严格控制高耗能行业的产能扩张；另一方面，大力发展以高新技术为核心的低能耗、低污染、技术密集型行业，加快传统高耗能行业的升级改造，以此降低单位GDP能耗。

二是优化高耗能行业的能源消费结构，在重点耗能行业推进煤改气、煤改电，鼓励天然气等优质能源替代燃煤使用，如在建筑陶瓷行业全面推行液化天然气替代，在印染行业开展中压蒸汽替代导热油炉等（图3-16）。

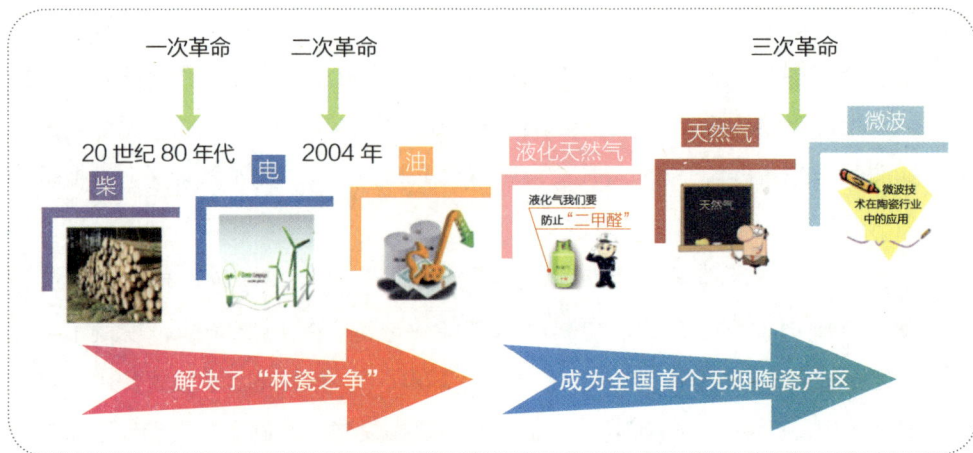

一次革命　二次革命　三次革命

20世纪80年代　2004年

柴　电　油　液化天然气　天然气　微波

液化气我们要
防止"二甲醛"

微波技术在陶瓷行业中的应用

解决了"林瓷之争"　成为全国首个无烟陶瓷产区

图3-16　泉州市工艺陶瓷行业三次能源革命

### 3.4.3　推广建议

泉州市的低碳化发展模式充分调动了政府、企业、市场等各方面的积极性和创造性，有效提高了全市能源利用效率及产出效益，有力支撑了制造业的高水平绿色发展，是先行先试、实现制造业转型升级与生态文明建设正向互促的成功案例，值得向全国乃至全世界推广。该模式可向工业发达且能源利用效率提升遇到"瓶颈"，或对能源节约和污染防控能力有更高要求的区域推广，可为同类型城市改进管理体制、调整产业结构、推动技术进步、突破重点领域节能、优化用能结构、最终实现产业低碳转型提供借鉴。

## 3.5　张家口：可再生能源示范区建设探索

### 3.5.1　基本情况

张家口市是我国华北地区风能和太阳能资源最丰富的地区之一，市域内可开发的风能资源储量达4 000万kW以上，太阳能可开发量超过3 000万kW，生物质资源年产量200万t以上，成为全国首个由国务院批复同意设立的可再生能源示范区。

2014年，国家发展改革委联合有关部门将其列入第一批生态文明先行示范区。近年来，张家口市紧紧抓住2022年北京冬奥会建设契机，以生态文明先行示范区和可再生能源示范区为主要抓手，面向京津冀地区巨大的市场空间，充分发挥区域能源资源优势，通过实施四方协作运营机制，提升技术供给能力，创新商业模式，实现了新能源的统筹规划和规范开发，保障了新能源多渠道的应用与推广，有效满足了全市采暖、雄安新区和冬奥会场馆用电需求，同时有力推动了全市扶贫工作的完成，助力建设国际领先的"低碳奥运专区"。2018年，张家口市可再生能源消费量占终端能源消费的比例达到23%，居全国领先水平。

## 3.5.2　主要做法及成效

### 1. 明确管理体制，统筹规划新能源规范化开发

一是建立三方协调的政府管理机制和第三方评估机制。为推进管理体制创新，张家口市建立了由国家发展改革委、国家能源局、河北省人民政府组成的三方协调推进机制，成立了专家咨询委员会，为新能源产业发展和配套设施建设"把脉会诊"。

二是系统编制相关规划与配套政策，统筹新能源规范开发。《河北省张家口市可再生能源示范区发展规划》（发改高技〔2015〕1714号）获批后，张家口市及时编制了《张家口市推进可再生能源示范区建设行动计划（2015—2017年）》《太阳能资源开发利用规划》《张家口市京张奥运迎宾廊道光伏规划报告》《张家口市可再生能源示范区发输储用"十三五"规划》等配套文件，为生态文明先行示范区的健康发展提供了科学依据。此外，还印发了《关于进一步加强可再生能源开发建设管理的通知》和《张家口市太阳能光伏开发利用管理办法》，对全市的风能和太阳能资源实行集中统一管理，设定了准入条件，规范了开发程序。

截至2018年4月底，可再生能源装机容量达到1 187.9万kW，其中，风电累计装机877.6万kW、光伏发电装机306.3万kW、生物质发电装机2.5万kW、光热装机1.5万kW，占全部电力装机的71%，位居全国前列。

**2. 创新四方协作运营机制，保障能源结构优化可行**

张家口市创新建立了"政府＋电网＋发电企业＋用户侧"的四方协作机制（专栏3-3），即由政府牵头与电网公司合作建立可再生能源电力市场化交易平台，风电企业将最低保障收购小时数之外的发电量通过挂牌和竞价的方式在平台开展交易，打通了电网、风电企业、电力用户进行电力交易的关键环节。通过搭建交易平台，成功将可再生能源电力纳入电力市场进行直接交易，成为全国首个成功范例，将电供暖成本降低近一半，实现了与燃煤集中供热相当的经济性，有力地推动了区域清洁能源替代目标的完成。

---

### 专栏3-3  张家口市四方协作机制及其成效

为从体制机制上破除可再生能源就地消纳利用的障碍，张家口市在国家和河北省相关部门、国网冀北电力公司（以下简称冀北公司）的大力支持下，创新建立了"政府＋电网＋发电企业＋用户侧"的四方协作机制，力求实现经济效益、生态效益和社会效益的统一。2018年11月，该工作作为国务院第五次大督察发现的典型经验做法得到了国务院的通报表扬。

（1）政府搭台，统筹持续发展。2017年10月供暖季前，国家能源局华北监管局、河北省发展改革委印发了《京津唐电网冀北（张家口可再生能源示范区）可再生能源市场化交易规则（试行）》（华北监能市场〔2017〕517号），张家口市可再生能源电力市场化交易在冀北电力交易中心挂牌交易成功。2018年，国家能源局华北监管局修改完善并印发了《京津冀绿色电力市场化交易规则（试行）》（华北监能市场〔2018〕497号），将京津冀用户和冬奥场馆用电纳入交易范围；河北省发展改革委出台了《张家口市参与四方协作机制电采暖用户准入与退出管理规定（试行）》《张家口市参与四方协作机制高新技术企业和电能替代用户准入与退出管理规定（试行）》，奠定了四方协作机制实行的政策基础。

（2）电网支持，保障有效输送。在四方协作机制建立的过程中，冀北公司从降低输配电价、设立交易平台和加快电网建设等方面给予了大力支持和有力保障。一是有效降低输配电价。为全面落实国家清洁供暖价格政策，冀北公司有效降低了谷段输配电价，成为推行四方协作机制可再生能源电力交易工作的重要基础条件。二是创新设立交易平台。由张家口市人民政府和冀北公司联合建立可再生能源电力市场化交易平台，将可再生能源电力纳入电力市场直接交易，从根本上消除了风电供暖大规模推广应用的成本阻力，减少了弃风限电，减轻了电网外送压力。三是不断加快电网建设。电网公司作为清洁供暖的调度控制中心，将清洁供暖引起的电采暖负荷增加纳入电网规划建设，合理安排清洁供暖电网配套设施建设，仅2018年就实施了奥运电网、光伏扶贫、张北柔性直流示范等一系列工程项目（图3-17），累计完成投资达78.7亿元以上。

图3-17　张家口市新能源发电项目

（图片来源：张家口市提供的资料）

（3）企业助力，确保有效供给。自交易启动以来，共有21家风电投资主体、58个风电场参与交易，申报电量累计达到4.6亿kW·h，大力推动了张家口市可再生能源四方协作机制的有效运转和延伸拓展。一是加强培训教育，形成支持绿色发展的责任意识。积极组织并配合冀北电力交易中心做好对风电企业的培训，一方面从讲政治、顾大局、支持绿色发展的高度强化企业的社会责任意识，引导企业自觉参与交易；另一方面算经济账，根据交易规则中规定的优先调度和差额收益分配办法分析参与交易企业的收益变化，讲清参与交易的优势，提高企业参与积极性，使交易电量规模不断增长。二是服务企业，切实保障发电企业的合理利益。2018年以来，张家口市配合冀北公司完成电网建设投资近79亿元，开工建设±500 kV多端柔性直流示范工程，完善电供暖和冬奥场馆配电网建设，张北—雄安特高压交流工程获得河北省发展改革委核准。在各方的共同努力下，2018年张家口市风电项目年平均利用小时数为2 380小时，较2017年提高了200小时；弃风率为7.3%，较2017年下降了1.4个百分点，形成了企业利润提高、绿电就地消纳、互利共赢的良好局面。三是进一步研究完善激励机制，对交易情况实行积分制，并将其作为企业进入张家口市后续可再生能源项目建设的重要参考。

（4）用户得益，实现有效利用。一是为实现清洁供暖提供了电力保障。按照"企业为主、政府推动、居民可承受"的原则，将农村电代煤用户全部纳入四方协作机制，居民可享受低谷电价0.15元/（kW·h）的优惠价，较正常低谷电价降低了一半。自2017年11月交易启动以来，通过四方协作机制成交的电量合计为3.74亿kW·h，准入集中电供暖用户425户、分散农村居民用户4 226户、电能替代用户78户，供暖面积将近400万m²，累计减少居民、企业电费支出近1.6亿元。二是为发展高新技术产业提供了要素支撑。张家口市针对高新技术产业，制定了挂牌交易电价0.17元/（kW·h）、到户电价约0.37元/（kW·h）的优惠电价，既促进了可再生能源电力就近消纳，也带动了高新技术产业聚集。目前，阿里巴巴张北云计算数据中心（图3-18）、怀来秦淮数据科技有限公司、张家口第一煤矿机械有限公司、河北燕兴机械有限公司等企业已纳入交易范围。据初步测算，年可节约电费6 500万元左右。三是为扩大招商引资提供了优惠条件。法国MND等冰雪装备企业、金风科技等可再生能源装备企业纷纷入驻张家口市。

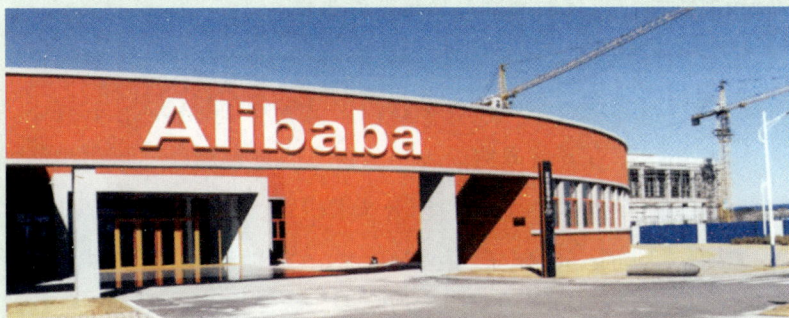

图3-18　四方机制用户阿里巴巴张北云计算数据中心

（图片来源：张家口市提供的资料）

### 3. 输用结合，有效推动区域能源消费革命

一是区域内的多元化应用保障。首先，围绕"热源清洁化、既有建筑节能改造"开展冬季清洁供热试点工作，于2017年启动了2 000万m²清洁能源供暖工程，目前已建成清洁能源供暖工程565万m²；其次，着力推进交通体系清洁化，目前已投入运营1 435辆纯电动公交车、61个充电站、2 850个充电桩，74辆氢燃料电池公交车中标公交车采购项目；再次，建成投产全国首条自动化氢燃料电池发动机生产线——亿华通年产2 000台氢燃料电池发动机生产线和阿里大数据中心首期8万台服务器一期工程。

二是辐射带动区域圈层能源结构优化。2018年11月8日，国家能源局华北监管局印发了《京津冀绿色电力市场化交易规则（试行）》，通过挂牌、双边协商交易，在优先满足张家口市电采暖和冬奥会场馆用电需求、对电能替代和高新技术企业用电量给予一定倾斜的前提下，将可再生能源电力市场化交易推广至京津冀地区。通过加快电力输送通道建设为京津冀区域提供绿色电能。截至2017年年底，世界上电压等级最高、输送容量最大的 ± 500 kV 多端柔性直流电网工程已开工建设，并将"张北—雄安新区1 000 kV交流特高压输变电工程"补列入国家电力发展"十三五"规划。

### 4. 加强技术创新，搭建新能源可持续发展平台

一是打造技术创新平台。与中国科学院、华北电力大学、国家可再生能源中心等单位深入合作，实现产学研深度融合，丰富多元创新载体；会同中国电动汽车百人会、北京清华工业开发研究院等单位成立张家口氢能与可再生能源研究院（图3-19），就氢能与可再生能源的创新技术研发、成果转化及产业化开展相关工作；将四方协作机制服务对象拓展至电能替代、制氢及大数据在内的高新技术企业，支持企业发展。

图3-19　张家口氢能与可再生能源研究院成立

（图片来源：张家口市提供的资料）

二是打造产业集聚平台。编制完成了《可再生能源高端装备制造产业园发展规划》，以西山产业园为中心，引进以英利能源、阿特斯等为代表的国内行业顶级企

业，已初步形成了以多种可再生能源装备制造为主的产业集聚区。

三是引进龙头企业，强化运行载体。引进特变电工、金风科技、晶澳太阳能等大型可再生能源生产企业，完善可再生能源全产业链条。其中，金风科技风电装备制造项目总装厂已经投产，100 MW先进压缩空气储能技术示范、大规模可再生能源高效高压直流并网关键技术项目完成签约，基于高分遥感和"互联网＋"的分布式智慧能源平台项目完成项目实施主体注册，可再生能源多能互补就地消纳技术研究与示范、果蔬等有机废弃物转化生物燃气等4个项目已经开工建设。

**5. 推进商业模式创新，助力完成区域扶贫工作**

张家口市创新四方联动扶贫开发机制，即将可再生能源和扶贫开发融合推进，鼓励可再生能源发电企业参与脱贫攻坚、生态建设、城镇化、绿色产业四方联动、融合发展，探索开创一条绿色产业带动全域脱贫、稳定脱贫、长期脱贫的治本之路。目前，正在探索协调风电企业签订协议参与入股扶贫，如由绿扶公司代表贫困户整合土地和风、光优质资源折合成股份入股可再生能源扶贫电站项目，破除扶贫资金困境，放大扶贫效果。通过村级电站、地面电站、屋顶电站3种形式，累计实现光伏扶贫39 429户，每个贫困户可享受连续20年每年3 000元的收益。

### 3.5.3　推广建议

张家口市作为全国首个可再生能源示范区，其可再生能源消费水平全国领先，创新建立了"政府＋电网＋发电企业＋用户侧"的四方协作机制，成功构建了"新型城镇化、绿色产业发展、生态建设、脱贫攻坚"可再生能源四方联动扶贫开发新机制，有效促进了示范区可再生能源的就近消纳，实现了可再生能源的高效利用，积极探索了绿色产业精准扶贫机制，具有重要的推广价值。

张家口市可再生能源示范区建设的有力探索可向北方可再生能源丰富和经济欠发达地区积极推广，以推进可再生能源一体化消纳，破除扶贫资金困境。

## 3.6 雅安：生态文化旅游融合发展模式

### 3.6.1 基本情况

2013年4月20日，四川省雅安市芦山县发生7.0级强烈地震，包括雅安市在内的32个县（市、区）受灾严重，市政设施、生态环境、人民生活均遭受巨大的损失。同年7月，国务院批复《芦山地震灾后恢复重建总体规划》（国发〔2013〕26号），确立雅安市为国家生态文化旅游融合发展试验区。按照习近平总书记"生态优势是雅安最突出的优势，要围绕这一优势大力发展生态文化旅游产业，把这一特色产业做大做强"的指示，雅安市把旅游业作为灾后恢复重建、发展振兴的先导产业，将生态、文化、旅游产业的高度融合发展作为推动区域经济振兴、建设生态强市的重要举措。

2014年，雅安市被列入第一批国家生态文明先行示范区，再次明确了以建设生态文化旅游融合发展试验区为手段，实现建设"幸福美丽新家园"的总体目标。雅安市充分发挥自身的生态、文化和旅游资源优势，进行全域、全程、全面等全方位融合发展，在坚持规划先行、创新融合路径、区域统筹、优化服务品质、强化品牌营销、注重旅游扶贫6个方面开展工作（图3-20），生态文化旅游产业的发展取得了明显成效，为经济复苏、生态环境保护和基础设施建设做出了突出贡献，有力推动了雅安市灾后重建工作的完成。

### 3.6.2 主要做法及成效

**1. 规划先行，保障机制护航，推动旅游产业科学发展**

一是强化政策保障，重视规划衔接，为科学推进旅游业发展提供遵循。雅安市出台了《关于发展全域旅游建设美丽雅安的意见》，制定了《关于建设中国大熊猫文化国际旅游目的地的实施意见》，加大了财政、土地、税费、金融等政策支持力度，全力助推旅游产业加快发展；同时，重视规划衔接，主动配合四川省《大峨眉国际度假旅游目的地旅游专项规划》，以及全省红色旅游规划编制工作，积极融入全省世界重要旅游目的地建设大格局，已初步形成规划"一

图3-20　雅安市生态文化旅游融合发展模式思路框架

01　规划先行，保障机制护航，推动旅游产业科学发展

- 强化政策保障，重视规划衔接，为科学推进旅游业发展提供遵循
- 强化资金和机构保障，切实增强产业发展动力

02　创新路径，推进六大融合，打造生态文旅支柱产业

- 农业围绕旅游提升　文化联姻旅游做大
- 城镇结合旅游做亮　借力旅游振兴乡村
- 开发康养联结旅游　做活林业融合旅游

03　区域统筹，突出核心带动，构建产业发展空间布局

- 一核："一城三山"生态文化旅游核
- 两带：文化旅游产业带与生态旅游景观带
- 三区：北部熊猫生态区、中部山水休闲区、南部乡村体验区

04　精益求精，优化服务品质，全面提升旅游接待水平

- 打造互通互联的旅游交通网络体系
- 以熊猫文化为主题
- 制定"金熊猫"旅游服务标准
- 形成"1+6"智慧旅游服务平台

05　打造品牌，强化整合营销，持续增强雅安旅游美誉度

- 围绕"熊猫家源·世界茶源"旅游品牌，实施整合营销
- 搭建各类旅游营销平台，把活动与招商推介结合起来
- 创新营销方式，加强旅游联合营销

06　旅游扶贫，注重脱贫实效，助力全市决胜脱贫攻坚

- "三个到位"、"四级联动"、"四个重点

盘棋"的局面（表3-2）。二是强化资金和机构保障，切实增强产业发展动力。围绕旅游产业发展的总体目标和重点任务，细化工作举措，明确管理机构，设立全市旅游发展专项资金，积极推进旅游体制改革，推动全市旅游业加快发展、跨越发展。

表3-2　雅安市旅游业发展相关规划及重点

| 规划名称 | 规划任务 | 时间 |
|---|---|---|
| 《雅安市中国国际特色旅游目的地建设规划》 | 确定旅游主题形象，对雅安市全域范围作为大熊猫国际旅游目的地近期发展布局和主要建设项目进行规划，并对客源市场、消费结构等进行综合分析与预测 | 2016.11 |
| 《雅安市全域旅游总体规划》 | 把发展全域旅游工作任务纳入考核体系，全市上下大抓旅游、抓大旅游蔚然成风 | 2016.11 |
| 《雅安市国家全域旅游示范区创建实施方案》 | | 2017 |
| 《雅安市城市旅游专项规划》 | 紧扣大熊猫特色完善城市旅游服务功能，提升城市旅游形象 | 2017.2 |
| 《雅安市旅游业发展总体规划（修编）》 | 确定全市旅游业发展的指导思想和发展战略 | 2017 |
| 熊猫山谷、蒙顶山、周公山等度假区总体规划 | 重在项目落地建设、项目招商引资和特色产品策划 | 2019 |

**2. 创新路径，推进六大融合，打造生态文旅支柱产业**

积极推进"农业＋旅游""文化＋旅游""乡村＋旅游""城镇＋旅游""康养＋旅游""林业＋旅游"六大融合新形态。一是农业围绕旅游提升。以"3＋N"[1]特色经济走廊为骨架，重点推进旅游与茶叶、果蔬、果药等特色农业的融合发展。二是文化联姻旅游做大。整理挖掘雅安市本土特色文化，配合做好茶马古道旅游开发建设，加快国家级非物质文化遗产的旅游化提升，提质打造一批文化型景区（图3-21）。三是城镇结合旅游做亮。以中心城区为核心、各区县城区为重点，完

---

[1] "3"指百公里百万亩生态茶叶、果蔬、果药3条特色产业经济大走廊；"N"指N条农旅融合、产村相融的精品小环线。

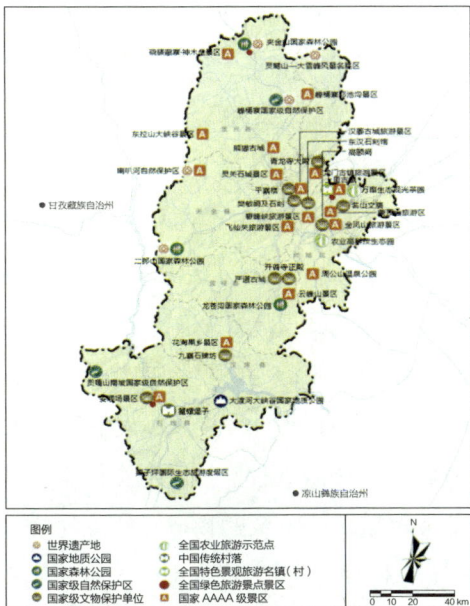

图3-21 雅安市旅游资源开发分布

（图片来源：雅安市提供的资料）

游示范市"，开发了轿顶山原始森林探险游、碧峰峡避暑森林生态游等产品，并以水果、绿林为依托，成功打造提升了一批花卉苗木观光基地、森林康养基地、森林康养人家。

**3. 区域统筹，突出核心带动，构建产业发展空间布局**

围绕全域旅游发展，确立了"一核、两带、三区"的发展空间结构（图3-22）："一核"，即"一城三山"生态文化旅游核，包括中心城区、碧峰峡、蒙顶山以及周公山；"两

善落地自驾、旅游要素等服务设施，塑造主客共享的城市功能空间。四是借力旅游振兴乡村。以旅游引领乡村产业融合发展，带动精准扶贫、产业提升、旧村改造、生态环境整治、文化传承。五是开发康养联结旅游。重点推进"环境康养、药材康养、医疗康养、温泉康养、运动康养、旅居养老"六养特色产业发展，构建大健康产业链。六是做活林业融合旅游。2018年，雅安市获批"全国森林旅

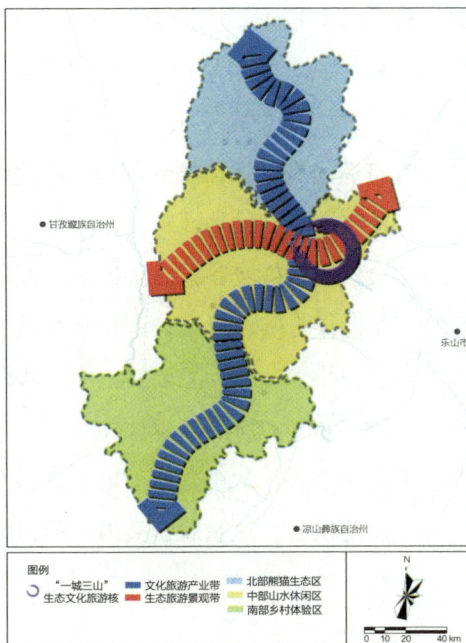

图3-22 "一核、两带、三区"空间布局

（图片来源：雅安市提供的资料）

带"，即文化旅游产业带与生态旅游景观带，其中文化旅游产业带以人文地理为特色，纵贯雅安市全域南北方向，生态旅游景观带以自然风光为特色，横贯雅安全域东西方向；三区，即北部熊猫生态区、中部山水休闲区、南部乡村体验区。

**4. 精益求精，优化服务品质，全面提升旅游接待水平**

一是加快推进旅游交通网络规划和建设，打造互通互联的旅游交通网络体系，基本实现了旅游景区（点）与干线公路的无缝连接。二是以熊猫文化为主题，改造提升碧峰峡出口，建设雅安市游客集散中心，布局建设川藏驿站房车露营集散中心。三是全面提升和完善市域范围内旅游标识标牌、旅游厕所等旅游基础设施，推出地域特色旅游服务，制定"金熊猫"旅游服务标准。四是积极发展智慧旅游，形成"1+6"智慧旅游服务平台[1]，完成雅安市旅游远程监控应急指挥平台建设；建立涵盖旅游景点、星级宾馆饭店、星级农家乐、特色购物点等业态的雅安旅游数据库，实现省、市、县三级视频会议联调，市、区（县）旅游主管单位及景区现场三级联通，实时互动的市、县、旅游企业"三级一体"智慧旅游管理体系；加快推进景区信息化建设，全市4A级旅游景区全部建设了监控平台，实现景区监控视频与省旅游应急平台对接。

**5. 打造品牌，强化整合营销，持续增强雅安旅游美誉度**

一是整合市、县（区）和企业资源，围绕"熊猫家源·世界茶源"旅游品牌，实施整合营销，提升雅安旅游的知名度和美誉度。二是搭建各类旅游营销平台，把活动与招商推介结合起来，进一步增强活动的实效性。三是创新营销方式，依托大九寨、大香格里拉、大峨眉旅游大环线联盟，联动推进大熊猫生态文化旅游营销；充分借助与成都、乐山、阿坝、眉山、凉山、甘孜等市（州）建立的战略合作关系，加强旅游联合营销，通过组织休闲度假线路互送客源，放大宣传效应。

**6. 旅游扶贫，注重脱贫实效，助力全市决胜脱贫攻坚**

一是坚持 "三个到位"。①坚持重视到位，把产业扶贫作为一项政治任务抓

---

[1] "1+6"智慧旅游服务平台，即云服务中心和资讯门户网、手机客户端、自助服务查询平台、微信公众服务平台、互动电子杂志、电子商务平台。

紧抓实，严格落实一把手亲自抓的工作要求，安排专人负责产业扶贫工作，原市旅游发展委被市脱贫攻坚领导小组评为2017年度"脱贫攻坚先进集体"。②坚持筹划到位，制定具体、细化的产业扶贫实施方案，确保工作扎实推进。③坚持资金到位，2018年从市旅游产业发展资金中拨付15万元奖补名山区万古乡沙河村等5个省级旅游扶贫示范村。

二是坚持市、县、乡、村"四级联动"。制定并认真实施雅安市2018年度旅游扶贫专项实施方案。2018年，整合相关行业资金实施六大类涉旅扶贫项目33个，计划总投资约3.6亿元，实际完成投资4.2亿元，投资完成率116.7%；申报省级旅游扶贫示范村3个，省级乡村民宿达标户8家；助推17个全国旅游扶贫重点村退出，全市65个重点村已全部退出，占全市贫困村总数的25%。旅游业成为新一轮扶贫攻坚战中的重要力量。

三是坚持"四个重点"。①坚持抓好旅游景区这个重点，创建提升国家4A级旅游景区20个，实现每个县（区）均有4A级景区。2018年，全市纳入统计的A级景区共计接待1 340.23万人次，同比增长18.19%，带动贫困人口就业、参与经营、入股分红等，实现贫困人口增收方式多样化。②坚持带动乡村旅游这个重点，突出示范效应，使贫困户直接或间接参与旅游经营服务。成功创建国家级乡村旅游模范村3个、省级旅游强县3个、省级乡村旅游强县4个、省级特色乡镇9家、省级特色村寨11家、省级特色业态74家、星级农家乐387家。③坚持带动旅游商品这个重点，按照"方便携带、包装精美、易于储存"的理念，鼓励和支持雅安市特色农副土特产品、手工艺品等转化为旅游商品，打通与景区、农家乐、购物点等游客聚集区的输送通道，让贫困户享受到旅游红利。④坚持提升旅游文明这个重点，把旅游作为提升乡村文明的重要抓手，开展经营管理、接待技能、文化礼仪等多种培训，促使农民改变旧观念、接受新事物、掌握新技能。2018年，组织全市乡村旅游带头人20人次赴我国台湾地区进行学习考察；市、县共计开展旅游系统干部职工全员培训、乡村经营管理、接待技能、旅游扶贫等培训35期（次），约2 940人次参训。

### 3.6.3　推广建议

雅安市生态文化旅游融合发展模式是坚定走"绿而美、绿变金"发展振兴之路的改革尝试，是探索如何实现生态、文化、旅游三者高效融合难题的创新突破。该模式可向第二产业基础较弱、生态环境优越、旅游资源复合性好的区域推广，可初步实现生态、文化、旅游三者的融合发展，为同类型城市实现新的全域融合、全程融合、全面融合提供参考。

## 3.7　蚌埠：秸秆多元化综合利用

### 3.7.1　基本情况

蚌埠市地处皖北、淮河中游，有皖北中心城市、淮畔明珠、交通枢纽之称。随着长三角区域一体化发展加速、淮河生态经济带发展规划上升为国家战略，安徽省委、省政府明确支持蚌埠市建设淮河流域和皖北地区中心城市，使其在区域发展格局中的战略地位大大提升。2015年，蚌埠市被国家发展改革委联合有关部门列入第二批国家生态文明先行示范区。

蚌埠市是安徽省的传统农业大市，秸秆产生量大、种类多、分布广。秸秆在综合利用过程中仍存在还田方式较粗放、综合利用产业化程度不高、收储运体系建设组织化和规范化程度欠缺、综合利用技术尚不成熟等问题，在一定程度上限制和影响了其有效利用，制约了蚌埠市生态文明建设和乡村振兴发展。

蚌埠市委、市政府充分认识到秸秆综合利用的重要性和紧迫性，以生态文明先行示范区建设为契机，加快推进秸秆综合利用，构建"一主五辅"[1]多元化利用模式（图3-23）。培育收储运销主体，打通秸秆离田、还田关键环节，推动收集、储存、运输、利用一体化发展。引进秸秆利用龙头企业，推动建设现代环保产业示

---

[1]"一主五辅"是指以机械化还田为主，以肥料化、饲料化、基料化、能源化和原料化利用为辅。

范园，推动秸秆利用产业化发展。加强组织保障，夯实各方责任，落实秸秆利用奖补政策，建立秸秆利用长效保障机制，有效化解了秸秆回收利用中长期存在的矛盾，使九成秸秆实现综合利用，有效改善了当地的生态环境、促进了农民增收和农业增效。

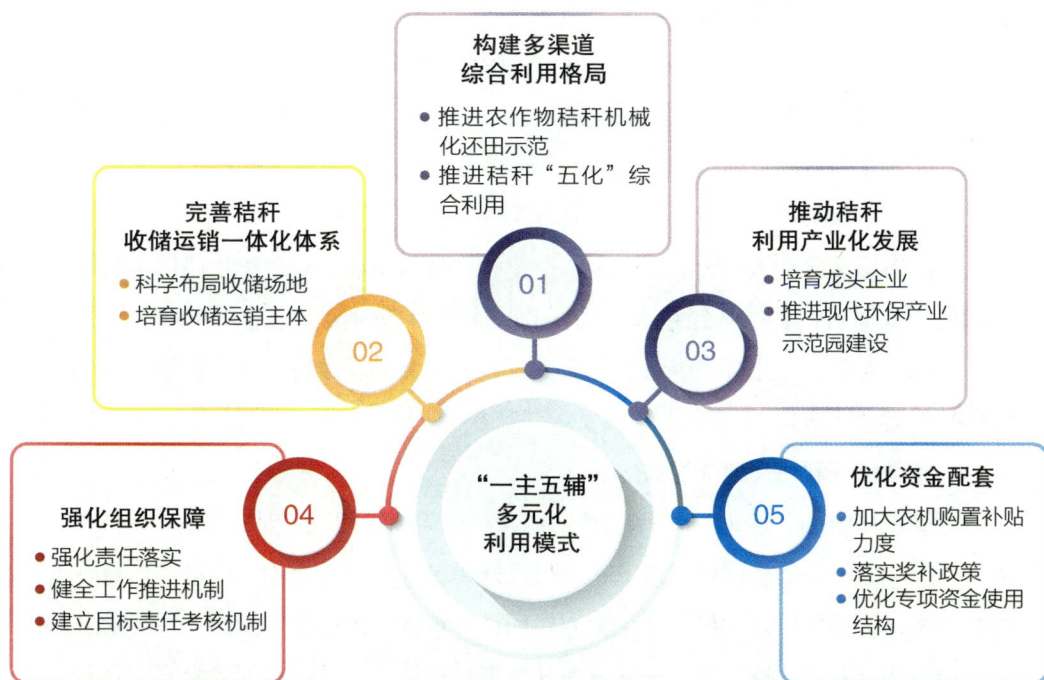

图3-23　蚌埠市秸秆综合利用总体思路

## 3.7.2　主要做法

### 1. 坚持还田与产业化开发相结合，构建多渠道综合利用格局

一是推进农作物秸秆机械化还田示范。从市、县、乡三级入手推进秸秆还田、离田示范片建设，示范片内明确农机作业主体、种植模式、技术及行政负责人、离田秸秆利用途径及主体，形成收—还田—种、收—离田—利用的秸秆综合利用链。

二是围绕农业、工业两个重点利用方向，稳步推进农作物秸秆肥料化、饲料化和基料化利用，大力发展农作物秸秆能源化和原料化利用。积极打通秸秆利用产业链条，形成秸秆多渠道利用格局，安徽省通过印发《秸秆综合利用提升工程技术方案》等多种方式强化秸秆综合利用的技术支撑。

### 2. 科学布局收储点，建立收储运销一体化体系

一是科学布局收储场地。根据不同区域农作物秸秆产量、秸秆综合利用产业发展特点等进行全市统筹规划，在秸秆产地半径合理区域内建设规范的标准化收储点。其中，粮食重点生产区每个行政村至少建立1个标准化临时堆放转运点，非重点生产区多个行政村联合建立1个临时堆放转运点，构建乡镇有标准化收储中心、村有固定收储点的"1＋X"秸秆收储体系网络。

二是积极培育收储运销主体。支持企业和社会组织成立专业化收储运销机构，推动秸秆收储大户、秸秆经纪人与秸秆利用企业有效对接，建立以市场需求为导向、企业为龙头、专业合作经济组织为骨干，农户参与、政府推动、市场化运作的秸秆收储运销网络。

### 3. 推动秸秆利用产业化发展

围绕秸秆收割、压缩、储存、运输以及综合利用、工业产品制造等全产业链条，引进和扶持一批掌握核心技术、成长性好、带动力强的企业，引进和培育一批秸秆能源化、燃料化、饲料化等综合利用项目，加强对莱姆佳、雪郎生物等秸秆综合利用龙头企业的扶持力度，充分发挥其示范带动效应，鼓励秸秆综合利用企业利用相关科研平台加大秸秆综合利用关键技术与装备的研发力度，实现对秸秆资源的转化升值。

依托产业集群和大型龙头企业推进怀远县、五河县、固镇县建设以秸秆综合利用为基础的现代环保产业示范园（图3-24），以秸秆综合利用产业（能源化、饲料化、原料化、基料化）为重点，协同发展秸秆离田、转运、收储机械等关联产业，加大招商力度，引进莱姆佳、万华板业等一批龙头企业入驻现代环保产业园，鼓励国内外研发团队入驻园区创新创业。通过完善配套基础设施和公共服务，落实加工补贴等一系列扶持政策，高标准、高起点打造现代环保产业示范园区，引导秸秆综合利用产业集聚化发展。

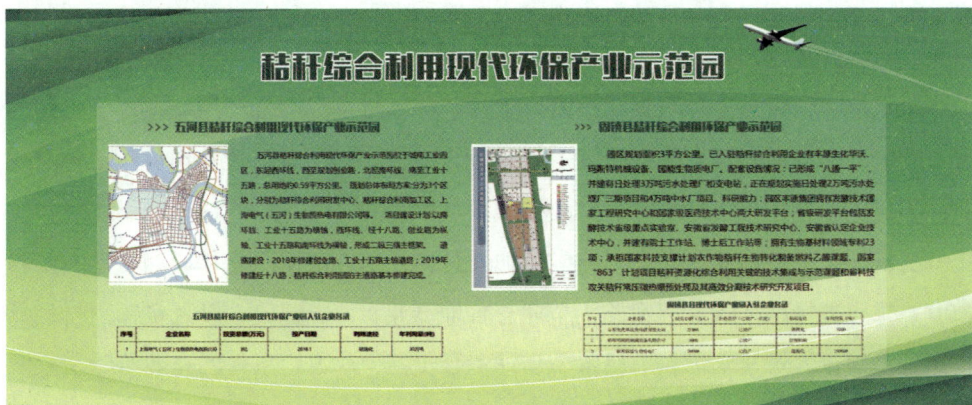

图3-24　蚌埠市五河县、固镇县秸秆综合利用现代环保产业示范园介绍

（图片来源：蚌埠市提供的资料）

### 4. 强化组织保障，完善工作推进机制

一是强化责任落实，成立了蚌埠市秸秆综合利用工作领导小组，加强对全市秸秆综合利用工作的统筹协调、调度推进、督察考核，形成市、县（区）、乡、村4级联动工作组织架构；明确了各级政府是秸秆综合利用、产业发展和园区规划建设的实施主体、责任主体，强化领导干部的责任担当。

二是健全工作推进机制，先后印发了《蚌埠市秸秆综合利用提升工程技术方案》《蚌埠市秸秆综合利用提升工程实施方案》，明确了年度工作目标、重点任务，制定了秸秆综合利用村级任务清单、村级工作计划表和进度表、秸秆综合利用技术路线图等，形成了完整的工作推进机制。

三是建立目标责任考核机制，制定了秸秆综合利用专项考核办法，将秸秆综合利用工作纳入市政府目标管理绩效考核，考核结果与秸秆综合利用项目资金安排挂钩；加强督促检查，建立了动态跟踪检查机制，采取明察暗访、第三方评估等方式确保各项工作的落实。

### 5. 优化配套政策，强化资金保障

一是加大农机购置补贴力度。农机购置补贴资金优先支持秸秆综合利用机械购

置，对中央财政农机购置补贴政策范围内的旋耕灭茬、捡拾、打捆等秸秆综合利用机具实行敞开补贴，提升农机装备水平。

二是落实秸秆综合利用奖补政策。出台了秸秆禁烧和综合利用专项资金管理办法，明确奖补标准和资金使用范围。奖补资金由省、市、县财政分别负担，省财政奖补不足的部分，市、县（区）财政按照1∶1配套。

三是优化各级专项资金使用结构，加大对秸秆综合利用产业和项目支持的倾斜力度，重点支持秸秆综合利用龙头企业、各地产业示范园建设，以及乡镇、村秸秆收储体系建设。对技术创新项目给予启动资金支持，对符合条件的企业给予贷款贴息补助，对经认定的企业和产品给予投资补助和销售奖励。

### 3.7.3  主要成效

#### 1. 秸秆综合利用水平不断提升，收储运体系进一步完善

2018年，蚌埠市全年农作物秸秆综合利用率达90.35％以上，其中产业化（能源化、饲料化、原料化、基料化）利用率约43.3％，秸秆资源化利用水平不断提升。全市现有秸秆收储点384个，怀远县2万t以上乡镇收储中心达到30处以上，五河县、固镇县分别达到15处以上，基本建成"1＋X"秸秆收储体系。

#### 2. 龙头企业数量明显增长，技术研发创新能力逐步增强

全市现有年利用秸秆500 t以上企业48家，培育了莱姆佳、雪郎生物、万华板业、中霖生物等一批龙头企业。其中，莱姆佳拥有农业农村部生物有机肥创制重点实验室、安徽省有机肥工程技术研究中心、院士专家工作站等多个研发平台，取得了多项国家专利和省级科技成果。依托龙头企业的科研平台，蚌埠市秸秆综合利用的技术研发和创新能力显著增强。

#### 3. 秸秆综合利用产业化水平进一步提升

怀远县、五河县、固镇县正在推进秸秆综合利用现代环保产业园建设，万华板材、国能生物发电、中科新能源、蚌埠荣盛、上海电气、众兴菌业等多个项目均已签约入园，园区配套设施逐步完善。秸秆综合利用产业呈现出集聚化发展的态势。

### 3.7.4 推广建议

蚌埠市秸秆多元化综合利用模式从源头上解决了秸秆焚烧的问题，对大气污染防治起到了重要的作用。"一主五辅"的利用方式不仅实现了秸秆的资源化利用，有效促进了农业可持续发展，也成为农民增收的重要渠道。该模式具有重要的推广意义。

蚌埠市秸秆多元化综合利用模式可以向农业基础较好、农作物秸秆产生量大的区域进行推广，能够从根本上解决秸秆燃烧管控难、配套政策不完善、体制机制不健全等多种问题，并从政府、企业、农户等多主体，技术、资金、组织管理等多层面建立起秸秆综合利用的长效发展机制，保障农业农村的可持续发展。

## 3.8 镇江："绿色工厂"引领城市低碳转型发展

### 3.8.1 基本情况

镇江市是长三角一体化战略中的重要节点城市。2014年，镇江市被列入第一批国家生态文明先行示范区；2015年，又被工业和信息化部确定为全国11个工业绿色转型发展试点城市，是东部沿海发达地区唯一入选的城市。历年来，镇江市经济社会的快速发展，尤其是传统的产业结构和粗放的生产方式，使生态环境受到相当程度的损害，资源环境成为发展的"硬约束"。"十二五"以来，镇江市以生态文明先行示范区和工业绿色转型发展试点城市为契机，坚持"生态领先、特色发展"战略，注重统筹规划，实施低碳九大行动，以推动低碳生产和建设绿色工厂为重点，统筹推动生产和生活方式优化转型，注重打通国际交流通道，延续城市高质量发展和可持续发展动力，全面推动镇江市迈向绿色发展新纪元（图3-25）。

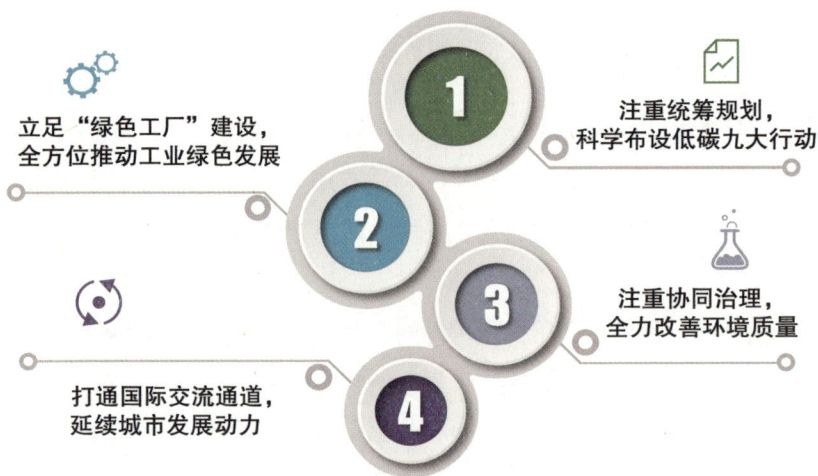

图3-25　镇江市绿色发展模式

## 3.8.2　主要做法及成效

### 1. 注重统筹规划，科学布设低碳九大行动

镇江市结合国家和江苏省推进绿色低碳循环发展的整体部署，面向生产、生活、生态领域实施低碳九大行动，包括优化空间布局、发展低碳产业、构建低碳生产模式（图3-26）、开展碳汇建设、推广低碳建筑图（3-27）、发展低碳能源、发展低碳交通、开展低碳能力建设以及构建低碳生活方式。此外，镇江市还采取了系统化构思、项目化推进、责任化落实等一系列举措，制定年度低碳发展行动计划，将低碳九大行动细化为90项具体目标任务，并在此基础上编制了生态文明（低碳城市）建设目标任务书，将目标任务进行分解落实，

图3-26　江鹤林水泥有限公司的工作人员正在监控碳排放指标

（图片来源：镇江市提供的资料）

明确责任部门和进度要求；同时，完善"每月调度、半年督察、年度考核"的推进机制，强化部门协作，形成合力。

**2. 立足"绿色工厂"建设，全方位推动工业绿色发展**

一是以点带面，全面培育建设"绿色工厂"。①制度化推进，示范带动全面建设。镇江市在全国率先启动"绿色工厂"项目课题研

图3-27　采用低碳模式打造的镇江第一外国语学校

（图片来源：镇江市提供的资料）

究，率先开展"绿色工厂"创建试点，制定市级"绿色工厂"认定规范和评价指标体系，明确"绿色工厂"培育方向。发挥重点项目"绿色引擎"作用，通过推进绿色产品、绿色供应链、绿色园区建设，大力发展绿色制造系统集成，将上下游企业串联成线、园区企业扩展成面，开拓了全市工业绿色发展的新局面。2017年，镇江市6家企业入选工业和信息化部发布的首批绿色制造示范名单，以数量之多一举拿下全省各设区市和全国地级市两个层面的"双第一"；累计培育市级以上绿色制造体系建设示范单位34家，其中，培育"国家级绿色工厂"11家、"国家级绿色园区"1个；环太集团和大全集团成功入选"国家绿色制造系统集成项目"。②借助国际力量，提升绿色发展水平。与世界自然基金会（WWF）、国际铜业协会、瑞士节能上品环保机构等国际机构签署战略合作协议，召开"绿色工厂"创建专场辅导会，开展"绿色工厂创建直通车"系列活动；邀请国内外专家深入企业现场诊断，把国际先进理念和技术推介到企业。

二是市场与政策双途径，增添绿色发展动力。①实施绿色资产交易创新。在钢铁、有色、建材、石化、化工等行业中，对新增能源消耗的技改项目实行用能权交易制度。累计交易16笔，交易量达7.6万tce，累计交易额560.1万元。②创新金融支持方式。首先，建立"绿色工厂"扶持资金。在市级经信类专项资金中对入选市级以上"绿色工厂"的辖区企业给予分级分档奖励，2017年以来累计落实扶持资金

400万元。其次，建立专项资金重点支持终端用能设备能效提升项目。镇江市出台空气压缩机、配电变压器能效等相关实施方案，将终端用能设备能效提升列入市级绿色工厂评价指标，并作为年度市级专项资金支持重点。再次，创新绿色信贷方式。为解决企业项目融资难的问题，镇江市政府与江苏银行合作推出了"经信贷"和"绿融贷"两大创新产品。银行提供100亿元的专项授信额度，对达到"绿色工厂"标准的企业贷款利率下浮2%～15%，根据"绿色工厂"不同等次实施分级分档贴息。目前，已有15家企业的34个项目享受该红利。

三是腾笼换鸟、布局高地，多途径推进工业绿色发展。①明确产业结构调整标准，推进制造强市建设。研究制定全市产业结构调整指导目录，明确鼓励类、限制类、淘汰类和禁止类产业发展清单。实施制造强市战略，按照绿色、智能、高端、高效的导向，着力构建"3+2+X"[1]的产业链发展格局，重点打造高端装备制造业，培育智能电气、船舶海工、航空航天和新材料产业链。②政府免费为企业开展节能诊断。每年通过政府购买社会服务的形式，由政府出资通过公开招标聘请第三方专业机构免费为企业开展电机、变压器、空压机等系统的节能诊断。③淘汰低端低效产能，开展化工企业整治，建立以"亩产论英雄"的工业企业综合评价体系，对重点排污企业侧重评价企业单位产品能耗、排污的产出效益。目前，正在研究制定差别化要素政策，通过市场手段倒逼企业转型、转移。2016年以来，实施淘汰低端低效产能项目163个，压降水泥产能380万t、钢铁产能60万t，关停化工企业97家，化工企业入园进区率由33.8%提高到56.8%。

### 3. 注重协同治理，全力改善环境质量

坚持末端治理、源头防治两手发力，协同推进节能降碳和环境整治。①强化能源总量和强度"双控"。全力完成减煤任务，严格控制能源消费过快增长。制定实施固定资产投资项目节能审查制度，推进节能量交易，开展终端用能设备能效提升行动。②打好水、气、土综合治理战役。推进水环境质量改善，开展环境保护专项

---

[1] "3"表示3条高端装备制造产业链，"2"表示2条新材料产业链，"X"表示包含集成电路、医疗器械、香醋、眼镜等在内的7条特色产业链。

执法行动和入江排污口及主要入江河排污口摸底排查，保障饮用水水源地、长江沿岸等水体水质稳定达标。通过关停搬迁禁养区畜禽养殖场、新增城镇污水收集管网等措施治理黑臭水体。建成区污水收集管网约有1 400 km，覆盖率达到96％。开展"水美乡村"建设，推进"覆盖拉网式"农村环境综合整治，包括无害化卫生厕所建设、村庄生活污水治理等，2017年度基本完成1个美丽宜居镇、12个美丽宜居村庄的建设。组织农用地土壤污染状况详查，实施建设用地准入管理，落实污染地块联动监管责任。开展土壤污染治理与修复试点，原江南化工厂土壤污染治理与修复项目正在修复施工。

**4. 打通国际交流通道，延续城市发展动力**

积极举办、参加国际低碳交流大会，全力提升城市低碳品质。①举办高端低碳会议，带动城市环境治理与产业发展。镇江市政府与联合国环境规划署共同主办了2018国际低碳（镇江）大会暨江苏省生态环境高质量主题论坛，在持续打造镇江低碳国际品牌的同时，把办好低碳大会与改善环境质量、推进产业强市紧密结合起来。②参加国际交流研讨会，不断学习积累国际先进经验，持续提升发展品质。镇江市先后应邀参加了中、日、韩三国举办的低碳城市发展联合研讨会，中国环境与发展国际合作委员会主办的生态环境治理体系与治理能力研讨会，国家气候中心主办的"碳达峰路线图与行动方案"研讨会等，介绍镇江低碳城市建设的探索与实践；荣获了由欧盟委员会全程指导，国家发展改革委中国城市和小城镇改革发展中心、法国展望与创新基金会联合组织的讨论会等，被纳入中欧城镇化伙伴关系框架，促进了产业、技术、金融等方面的对接与合作；作为全国6个城市之一，入选《第四次气候变化国家评估报告应对气候变化典型案例集》；在中宣部拍摄的"记录中国"传播工程纪录片《低碳中国梦》中，镇江市的"生态云"是其中的重要拍摄内容，向国际社会展示了中国政府和人民为积极践行应对气候变化做出的积极贡献和显著成就。③人人参与城市低碳发展。镇江市全方位宣传推介生态镇江的发展理念和建设成绩，通过开展低碳文化进社区等活动、创建示范校园等生态文明示范点以及打造绿色商场等绿色生活方式，营造氛围、凝聚全民共识。同时，面向全市公务员及事业单位人员开展了3期生态文明建设培训班。

### 3.8.3 推广建议

镇江市以"绿色工厂"建设为重要着力点，加快淘汰落后产能、培育高端制造业，从源头实现绿色发展；注重协同治理，统筹水、气、土综合治理和生态修复，从末端推动绿色发展；注重打通国际交流通道，提高城市发展品质，加快全社会共治，全面推动迈向绿色发展的新台阶。镇江市由"绿色工厂"引领的城市低碳转型模式成效显著，值得推广，可以为经济发展基础较好、位于重大战略区域（城市群）的重要节点，但面临产业结构偏重且对环境造成较大影响的市（区、县）提供参考。

# 第4章

# 生态文明制度创新探索示范

## 4.1 生态文明制度改革

### 4.1.1 概述

所谓制度，一般指要求大家共同遵守的办事规程或行动准则，也指在一定历史条件下形成的法令、礼俗等规范或规则。制度可分为正式制度与非正式制度，前者是指政府、国家或统治者等按照一定的目的和程序有意识创造的一系列政治、经济规则及契约等法律法规，以及由这些规则构成的社会等级结构；后者指文化习俗和道德约束等。

我国在2013年党的十八届三中全会公报中首次提出"用制度保护生态环境"，希望通过制度安排来规范和调节人类行为、保护生态环境，这是生态文明建设和可持续发展的必然要求。自20世纪70年代以来，我国实行了环境保护基本国策和可持续发展战略，制定了以《中华人民共和国环境保护法》为基本法的一系列环境保护法律制度，实施了环境影响评价、"三同时"、排污收费等基本制度，环境管理机构也不断发展壮大。1993年以后，我国开始实施可持续发展战略。但由于多种原因，以上这些制度的作用尚未充分发挥出来，漠视环保法律、执法不严、管理失灵等现象屡有发生。在污染防治和生态保护方面，我国总体上还是以运用各类单项工程等技术性解决方案为主，在一定程度上忽视了环境保护制度和政策的作用，环保法治观念没有完全建立起来，环境保护制度的严肃性有时会受到质疑，生态环境部门的治理能力有待进一步突破，"先污染后治理"的老路亟须转变。

生态文明制度建设既是一项在"保护优先"价值取向下制定游戏规则的创新性工作，又是对现有制度安排的继承与发展。这就要求我们通过法治手段、制度建设、提高国家治理能力来改善环境，从根本上制定更加公平、包容和面向长远的社会规范，改变我们的行为，降低社会成本，提高环境保护行动的效率，更加注重运用制度而非仅仅运用技术和工程手段来治理环境。当前，我国面临的资源环境问题复杂，构建科学有效的生态文明制度体系，不仅为解决重大资源环境问题奠定了良好的制度基础，而且对全球可持续发展进程产生了深远影响。

《中共中央关于全面深化改革若干重大问题的决定》（以下简称《决定》）提

出要构建系统完整的生态文明制度体系，明确了生态文明制度建设的重要地位和作用，勾勒出生态文明的制度框架，为加快生态文明制度建设指明了方向。《决定》共提出300多项任务，包括起草制度建设的顶层设计文件——《生态文明体制改革总体方案》。该方案由中央财经工作领导小组办公室（即经济体制与生态文明体制专项小组）牵头、12个部门合作起草，经中央审议后于2015年9月发布，对自然资源资产产权制度、国土空间开发保护制度、空间规划体系、资源总量管理和全面节约制度、资源有偿使用和生态补偿制度、环境治理体系、环境治理和生态保护市场体系、生态文明绩效评价考核和责任追究制度8个领域提出了制度建设的主要任务（专栏4-1）。

---

### 专栏4-1　生态文明体制改革的目标

到2020年，构建起由自然资源资产产权制度、国土空间开发保护制度、空间规划体系、资源总量管理和全面节约制度、资源有偿使用和生态补偿制度、环境治理体系、环境治理和生态保护市场体系、生态文明绩效评价考核和责任追究制度八项制度构成的产权清晰、多元参与、激励约束并重、系统完整的生态文明制度体系，推进生态文明领域国家治理体系和治理能力现代化，努力走向社会主义新时代生态文明。

构建归属清晰、权责明确、监管有效的自然资源资产产权制度，着力解决自然资源所有者不到位、所有权边界模糊等问题。

构建以空间规划为基础、以用途管制为主要手段的国土空间开发保护制度，着力解决因无序开发、过度开发、分散开发导致的优质耕地和生态空间占用过多、生态破坏、环境污染等问题。

构建以空间治理和空间结构优化为主要内容，全国统一、相互衔接、分级管理的空间规划体系，着力解决空间性规划重叠冲突、部门职责交叉重复、地方规划朝令夕改等问题。

构建覆盖全面、科学规范、管理严格的资源总量管理和全面节约制度，着力解决资源使用浪费严重、利用效率不高等问题。

构建反映市场供求和资源稀缺程度、体现自然价值和代际补偿的资源有偿使用和生态补偿制度，着力解决自然资源及其产品价格偏低、生产开发成本低于社会成本、保护生态得不到合理回报等问题。

构建以改善环境质量为导向，监管统一、执法严明、多方参与的环境治理体系，着力解决污染防治能力弱、监管职能交叉、权责不一致、违法成本过低等问题。

构建更多运用经济杠杆进行环境治理和生态保护的市场体系，着力解决市场主体和市场体系发育滞后、社会参与度不高等问题。

构建充分反映资源消耗、环境损害和生态效益的生态文明绩效评价考核和责任追究制度，着力解决发展绩效评价不全面、责任落实不到位、损害责任追究缺失等问题。

作为一项极其复杂的任务，生态文明体制改革和制度建设需要充分发挥中央和地方两个积极性，通过采取两种方式来落实推进。一是对于一些改革方向较为明确、由中央层面相关部门负责实施的制度任务，一般都是由中央层面直接审议通过实施方案，再步入实施阶段。以中央环境保护督察为例，2015年7月1日，中央全面深化改革领导小组（以下简称中央深改组）第十四次会议审议通过《环境保护督察方案（试行）》，提出建立环境保护督察工作机制。迄今为止，中央已组织开展数轮环境保护督察，实现环境保护督察全覆盖，凸显了中央推进生态环境保护的决心，在很大程度上扭转了地方党政领导干部的执政理念。再以生态文明目标考核和绿色发展评价为例，2016年12月，国家发展改革委印发《绿色发展指标体系》《生态文明建设考核目标体系》（发改环资〔2016〕2635号）后，国家统计局很快就根据统计、监测和调查数据开展了各省（自治区、直辖市）的绿色发展年度评价，以引导各地区相关工作的开展。二是对于一些改革方向并不明确、任务较为复杂、牵涉部门较多、缺乏可参考经验的改革任务，相关部门通常采用试点试验这一政策工具，即在全面开展工作之前，鼓励一些地方根据实际情况，适当绕开现有法律法规等的约束，探索各种解决问题的办法，从而为全面铺开积累经验。党的十八大以来，国务院有关部委开展了数十个生态文明体制改革试点项目，有上百个地区作为试点区域参与其中。这些试点示范区，有的以省为单位，有的以地级市、区县为单位，还有的以流域和跨行政区域为单位，同时在东、中、西部都有分布，既具有广泛的代表性，也体现了国家的总体布局。根据重点和定位不同，生态文明体制改革和制度创新的试点分为两类（表4-1）。

### 表4-1　生态文明试点示范情况

| 类型 | 试点名称 | 起始时间 | 负责部门 | 覆盖范围 | 试点内容 |
|------|---------|---------|---------|---------|---------|
| 综合试点 | 生态文明先行示范区 | 2014年 | 国家发展改革委等九部门 | 102个地区，包括省、市、县及跨区域 | 以制度创新为核心，以可复制、可推广为要求，探索生态文明建设的有效模式 |
| | 国家生态文明试验区 | 2016年 | 国家发展改革委等 | 福建省、江西省、贵州省、海南省 | 形成生态文明体制改革的国家级综合试验平台 |
| 专项试点 | 自然资源资产负债表 | 2015年 | 国家统计局 | 5个地级市 | 探索编制自然资源资产负债表 |
| | 国家公园 | 2015年 | 国家发展改革委等 | 9个试点区 | 探索整合现有各类保护地的管理体制机制，明确管理机构，实行统一有效管理 |

注：据不完全统计。

对于综合类生态文明试点，主要将制度建设纳入生态文明建设总体框架，如生态文明先行示范区、国家生态文明试验区。在前后2批、总计102个生态文明先行示范区中，共明确了280个制度创新的重点任务。其中，承担制度创新任务最多的先行示范区是青海省，总计6项；最少的是黑龙江省五常市和甘肃省甘南藏族自治州，各自承担1项改革任务；其他一般承担2～3项制度创新任务，平均每个生态文明先行示范区承担2.74个制度创新任务。在众多制度创新任务中，资源环境承载力、生态保护补偿、自然资源资产负债表、"多规合一"等制度任务最受欢迎，分别有9个、8个、7个、5个地区开展相关试点试验工作。

对于生态文明制度专项试点，其核心是探索尚未成熟的制度实施模式，这在中央落实《生态文明体制改革总体方案》的过程中被普遍采用，如"多规合一"试点、空间规划试点、国家公园体制改革试点、自然资源资产统一确权登记、自然资源资产负债表编制试点、党政领导干部自然资源资产离任审计试点等。总体来看，这些专项试点为推进全国性的生态文明体制改革工作提供了很好的参考。例如，国家公园体制试点区的工作为制定和出台《建立国家公园体制总体方案》提供了参考；不动产统一登记试点工作为推进全国范围的不动产统一登记和自然资源资产统一确权登记提供了重要参考；自然资源资产离任审计试点工作为制定《领导干部自然资源资产离任审计暂行规定（试行）》提供了依据。

### 4.1.2　建设成果

总体来看，我国围绕生态文明体制改革和制度创新取得了良好的成效，中央规定的改革文件大部分已经出台。据统计，党的十八大以来，我国共制定和发布了50多个生态文明制度专项改革方案，其中多数专项改革方案已步入实施阶段，并开始在强化生态环境保护方面发挥了重要作用。迄今为止，我国生态文明体制改革的"四梁八柱"已经确立，产生了较好的效果。

**1.自然资源资产产权制度方面，组建了统一的确权登记机构，自然资源资产产权制度开始加速构建**

一是不动产统一确权登记改革工作已经基本到位。在改革之前，我国的不动产确权登记职责分散在国土、林业、住建、海洋等多个部门，数据信息互不相通。2013年11月，国务院第31次常务会议明确，由国土资源部负责指导监督全国土地、房屋、草原、林地、海域等不动产统一登记职责，基本做到登记机构、登记簿册、登记依据和信息平台四统一。此后，中央机构编制委员会办公室下发了《中央编办关于整合不动产登记职责的通知》（中央编办发〔2013〕134号），为实现不动产统一确权登记明确了方向。从2015年下半年开始，改革任务加速推进，住建、林业、海洋等部门将有关不动产登记、资料管理的职能，以及与土地、房屋、海域、林地、草场等有关的不动产数据库移交至国土资源部。国土资源部在部委层面组建了不动产登记司和不动产登记中心，在地方层面积极推动不动产登记职责整合。截至2016年1月，全国市、县两级职责机构整合已接近全部完成。截至2018年年初，全国累计颁发不动产证书4 900多万本、不动产登记证明4 000多万份，国家级信息平台已接收不动产登记数据5 800多万条，日均接收20多万条。

二是自然资源确权登记正在加速推进。不动产统一登记职能的整合为建立统一的自然资源资产确权登记奠定了基础。2016年，中央深改组第29次会议审议通过了《自然资源统一确权登记办法（试行）》，决定在12个地方开展试点。随后，多部门出台分领域试点方案，如2016年11月，水利部、国土资源部联合印发《水流产权确权试点方案》（水规计〔2016〕397号）；2017年3月，国土资源部印发《探明储量的矿产资源纳入自然资源统一确权登记试点工作方案》（国土资厅函〔2017〕409号）等。省级自然资源确权登记工作试点也有序推进，在福建、贵州等12个省份全面实施、深入开展，资源权属不断夯实。

三是自然资源资产产权制度加速构建。自然资源资产产权制度是推进生态文明建设和绿色发展的一项基本制度，关系自然资源资产的开发、利用、保护等各方面，但自然资源资产产权制度改革是生态文明体制改革中相对滞后的一项任务，存在产权主体不明晰、产权权能不健全、产权流转体系不完善、法律保障不完整等系列问题。2019年1月23日下午，中共中央总书记、国家主席、中央军委主席、中央深改委主任习近平主持召开中央深改委第六次会议，审议通过了《关于统筹推进自然资源资产产权制度改革的指导意见》。

四是统一的国家自然资源资产管理体制正在构建。2016 年12 月，中央深改组第三十次会议审议通过了《关于健全国家自然资源资产管理体制试点方案》，指出健全国家自然资源资产管理体制，要按照所有者和管理者分开、一件事由一个部门管理的原则，将所有者职责从自然资源管理部门分离出来，集中统一行使，负责各类全民所有自然资源资产的管理和保护。在试点方面，2017 年8 月，东北虎豹国家公园国有自然资源资产管理局、东北虎豹国家公园管理局成立座谈会在长春召开；2017 年9月，福建省人民政府印发《福建省全民所有自然资源资产有偿使用制度改革实施方案》（闽政〔2017〕35 号），随后福建省国有自然资源资产管理局挂牌成立。2018 年3月，中共中央印发了《深化党和国家机构改革方案》，明确组建自然资源部，负责统一行使全民所有的自然资源资产所有者职责。

**2.国土空间开发保护制度方面，国家公园体制改革取得重大进展，成为生态文明体制改革的标志性工作之一**

国家公园是国土空间用途管制的重要方式。在党中央的坚强领导下，在改革主管部门的有力推动下，我国的国家公园体制改革取得了重大进展。经过60多年的发展，我国已经基本形成了以自然保护区和风景名胜区为核心，以多部门分管、地方管理为主的自然保护地体系。据初步统计，以自然保护区、风景名胜区、地质公园和森林公园等为主体的各种特殊保护地已接近我国陆地国土面积的20％。党的十九大报告提出，我国要着力构建以国家公园为主体的自然保护地体系，加强对重要生态系统的保护和永续利用，这更加突出了国家公园体制改革的重要性。

在国家公园体制改革试点地区，我国目前已经设立了三江源、武夷山、钱江源、神农架、普达措、大熊猫、东北虎豹、祁连山、湖南南山、北京长城、海南热带雨林11个国家公园体制改革试点区。中央深改组审议通过了《建立国家公园体制总体方案》《中国三江源国家公园体制试点方案》《大熊猫国家公园体制试点方案》《东北虎豹国家公园体制试点方案》《祁连山国家公园体制试点方案》，直接推动了以国家公园为代表的自然保护格局的形成。

**3.空间规划体系方面，"多规合一"试点多点开花，空间规划体系建设正加速推进**

一是市县级"多规合一"规划试点取得积极成效。按照党的十八大和党的十八届三中全会精神，国土资源部、国家发展改革委、环境保护部、住房和城乡建设部研究制定并联合印发了《关于开展市县"多规合一"试点工作的通知》（发改规划〔2014〕1971号），在全国28个地区部署开展"多规合一"试点工作。各地区根据自身实际，按照生态文明建设总体要求，紧紧围绕一个市（县）一个规划、一张蓝图的工作要求，统一土地分类标准，划定生产空间、生活空间、生态空间，明确城镇建设区、工业区、农村居民点等的开发边界，以及耕地、林地、草原、河流、湖泊、湿地等的保护边界，形成了一系列探索性成果。

以厦门市为例，通过实施"多规合一"解决了空间性规划相互冲突的问题，协调建设用地图斑12万块，有效保障了经济社会发展需求；全面缩短了审批时间，从项目立项申请到用地规划许可证核发，审批时间从53个工作日压缩到10个工作日，从项目建议书到施工许可证核发，审批时限由122个工作日缩短至49个工作日，人民群众的获得感不断增强。

二是空间规划体系建设正加速推进。2017年1月，中共中央办公厅、国务院办公厅印发《省级空间规划试点方案》，提出在9个省份开展省级空间规划试点，以主体功能区规划为基础，科学划定城镇、农业、生态空间及生态保护红线、永久基本农田、城镇开发边界，注重开发强度管控和主要控制线落地，统筹各类空间性规划，编制统一的省级空间规划，为实现"多规合一"、建立健全国土空间开发保护制度积累经验、提供示范。2017年12月，中共中央、国务院发布《关于统一规划体系更好发挥国家发展规划战略导向作用的意见》，明确要求构建以发展规划为统领，以空间规划为基础，以区域规划、国家级专项规划为支撑的规划体系，并提出国家级空间规划应聚焦空间开发强度管控和主要控制线落地。2018年3月，国务院机构改革，组建自然资源部，负责统一的空间规划编制职责。2019年1月，中共中央总书记、国家主席、中央军委主席、中央深改委主任习近平主持中央深改委第六次会议，审议通过了《关于建立国土空间规划体系并监督实施的若干意见》。根据自然资源部的计划，2020年在全国范围内建立起空间规划体系。

**4.资源总量管理和全面节约制度方面，不断完善相关制度并加速落实推进**

一是最严格的耕地保护制度和土地节约集约利用制度得以完善。2016年12月，中央深改组审议通过了《关于加强耕地保护和改进占补平衡的意见》，强调加强耕地保护和改进占补平衡，总体目标是牢牢守住耕地红线，确保实有耕地数量基本稳定、质量有所提升。2018年1月，国务院办公厅印发《省级政府耕地保护责任目标考核办法》（国办发〔2018〕2号），强调要守住耕地保护红线，严格保护永久基本农田，建立健全省级人民政府耕地保护责任目标考核制度。2018年3月，国务院办公厅印发《跨省域补充耕地国家统筹管理办法》和《城乡建设用地增减挂钩节余指标跨省域调剂管理办法》（国办发〔2018〕16号），强调要以土地利用总体规划及相关规划为依据，建立跨省域补充耕地国家统筹制度。

二是能源消费节约制度已经基本建立。"十二五"时期，我国开始实施能源消费总量与强度的"双控"制度。2014年11月，国务院办公厅发布《能源发展战略行动计划（2014—2020年）》（国办发〔2014〕31号），正式提出了中期能源消费及煤炭消费总量的"双控"目标，即到2020年一次能源消费总量控制在48亿tce左右，煤炭消费总量控制在42亿t左右。"十三五"时期，为配合空气污染治理，我国开始推动煤炭减量控制。从实施进展来看，目前能源总量目标分解与能源强度的衔接不足，如江苏省"十三五"期间能源消费强度的下降目标为17%，但根据国家下达的能源消费增量目标，其能源强度需要下降23%。

三是重要生态系统保护制度进一步建立健全。2015年3月，中共中央、国务院印发《国有林场改革方案》和《国有林区改革指导意见》（中发〔2015〕6号），提出区分不同情况有序停止重点国有林区天然林商业性采伐，确保森林资源稳步恢复和增长。在草原保护方面，草原管理权限由农业部门向林业部门转移，意味着对草原的管理重点要从以经济为主向以生态为主转型。在湿地方面，2016年11月，中央深改组第二十九次会议审议通过了《湿地保护修复制度方案》（国办发〔2016〕89号），提出建立湿地保护修复制度，实行湿地面积总量管理，严格湿地用途监管，推进退化湿地修复，增强湿地生态功能，维护湿地生物多样性。

四是资源循环利用制度不断完善。在历经多年试点探索后，我国开始推进更为积极的循环经济发展策略。2016年12月，国务院办公厅印发《生产者责任延伸制度推行方案》（国办发〔2016〕99号），将生产者责任延伸的范围界定为开展生态设计、使用再生原料、规范回收利用和加强信息公开4个方面，率先对电器电子、汽车、铅蓄电池和包装物等产品实施生产者责任延伸制度，并明确了各类产品的工作重点。2017年3月，《国务院办公厅关于转发国家发展改革委、住房城乡建设部生活垃圾分类制度实施方案的通知》（国办发〔2017〕26号）发布，部署推动生活垃圾分类，完善城市管理和服务，创造优良人居环境。2017年7月，国务院办公厅印发《关于禁止洋垃圾入境推进固体废物进口管理制度改革实施方案》（国办发〔2017〕70号）。该方案实施以来，生态环境部会同有关部门疏堵结合、标本兼治，全面禁止洋垃圾入境成效显著。截至2018年5月，全国共重点整治"五废"行业集散地194个，排查再生利用企业1.8万家，关停取缔8 800余家；2018年第一季度，固体废物进口量同比下降57％，其中限制类固体废物进口量下降64％。

五是海洋资源开发保护制度得以健全。2016年11月，中央深改组第二十九次会议审议通过了《海岸线保护与利用管理办法》，要求加强海岸线分类保护，严格保护自然岸线，整治修复受损岸线，加强节约利用，实现经济效益、社会效益与生态效益相统一。2016年12月，中央深改组第三十次会议审议通过了《围填海管控办法》，要求通过严格贯彻实施该办法，实现对围填海的有效管控，建立健全围填海管控配套制度，构建完善的标准规范体系，持续开展围填海管控执法检查监督，有效服务于供给侧结构性改革。随后，原国家海洋局印发《贯彻落实〈围填海管控办法〉的指导意见》和《贯彻落实〈围填海管控办法〉的实施方案》（国海发〔2017〕16号）。

**5.资源有偿使用和生态补偿制度方面，以产权制度为基础，不断加快推动反映全成本的资源有偿使用制度的建立，继续深入探索生态补偿制度**

一是全民所有自然资源资产有偿使用制度进一步健全。2016年7月，中央深改组第二十六次会议审议通过了《贫困地区水电矿产资源开发资产收益扶贫改革试点方案》；2016年12月，第三十一次会议审议通过了《矿业权出让制度改革方案》

《矿产资源权益金制度改革方案》，在山西等6个省份有序开展矿业权出让制度改革试点。2016年12月，国土资源部印发《关于扩大国有土地有偿使用范围的意见》（国土资规〔2016〕20号）。2017年1月，国务院发布《国务院关于全民所有自然资源资产有偿使用制度改革的指导意见》（国发〔2016〕82号），指出到2020年基本建立产权明晰、权能丰富、规则完善、监管有效、权益落实的全民所有自然资源资产有偿使用制度，使全民所有自然资源资产使用权体系更加完善，市场配置资源的决定性作用和政府的服务监管作用充分发挥，所有者和使用者权益得到切实维护。2018年7月，国家海洋局印发《海域、无居民海岛有偿使用的意见》。2018年12月，水利部、国家发展改革委、财政部印发《关于水资源有偿使用制度改革的意见》（水资源〔2018〕60号），提出健全水资源税费制度，扩大水资源税改革试点。在森林资源方面，2017年，国家林业局印发《重点国有林区国有森林资源资产有偿使用试点方案》，决定在阿尔山林业局开展重点国有林区国有森林资源资产有偿使用试点工作；国有森林资源资产有偿使用制度改革方案也即将出台。

二是加快资源税费改革。2016年5月，财政部和国家税务总局发布《关于全面推进资源税改革的通知》（财税〔2016〕53号），自2016年7月1日起全面推进资源税改革，通过全面实施清费立税、从价计征改革理顺资源税费关系，建立规范公平、调控合理、征管高效的资源税制度，有效发挥其组织收入、调控经济、促进资源节约集约利用和生态环境保护的作用。基于此，我国率先在河北省开展了水资源税改革试点，采取水资源费改税的方式将地表水和地下水纳入征税范围，实行从量定额计征，在正常生产、生活用水维持原有负担水平不变的同时，适当提高高耗水行业、超计划用水以及在地下水超采地区取用地下水的税额标准。2017年11月，财政部、税务总局、水利部印发《扩大水资源税改革试点实施办法》（财税〔2017〕80号）。

**6.环境治理体系方面，生态环境质量监测事权上收顺利推进，省以下环保机构监测监察执法垂直管理改革进展滞后于计划，监管体制逐步强化和完善**

一是省以下环保机构监测监察执法垂直管理改革（以下简称"垂改"）进展滞后于计划。2016年9月，中共中央办公厅、国务院办公厅印发《关于省以下环保机构监测监察执法垂直管理制度改革试点工作的指导意见》。随后，河北、上海、江苏、福建、山东、河南、湖北、广东、重庆、贵州、陕西、青海12个省（市）开展试点。按照2016年环境保护部确定的时间表，"垂改"需在2～3年内完成改革任务。从目前的情况来看，由于改革涉及重大利益调整，包括省、市、县的生态环保事权和财政支出责任，以及地方对所辖区域环境质量负责的规定落实问题，改革进展相对滞后。

二是生态环境质量监测事权上收顺利推进。2015年8月，国务院办公厅印发《生态环境监测网络建设方案》（国办发〔2015〕56号），提出"环境保护部适度上收生态环境质量监测事权，准确掌握、客观评价全国生态环境质量总体状况"。2015年11月，财政部、环境保护部印发《关于支持环境监测体制改革的实施意见》（财建〔2015〕985号），确立了"中央承担起重要区域、跨界环境质量监测事权"的原则，提出未来3年安排30亿元支持环境监测体制改革。从实施进展来看，至2016年年底，环境保护部完成了1 436个国控空气站点上收任务。2017年9月，环境保护部印发《国家地表水环境质量监测网采测分离实施方案》，全面实施地表水采测分离。

三是排污许可制度改革加快推进。2016年11月，国务院办公厅印发《关于印发控制污染物排放许可制实施方案的通知》（国办发〔2016〕81号），标志着排污许可制度改革正式启动。2018年1月，环境保护部印发《排污许可管理办法（试行）》（部令第48号）。2021年1月，国务院审议通过并颁布了《排污许可管理条例》，对规范排污许可证申请与审批、强化排污单位主体责任、加强排污许可事中事后监管等作出详细规定，有利于全面落实排污许可"一证式"管理，推动生态环境治理体系和治理能力现代化。

**7.环境治理和生态保护市场体系方面，环境产权交易体系仍在构建过程中**

一是推行用能权交易制度。2016年9月21日，国家发展改革委发布《用能权有偿使用和交易制度试点方案》（发改环资〔2016〕1659号），选择在浙江省、福建省、河南省、四川省开展用能权有偿使用和交易试点。试点地区需根据国家下达的能源消费总量控制目标，结合本地区经济社会发展水平和阶段、产业结构和布局、节能潜力和资源禀赋等因素，合理确定各地市能源消费总量控制目标，并在此基础上合理确定用能单位初始用能权。

二是推行水权交易制度。2014年6月30日，水利部印发《关于开展水权试点工作的通知》（水资源〔2014〕222号），提出在宁夏、江西、湖北、内蒙古、河南、甘肃和广东7个省（区）启动水权试点。但由于理论问题尚未突破等原因，尽管历经多年探索，水权交易依旧面临市场培育不足、交易金额偏低等问题。

三是排污权交易制度。2014年8月，国务院办公厅印发《关于进一步推进排污权有偿使用和交易试点工作的指导意见》（国办发〔2014〕38号），提出"到2017年，试点地区排污权有偿使用和交易制度基本建立，试点工作基本完成"。但从进度来看，排污权交易还面临一些挑战，如交易量不够活跃、与排污许可制度的衔接不足等。

**8.生态文明绩效评价考核和责任追究制度方面，基本构建起相对系统的考核、评价、追责、审计和问责制度体系**

一是生态文明建设目标评价考核制度全面实施。2016年，中共中央办公厅、国务院办公厅发布《生态文明建设目标评价考核办法》，用于评价地方政府开展生态文明建设的成效以及党中央、国务院确定的重大目标任务实现程度。该考核办法采取年度评价和五年考核相结合的方式。

二是中央生态环境保护督察制度的开展力度空前。中央生态环境保护督察制度是我国实施的重大生态文明制度。2015年，中央深改组第十四次会议审议通过《环境保护督察方案（试行）》，确立了由中央主导的原则，从"查企业为主"转向"查督并举，以督政为主"，要求全面落实党委、政府环境保护"党政同责""一岗双责"的主体责任。

三是探索编制自然资源资产负债表。2015年11月17日，为探索编制自然资源资产负债表，指导试点地区探索形成可复制、可推广的编表经验，国务院办公厅印发《编制自然资源资产负债表试点方案》（国办发〔2015〕82号），主要内容是采集、审核相关基础数据，研究资料来源、核算方法和数据质量控制等关键性问题，探索编制高质量的自然资源资产负债表。但目前自然资源资产负债表依旧面临数据来源缺失、统计年限不一致等问题，同时与自然资源资产离任审计制度的衔接不足，尚未启动全民所有自然资源资产负债表编制。

四是对领导干部实行自然资源资产离任审计。根据党委和政府对本地区生态环境和资源保护负总责的原则，推进生态文明建设必须紧紧抓住领导干部这个"关键少数"群体。党的十八届三中全会提出对领导干部实行自然资源资产离任审计，基本思路是以领导干部任期内辖区森林、海洋、土地和水等自然资源资产变化状况为基础，对领导干部履行自然资源资产管理和生态环境保护责任情况进行审计评价，依法准确界定被审计领导干部的责任。2015年以来，按照党中央、国务院的决策部署和《中共中央办公厅、国务院办公厅关于印发〈开展领导干部自然资源资产离任审计试点方案〉的通知》要求，审计署围绕建立规范的领导干部自然资源资产离任审计制度，积极探索"审什么、怎么审、如何定责"等若干关键理论和实践操作问题，经过多年试点，当前已经确定需要结合当地主体功能区定位、重点开发利用的自然资源资产及当地环境状况，以对当地经济有重大影响的资源和存在的突出问题作为审计重点，在审计方式上强化部门合作，制定因地制宜的规范指南，以利于审计工作的规范化。

## 4.2 贵州：生态法制体系建设

### 4.2.1 基本情况

2014年，贵州省成为全国第一批生态文明先行示范区；2016年，又被列为首批国家生态文明试验区。贵州省提出了打造生态文明法治建设示范区的要求，明确要进一步总结好贵州多年来在生态文明法治建设方面的实践经验，深入贯彻落实习近平总书记关于"只有实行最严格的制度、最严密的法治，才能为生态文明建设提供可靠保障"的重要指示，在健全环境资源司法保护机制方面做出了示范。

贵州省以建设生态文明试验区为契机，全面贯彻落实党中央决策部署，在立法、司法、执法等多领域进行实践探索，成为全国探索生态文明法治化建设的先驱；充分发挥人民代表大会对立法的主导作用，制定重点领域和行业地方性法规，推进环境资源保护司法机构全覆盖，深入推进环境资源案件集中管辖和归口管理，实施部门联合联动强化司法审判和行政执法，以多元途径建立健全环境诉讼与损害赔偿机制。贵州省生态法治体系的建设，有力地保障了生态文明建设工作紧紧围绕守住发展和生态"两条底线"的要求来推进，加快了"长江、珠江上游重要生态安全屏障"战略定位的实现步伐（图4-1）。

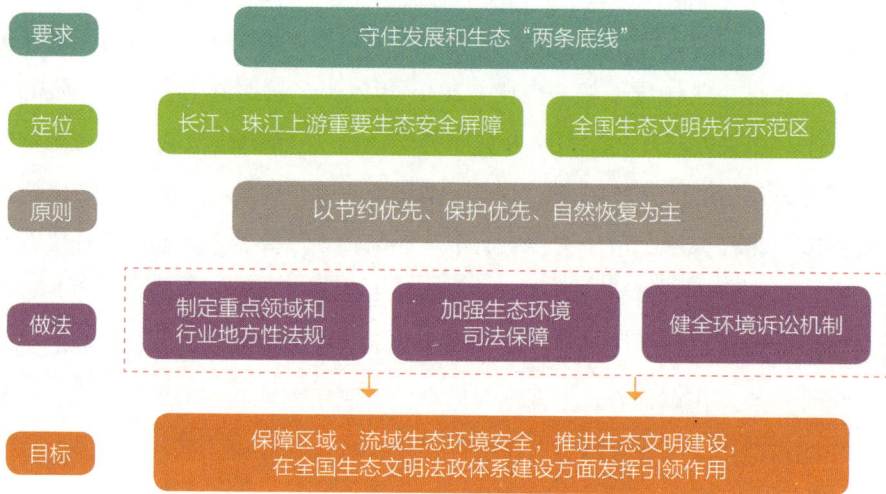

图4-1　贵州省生态法制体系建设思路

## 4.2.2　主要做法

### 1.制定重点领域和行业地方性法规

贵州省率先出台了全国首部市级、省级层面的生态文明建设地方性法规——《贵阳市促进生态文明建设条例》《贵州省生态文明建设促进条例》，陆续出台了《贵州省水污染防治条例》《贵州省环境噪声污染防治条例》《贵州省水资源保护条例》，起草完成了《贵州省环境保护条例（草案）》，开展了《贵州省节约用水条例》《贵州省河道管理条例（修订）》的立法调研。目前，全省有关生态文明建设的地方性法规有30多部，涉及水资源、大气、湿地、资源节约和循环利用等重点领域和行业（专栏4-2）。

贵州省的生态文明建设立法坚持立足省情、突出重点，着力先行先试，解决实际问题，具有鲜明的地方特色。

（1）开启了地方生态文明建设综合立法新征程。贵州省30多年的地方立法工作中，在环境保护和生态建设立法方面取得了较大成就，但这些立法大多针对环境保护和生态建设的某一方面，缺乏对整个生态环境、生态系统、人类生产生活与生态系统关系的全面关注。2009年10月，贵阳市人大常委会首开全国生态文明建设综合立法之先河，审议通过了《贵阳市促进生态文明建设条例》，这是全国第一部促进生态文明建设的地方性法规。此后，贵阳市人大常委会审议通过了全国第一部建设生态文明城市专项法规《贵阳市建设生态文明城市条例》。2014年5月，贵州省人大常委会审议通过了全国第一部省级生态文明建设地方性法规《贵州省生态文明建设促进条例》，将该省生态文明建设综合立法进一步引向深入。

（2）深化流域、区域生态文明建设立法新模式。贵州省各级立法机关坚持从实际出发，着力解决区域、流域环境资源保护和生态建设中存在的突出问题，切实增强地方性法规的针对性和可操作性，制定了一系列流域、区域环境资源保护和生态建设的地方性法规、单行条例，进一步深化了"一河一条例、一湖一法规"的立法模式。例如，为了保障贵阳市的饮用水水源安全，制定了《贵州省红枫湖百花湖水资源环境保护条例》《贵阳市阿哈水库水资源环境保护条例》；为保障安顺市饮用水水源安全，制定了《贵州省夜郎湖水资源环境保护条例》；为保护以国酒茅台为代表的中国优质白酒生产环境安全，制定了《贵州省赤水河流域保护条例》；等等。这些针对流域和区域的专项立法，从实际出发，在细化、补充、完善有关法律法规规定的同时，有针对性地创设了若干制度和措施，有效解决了流域、区域环境保护和生态建设中存在的突出问题。

（3）探索点面结合、同步推进、均衡发展的生态文明建设立法新途径。生态文明建设内容丰富、类型多样、点多面广。贵州省生态文明建设立法坚持由点扩展到面与由面深入到点的有机结合，努力将生态文明建设的各方面、各要素都纳入立法规范的范畴：既有针对某一区域、某个单一要素、内容比较单一的立法，也有针对全省、涵盖若干要素的综合性法规；既有专门的生态文明建设立法，也有在其他法规中关于生态文明建设的规定。

## 2. 推进环境资源保护司法机构全覆盖

贵州省于2007年在贵阳市设立了全国首家专门化的环保法庭，即贵阳市中级人民法院环保法庭、清镇市人民法院环保法庭（简称贵阳"环保两庭"）。2014年，当环境司法专门化建设在全省推开时，贵州省便构建了"145"跨区域环保审判格局，包括1个省高级人民法院环保法庭，贵阳市、遵义市、黔南州、黔西南州共4个中级人民法院环保法庭，清镇市、仁怀市、遵义县（现播州区）、福泉市、普安县共5个基层人民法院环保法庭，由三级法院共计10个环保法庭集中管辖全省的环保案件。2017年，贵州省高级人民法院积极贯彻省委关于实现环境资源审判机构市（州）全覆盖的决策，进一步加强了环境司法专门化组织机构建设，建成了由1个省高级人民法院环境资源审判庭、9个中级人民法院环境资源审判庭、19个基层人民法院环境资源审判庭（共计29个环境资源审判庭）构成的"1919"环境司法专门化组织体系，集中管辖全省88个县（市、区、特区）各类环境资源案件（图4-2）。

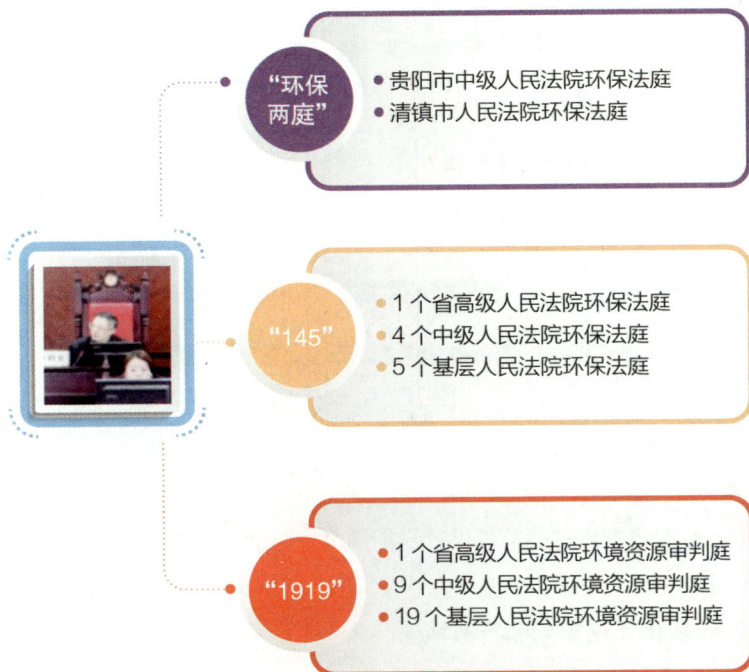

图4-2 贵州省环境资源保护司法机构设置（截至2017年）

"环保
两庭"
● 贵阳市中级人民法院环保法庭
● 清镇市人民法院环保法庭

"145"
● 1个省高级人民法院环保法庭
● 4个中级人民法院环保法庭
● 5个基层人民法院环保法庭

"1919"
● 1个省高级人民法院环境资源审判庭
● 9个中级人民法院环境资源审判庭
● 19个基层人民法院环境资源审判庭

### 3. 创新环境资源案件司法管辖机制

贵州省在司法地域管辖上率先打破行政区划的限制，实行与行政区划适度分离的司法管辖制度。环境资源案件跨行政区划管辖，既契合环境资源要素跨行政区划分布需整体保护的要求，又可避免地方保护主义的不当干扰，率先打破了环境资源案件因按民事、行政、刑事法律关系性质划分而分别由不同的审判机构审理的传统做法，转变为按法律保护领域划分将环境资源民事、行政、刑事案件"三合一"并归口由专门的环境资源审判庭集中审理，从而有助于统一裁判尺度、培养专门审判人才、总结审判经验（图4-3）。

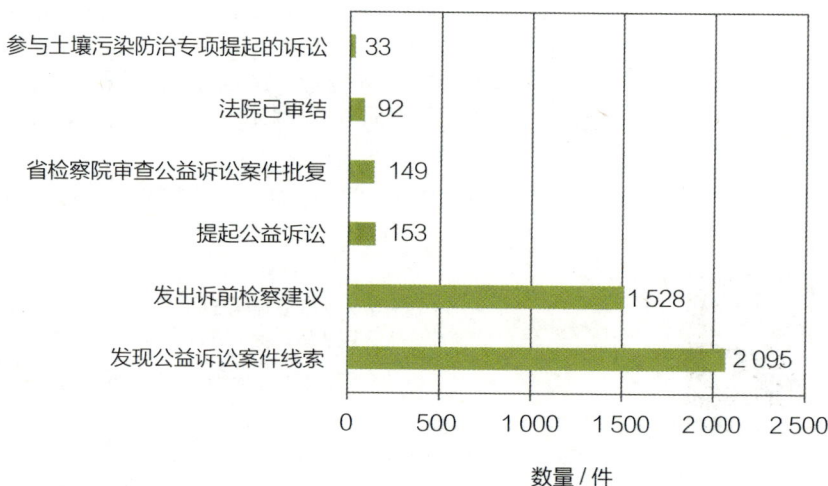

图4-3　2017年贵州省公益诉讼试点期间办理公益诉讼案件情况

### 4. 部门联合联动强化司法审判和行政执法

贵州省在全国率先成立了生态文明律师服务团。公安、检察院、法院与发改、环保、国土、水利、林业等部门建立了联席会议、案件信息共享、案件移送、联合督办、协同查办等机制，公安、检察院、法院之间建立了快诉快处等机制，强化了行政执法和刑事司法的联动。自2015年起，贵州省连续三年开展了"六个一律"[1]、环保执法"风暴"等专项行动（图4-4）；自2018年起，省级环保、公安、检察

---

[1] "六个一律"，即建设项目未经环评审批以及未按环评要求落实污染防治设施的，一律停建、停产；对环保设施不正常运行、污染物超标排放、私设暗管等环境违法行为，一律依法从重处罚；对直接向环境排放污染物的单位，一律依法足额征收排污费；排污单位严重违法导致较大以上突发环境事件和造成严重后果且社会影响恶劣，负有监管职责的国家公职人员存在失职、渎职行为的，一律追究行政责任，涉及国有企业的，同时追究国有企业相关人员的责任；对污染饮用水水源，非法排放、倾倒、处置危险废物，非法排放含重金属、持久性有机污染物等严重危害环境、损害人体健康的污染物，私设暗管排放、倾倒、处置含有放射性的废物、含传染病病原体的废物、有毒物质等严重污染环境的违法行为，构成犯罪的，一律移交司法机关追究刑事责任；对排污企业的环境违法行为，一律向社会公开，接受社会监督，并进入企业环保信用黑名单，记入贵州省企业诚信信息网信用信息数据库，对其进行失信惩戒。

院联合开展"守护多彩贵州 严打环境犯罪"2018—2020年执法专项行动，"零容忍"打击流域内的环境违法犯罪行为，成立了"赤水河环保法庭"。目前，贵州省已对流域内的80余个环境违法行为进行了立案查处，处罚金额达230余万元，移送公安部门处理案件6个，实施查封扣押企业16家，环保、公安、检察院联合省级挂牌督办2家。

图4-4 环保执法"风暴"专项行动

### 5. 多途径建立健全环境诉讼与损害赔偿机制

一是创新开展环境公益诉讼。积极探索创建公益诉讼机制，建立完善国家利益和社会公共利益民事、行政、司法保护体制机制。2014年，贵州省金沙县检察院向该县环保局提起了全国首例环境公益诉讼案（专栏4-3），开启了环境公益诉讼的先河。2015年，贵州省被列为13个全国公益诉讼试点之一。

二是积极运用多元化手段解决纠纷机制。对于环境民事公益诉讼涉及重大、敏感、群体性事件的纠纷，充分运用中立评估、诉前调解、委托调解等各种非诉讼手段解决矛盾纠纷机制，并与诉讼方式相结合，共同促成纠纷的解决和矛盾的化解，切实维护好人民群众的合法环境权益。

1.噪声污染无人追责

2014年9月，金沙县检察院在审查该县环保局移送的环境执法工作相关材料的过程中发现，四川省泸州市佳乐建筑安装工程有限公司（以下简称佳乐公司）在修建宏圆大厦的过程中欠缴2013年3月至2014年10月的噪声排污费12.15万余元，金沙县环保局分别于2013年11月26日和2014年8月19日向佳乐公司发出"缴纳排污费通知书""限期缴纳排污费通知书"，但是佳乐公司均未按期缴纳排污费。金沙县检察院认为金沙县环保局没有及时追收排污费，也没有对其进行行政处罚，存在未依法履职的情况。对此，金沙县检察院口头要求该县环保局依法履职。2014年10月13日，在金沙县环保局的催促下，佳乐公司才缴纳了拖欠的噪声排污费12.15万余元。

2014年，金沙县检察院在全县展开了督促起诉专项行动。经过深入调研发现，由于扭曲政绩观等因素的驱动，行政机关不作为、乱作为的问题时常发生，一些行政机关也成了公共利益的侵害者。而当前检察机关在行政执法监督方面还存在监督手段刚性不足、制约措施缺乏等短板，仅通过口头通知和下发检察建议等方式已经不足以维护法律权威，亟须一场里程碑式的变革。

2.检察院把环保局告上法庭

2014年10月20日，金沙县检察院依据贵州省高级法院《关于创新环境保护审判机制 推动我省生态文明先行区建设的意见》及《关于环境保护案件指定集中管辖的规定（试行）》等规定，以行政公益诉讼原告身份将金沙县环保局诉至有管辖权的仁怀市法院，请求判令金沙县环保局依法履行处罚职责。

仁怀市法院经审查后认为金沙县检察院有诉讼主体资格，其起诉符合法律规定的受理案件条件，于同年10月27日决定立案受理。10月29日，仁怀市法院向金沙县环保局依法送达了相关法律文书。金沙县环保局在接到法律文书后，再次对佳乐公司的逾期拒不缴纳排污费的情况进行研究，认为佳乐公司没有依法及时缴纳排污费，违反了《中华人民共和国环境噪声污染防治法》第十六条的规定，遂依据法律规定立即对佳乐公司处以警告处罚，并将处罚情况告知金沙县检察院（图4-5）。

图4-5　贵州省首例环境行政公益诉讼宣判现场

（图片来源：中国法院网）

　　金沙县检察院经研究后认为，金沙县环保局对佳乐公司所作的行政处罚符合现行法律规定，检察机关通过行政公益诉讼督促行政机关依法履职的目的已经达到，遂向仁怀市法院申请撤回起诉。11月4日，仁怀市法院经审查认为，金沙县检察院申请撤回起诉符合法律规定，准许金沙县检察院撤回起诉。

三是积极探索生态损害赔偿诉讼。明确生态损害赔偿诉讼由中级人民法院环境资源审判庭集中管辖。清镇市人民法院环保法庭办结一起由贵州省级人民政府提起的生态环境损害赔偿司法确认案件，向申请人送达司法确认书，这是中央印发《生态环境损害赔偿制度改革试点方案》后全国法院办结的首例案件。

### 4.2.3  主要成效

**1. 推进环境资源审判机构全覆盖**

贵州在全省共设立了29个专门化机构，即在省法院、9个中级法院和19个基层法院设置环保法庭，建成"1919"格局；出台了《关于深入推进生态环境保护司法管辖全覆盖的意见》，对环境司法管辖全覆盖进一步进行了规范。

**2. 充实优化专家库**

贵州省增选了34名态环境方面的专家充实到"环境资源审判咨询专家库"，专家库专家增至90人，为公益诉讼审判提供了智力支持，同时修改完善了专家参与审判的运行机制。

**3. 首创生态损害赔偿协议司法确认制度**

针对贵州省自然资源厅与息烽诚诚劳务有限公司、贵阳开磷化肥有限公司在息烽县小寨坝镇大鹰田倾倒废渣造成生态环境损害赔偿事宜达成的磋商赔偿协议，发出了全国首例生态环境损害赔偿司法确认。

**4. 裁判文书质量持续提升**

2017年，在首届全国法院环境资源优秀裁判文书竞赛中，贵州省法院共有7篇判决书获得一、二、三等奖及优秀奖。2018年，在第二届全国法院环境资源优秀裁判文书竞赛中，贵州省法院共有8篇裁判文书获奖，分别为特等奖1篇、一等奖1篇、二等奖1篇、三等奖3篇、优秀奖2篇。特别是贵州省遵义市播州区人民法院（2017）黔0321刑初120号刑事判决书荣获刑事类唯一的特等奖，实现了贵州省裁判文书特等奖零的突破。

### 4.2.4　建议推广

贵州省通过加快构建与生态文明建设相适应的地方生态环境法规体系和环境资源司法保护体系，推动了省域环境资源保护司法机构的全覆盖，完善了行政执法与刑事司法协调联动的机制，在生态文明法治建设方面走在了全国前列，积累了宝贵经验，成为国家生态文明法治体系的有益补充。贵州省的生态法制体系建设模式可以向生态安全战略意义重大的地区推广。

## 4.3　赤水河流域：跨省协作综合治理

### 4.3.1　基本情况

贵州省在被列为全国第一批生态文明先行示范区和首批国家生态文明试验区后，确定了"长江珠江上游绿色屏障建设示范区、西部地区绿色发展示范区、生态脱贫攻坚示范区"等六大战略定位，在实现绿水青山和金山银山的有机统一方面被赋予了生态文明体制改革创新与探索的重任。

贵州省生态资源丰富、水系发达，赤水河流经四川、云南、贵州三省，对上下游地区之间的经济社会发展和生态环境建设影响巨大。长期以来，由于上下游之间在行政区划、资源禀赋和经济发展方面存在较大差异，各自为政的资源环境建设模式导致赤水河流域的生态环境遭到破坏。在2012年前后，赤水河干流茅台镇以下的中游部分断面已不能稳定达到Ⅲ类水质标准，局部成为Ⅳ类甚至是劣Ⅴ类水质，沿岸上千家酒企每年向赤水河排放的生产废水达360多万t，其中60%的生产废水未经处理直接排入赤水河。生态环境的破坏也限制了各地区经济社会的快速发展，不利于赤水河流域摆脱西南部生态型贫困区域的面貌。

贵州省始终坚持绿水青山就是金山银山的理念，以生态文明建设为契机，推行国家层面的协调治理、联合执法机制、横向生态补偿机制、河长制、监督考核机制等措施，充分调动赤水河流域各级政府、企业和居民保护生态环境的积极性，在改善全流域生态环境质量的同时，逐步解决赤水河沿岸群众的贫困问题，促进赤水河流域生态环境保护和经济社会的协调发展，在全国跨流域治理工作中具有重要的示范意义（图4-6）。

图4-6　赤水河流域综合治理逻辑思路

## 4.3.2　主要做法

### 1. 明确高位推动、协调流域治理工作

贵州省一方面从国家层面协调和创建赤水河流域统一保护局面，将赤水河流域整治列入国家流域整治项目库；将赤水河流域部分重点县（区）纳入农村环境连片整治示范区域，将部分重点污染防治项目纳入水污染防治规划，在环保基础设施建设、污染治理、农村环境整治等方面给予项目和资金支持；加大对流域落后地区环境监管能力建设的支持力度，对贫困地区降低或减免地方配套资金要求。另一方面，组织开展赤水河流域综合性保护与发展规划的编制工作，明确流域生态建设和环境保护的目标及责任，合理规划流域上下游的产业发展，科学界定发展区域和发展总量，明确赤水河在长江上游生态安全中的功能作用，用规划指导全流域的经济发展与环境保护工作，实现流域统一保护。

### 2. 建立生态环保联合执法机制

一是召开环境联合执法联席会。2013年11月，四川、云南、贵州三省的环保部门在贵州省仁怀市联合召开了川滇黔三省赤水河流域交界区域环境联合执法第一次联席会。会议认真贯彻落实《川滇黔三省交界区域环境联合执法协议》的规定，对《川滇黔三省交界区域环境联合执法工作方案》《川滇黔三省交界区域跨界河流域水质同步监测方案》《川滇黔三省交易区域环境应急工作方案》进行讨论，达成了一致意见，三省确定将实现对赤水河每年6次的同步监测和信息共享，当交界区域发生突发环境事件或出现水质异常时，三省将启动环境污染纠纷处置和应急联动实施方案。

二是每年开展一次联合执法检查。2014—2016年，四川省、云南省、贵州省分别召开了联合执法联席会，交流赤水河流域的项目审批、生态修复、执法监管等方面的经验，并对推进流域生态补偿机制建设做了大量的前期工作。目前，贵州省遵义市和四川省泸州市通过轮流组织的方式每年开展一次联合执法检查，切实推进了赤水河流域的环境保护工作。

### 3. 制定横向生态保护补偿机制

一是建立赤水河流域各省的省内生态补偿机制。为推进赤水河流域生态环境保护和流域水环境质量的持续改善，2014年，贵州环保厅按照"保护者收益、利用者补偿、污染者受罚"的原则，研究制定了《贵州省赤水河流域水污染防治生态补偿暂行办法》（以下简称《补偿办法》），并于同年5月经省人民政府同意，在毕节市和遵义市之间组织实施赤水河流域水污染生态补偿。按照《补偿办法》，遵义市和毕节市通过水环境质量实施协议对赌，即当跨界水质监测断面达到或优于地表水Ⅱ类水质标准时，下游的遵义市向上游的毕节市缴纳生态补偿资金；反之则由上游的毕节市向下游的遵义市缴纳生态补偿资金，并专款用于赤水河流域的水污染防治、生态建设和环保能力建设。通过实施生态补偿，极大地调动了上游地区强化生态环境的积极性和主动性。

二是建立赤水河流域跨省生态补偿机制。为进一步巩固治理效果，持续推进流域生态环境的改善，2016年，贵州省环保厅在总结省内流域生态补偿经验的基础上，按照财政部、环境保护部、国家发展改革委、水利部联合发布的《关于加快建立流域上下游横向生态保护补偿机制的指导意见》（财建〔2016〕928号）的要求，研究起草了《云贵川赤水河流域横向生态补偿方案》，先后3次组织云南省、四川省的环保部门对补偿方案进行研讨。在财政部、环境保护部的大力支持下，三省就赤水河流域横向生态补偿方案的原则、范围、期限、目标以及资金筹集和分配考核等关乎各自利益的核心问题达成了共识，拟定了《云南省、贵州省、四川省人民政府关于赤水河流域横向生态补偿协议》（以下简称《补偿协议》），于2018年2月在长江经济带生态保护修复暨推动建立流域横向生态补偿机制工作会议现场进行签署（图4-7）。

图4-7　赤水河流域横向生态补偿协议签署现场

（图片来源：贵州省提供）

三是贯彻落实协议，细化各方权责。《补偿协议》签署后，为贯彻落实协议约定，细化各省权责，四川、云南、贵州三省共同委托生态环境部环境规划院编制了《赤水河流域横向生态补偿实施方案》，生态环境部科技与财务司先后5次分别在贵州省仁怀市、四川省成都市召开生态补偿研讨会，重点对各省约定的断面水质目标、水质监测断面责任资金、权责划分、断面位置设置等关键节点进行讨论。经过长达10个月的讨论协商，三省最终于2018年12月达成共识，共同印发了《赤水河流域横向生态补偿实施方案》（以下简称《实施方案》）。目前，三省正按照《补偿协议》和《实施方案》的约定有序推进（专栏4-4）。

---

**专栏4-4 四川、云南、贵州三省设立赤水河生态补偿资金**

（1）出资比例和分配比例的确定。《云南省、贵州省、四川省人民政府关于赤水河流域横向生态补偿协议》按照综合考虑流域面积、流量贡献比例、优先保护上游的原则，根据三省流域面积、水质、水量、共界河段责任分摊等综合因素，确定贵州、云南、四川三省按照5∶1∶4的比例共同出资2亿元设立赤水河流域水环境横向补偿资金，确定的分配比例为4∶3∶3，补偿年限为2018—2020年。

（2）水质考核监测指标。生态保护补偿水质考核监测指标为《地表水环境质量标准》（GB 3838—2002）表1中的高锰酸盐指数、氨氮、总磷3项指标，以中国环境监测总站组织的采测分离和水质自动监测站或者相关省份联合监测数据结果为准。

（3）生态补偿资金清算。三省将依据各段补偿权重及考核断面水质达标情况分段清算生态补偿资金，如赤水河清水铺断面水质部分达标或完全未达标，云南省扣减相应资金拨付给贵州省和四川省，两省分配比例均为50%；鲢鱼溪断面部分达标或完全未达标，贵州省扣减相应资金拨付给四川省；茅台镇上游新增断面水质考核部分达标或完全未达标，贵州省和四川省各承担50%的资金扣减任务。

---

**4. 推行赤水河三级河长制**

在制度建设方面，2017年贵州省河长制办公室印发了《贵州省全面推行河长制省级会议制度》《贵州省全面推行河长制工作信息报送及通报制度（试行）》《贵州省全面推行河长制工作督察督办制度（试行）》《贵州省全面推行河长制工作考核暂行办法》《贵州省全面推行河长制省级验收办法》。

在会议召开方面，贵州省每年召开一次省级河长制部门联席会议（图4-8）。2018年6月，贵州省委组织召开全省深入推进河长制工作电视电话会议，总结了2017年及2018年上半年河长制工作情况，动员部署今后的河长制工作。

**图4-8 赤水市河长制市级总河长会**

（图片来源：贵州省提供）

在工作信息报送方面，贵州省按时收集报送河长制工作信息，并通过微信公众号"贵州河长"及贵州省水利厅网站宣传河长制及河湖管护情况。

在督察考核方面，贵州省内连续2年组织32家省级责任单位赴全省9个市（州）、贵安新区开展河长制督导检查。

在考核验收方面，贵州省组织相关省级责任单位开展全面推行河长制年度工作考核，并将考核结果报省总河长审定后送省委组织部并向社会公示；2017年年底前，对全省9个市（州）、贵安新区开展了全面推行河长制验收工作，并顺利通过了省级验收。

**5. 严格实施监管考核机制**

贵州省通过制定"红线"、整合污染企业、严格实施考核奖惩等措施，严格把关赤水河流域的环境保护工作。2018年6月，贵州省制定并发布了《贵州省生态保护红线划定方案》，要求各级政府加强生态保护红线日常监管，不定期开展生态保护红线执法专项行动，及时发现和严肃查处破坏生态环境的违法违规行为；关停赤水河沿岸无环保手续、重污染的企业，并成立赤水河环保法庭，处罚环境违法行为；河流沿岸的茅台集团等60家公司通过废水集中处理、推行第三方治理等方式，从源头控制污染排放；把赤水河流域环境保护相关工作纳入目标考核，列支专项保护经费，严格实施奖惩制度。

### 4.3.3 主要成效

一是解决了全流域长期存在的环境问题。2018年，赤水河流域水质总体良好，所有监测断面均达到或优于规定的水质类别，出境水质断面稳定达到Ⅱ类，获得"中国好水"优质水源地称号，仁怀市荣获全国"生态文明建设示范区"表彰，赤水市被命名为"绿水青山就是金山银山"创新实践基地（图4-9）。

图4-9　赤水河流域治理效果

（图片来源：贵州省提供）

二是成为全国首个跨省域生态补偿试点。赤水河成为全国首个跨多省流域的横向生态补偿机制试点，设立了横向补偿资金，实施了约定水质目标的分段清算，实现了水质改善、水量保障，为全国进一步探索如何推行多省生态补偿积累了经验。

二是形成了流域保护和治理的长效工作机制。建立了联防联控和环境信息共享机制，强化联合查处和打击，实行流域上下游环评会商及环境污染应急联动，形成了赤水河流域上下游统一决策、统一行动（图4-10）。

图4-10　中国赤水河流域保护治理发展协作推进会在仁怀市召开

（图片来源：贵州省提供）

### 4.3.4　推广建议

赤水河流域跨省协作综合治理模式坚持高位推动、区域统筹落实，有效协调四川、云南、贵州三省政府、企业和民众积极参与治理，在生态环境保护方面取得了良好的成效，有力促进了流域经济社会的协调发展。财政部、国家发展改革委、生态环境部对其治理工作给予高度肯定和赞赏。

该模式可向处于国家重大战略地带，同时肩负跨区域生态环境保护任务的地区进行推广，用于解决跨省域、市（县、区）域之间的横向协调问题，也适用于解决某区域内多部门之间的纵向协调共建问题。

## 4.4　京津冀：跨区域协同发展

### 4.4.1　基本情况

2014年2月，习近平总书记在北京市调研时对北京市推进京津冀协同发展提出了更高要求。北京市平谷区、天津市蓟县（今蓟州区）、河北省廊坊市北三县（三河市、大厂县、香河县）总面积3 795.3 km²，总人口287万人（2015年），五地（平蓟三）之间地缘相接、山水相连、人缘相亲、文化相融，拥有优越的自然条件和坚实的合作基础，开展跨区域生态协同治理具有得天独厚的优势。

纵观京津冀区域发展格局，五地位于核心功能区和生态涵养区，地缘相接、资源连通，区位核心优势让其成为京津冀跨区域先行示范区域。区域内生态资源相对丰富，可进一步完善首都东部绿色屏障，增强环首都圈生态涵养能力；资源环境承载力相对较好，可承接部分北京非首都功能转移疏解，助力京津冀经济的有序发展。

### 4.4.2　主要做法

京津冀跨区域协同发展主要从搭建跨区域协作机制、聚焦生态环境治理和探索经济社会协同发展3个方面展开：通过建立统一协调、分工明确、运转高效的推进机制，构建跨区域的制度协同模式；通过在山水林田气等领域率先进行探索，实现跨区域的环境联动治理，提升生态环境质量；通过增强产业链接互动，实现产业集聚化和绿色化发展，保障生态文明建设快速、有效推进。

#### 1. 创新区域联动机制，探索制度协同模式

一是建立联席会议制度。2014年5月，北京市平谷区与天津市蓟县、河北省廊坊市三河市召开了由党政一把手出席的第一届跨区域联席会议，确定了联席会议制度，签订了区域合作框架协议，在交通、生态、产业、旅游等领域开展深度合作。目前，联席会议已由五地拓展到六地（增加了河北省承德市兴隆县）。

二是成立协同发展领导小组。领导小组由六地（平蓟三兴）主要政府领导挂帅，各地发改、财政、环保等相关部门主要领导作为成员，负责协调区域协同发展

和生态文明先行示范区工作，统筹推进重大工作部署。

三是建立协同发展工作协调办公室。在协同发展领导小组的领导下，各地分别建立工作协调办公室。办公室设在发改部门，以生态环境保护、交通一体化、产业一体化等为工作范围，负责落实领导小组决定事项、工作部署和要求，联合出台相关政策，组织编制规划，分解各项任务，评估建设阶段性工作成果等工作，以确保协同工作的顺利开展。

四是建立部门分工责任制。在三省（市）六地的统筹协调下，形成了四级共建机制，每年召开六地书记、区（市、县）长联席会议，每半年召开六地常务副区（市、县）长工作推动会，每季度召开六地发改部门的协调办公室工作会，六地的环保、规划、国土、水务、农业、园林、交通、旅游等责任部门也分别建立了各自领域的协同共建机制。

五是实行督察通报制度。采取定期督察和专项督察相结合的方式，将督察结果在适当范围内进行通报，对工作完成突出的给予表彰。

### 2. 开展统筹发展研究，梳理协同发展资源

北京市平谷区在生态文明建设领域与清华大学开展了全面合作，签订了《北京市平谷区生态文明建设管理咨询研究战略合作协议》。通过梳理协同发展资源，形成协同发展专项规划和行动方案，编制了《平谷区生态文明建设总体规划》《平谷区生态文明建设2018—2020年行动计划》，用于指导平谷区未来三年的各项生态文明建设工作。此外，还编制了《平谷区生态文明建设目标评价考核办法》和《平谷区生态文明建设考核目标体系》，用于建立系统完善的生态文明考核评价体系。

### 3. 开展多领域深入合作，形成区域发展合力

一是聚焦山水林田气跨区域协同治理。①实施矿山联防联治。平蓟三兴六地共同签署了《平蓟三兴交界处打击盗采联合执法工作实施方案》，开展打击盗采联合执法50余次，查处非法采矿案件50起，遏制了交界处盗采违法行为；开展了交界处废弃矿山修复和非法开采区生态环境综合治理。②加强水资源联合保护。建立了洵河流域联合执法机制，开展了21次联合执法，立案140起，罚款53.6万元，根除了

河道内的砂石盗采现象；共同建立了水务联络官制度，定期沟通，信息共享。③推进森林资源的联防联控。六地共同签订了《森林防火联防协议书》，在边界区共建143 km的防火隔离带，设立了71个防火预警监测站，实现火情监测和信息共享；签订了《京津冀协同发展京东片区林业有害生物协同防控联动协议承诺书》，采取联合防控以来无新疫情发生。④加强土壤污染防治。实施"健康土壤"工程，以土壤普查为基础，建立耕地质量管理信息系统，制定健康土壤标准，推进土壤污染管控和修复。⑤实施大气污染防治共治。同步加强对大气污染的防控，限排放、控扬尘、禁焚烧，共同维护京津冀蓝天。

二是推动农业领域多方位合作。积极与周边地区开展农业技术交流与合作，加强农业联防联控、农产品质量安全保障、农产品品牌建设、农产品流通等方面的合作，成功举办了首届京津冀果园机械推介会。

三是大力发展口岸经济。平谷区利用马坊物流口岸优势，与三河市新兴产业园区管委会、香港胜记仓集团签订合作协议，两地一方共建助力京冀协同发展，实现了贸易在马坊，展示落双方。

四是积极推进长城文化带建设。平谷区与蓟州区、兴隆县开展长城保护合作，启动三地交界的红石门长城段文物保护规划编制；建立了联合执法合作机制，对三省（市）交界的长城开展联合执法巡查。

### 4.4.3 主要成效

在三省（市）六地的统筹协调下，各地在打击盗采、森林防火、矿山修复等领域已经初步建立了跨区域联动机制和协同模式，在一定程度上有效防控了区域生态环境风险。同时，各地生态优势进一步增强，以平谷区为例，截至2017年年底，全区森林覆盖率达到66.94%，林木覆盖率达到71.52%，城市绿化覆盖率达到52.09%（2015年为50.87%），均在北京市名列前茅；环境质量极大改善，2020年$PM_{2.5}$年均浓度为34 $\mu g/m^3$，较2015年下降了57%，国考断面水质全部达标；资源利用效率进一步提高，万元GDP能耗同比下降6.35%，超额完成市级任务指标。

### 4.4.4 推广建议

粤港澳大湾区、长江三角洲、"一带一路"、长江经济带、京津冀五大城市群战略发展区域已经具备一定的合作基础，通过推广生态文明联合建设模式，可以进一步突破行政边界的制约，解决区域产业联动发展不足、生态环境联合治理工作推进不畅等问题，实现城市群整体生态环境质量改善、资源集约节约利用。

## 4.5 南京：水价综合改革探索

### 4.5.1 基本情况

随着长三角一体化上升为国家区域发展战略，南京市作为一体化区域的核心城市，其经济社会将迎来新一波的快速发展。为此，能否解决资源环境保护与经济社会发展的协调性问题将成为南京市实现可持续发展和高质量发展的关键。纵观南京市资源环境状况，水资源短缺和水环境污染问题仍较为突出，成为制约经济社会良性发展的短板。为从根本上解决区域结构性、工程性、水质性缺水问题，南京市以生态文明先行示范区建设为契机，按照"理顺机制、消化成本、统一政策、促进发展、保障民生"的改革思路，全面推进"1+9"水价综合改革，基本实现了居民生活用水"同城同价"（全市居民生活用水价格一致）、非居民用水"同网同价"（同一管网用水价格一致），充分发挥了市场机制和价格杠杆在水资源配置、水需求调节和水污染防治等方面的作用，有效地促进了水资源节约利用和水污染治理，推动了水资源的有效利用和优化配置，保障了供排水企业的持续经营，促进了全市经济社会的健康发展，助推了"强富美高"新南京建设。

### 4.5.2 主要做法及成效

**1. 完善水价形成机制，提高水资源管理效率**

一是理顺水价管理体制。南京市从构建以城市为单元的水价管理体制出发，全面打破区域界限，建立了由市级主导、区级负责落实的水价分级管理体系，形成了市区工作合力，提高了水价管理效率。

二是完善水价形成机制。按照充分体现市场供求、资源稀缺和环境损害成本的价格机制，以及促进用水公平负担、资源节约利用和水务事业健康发展的总要求，由原来的单一供水企业成本定价模式统一转变为以全市城市供水企业社会平均成本进行定价的模式，重点推进水价构成、水价分类、水价政策、水资源费征收政策、污水处理费标准、全市居民生活用水阶梯价格制度、非居民用户超计划用水累进加价制度、转供水价格政策、全市再生水价格政策"九个统一"（"1＋9"），实现供水价格的保本微利，构建了全市居民生活用水"同城同价"、非居民用水"同网同价"的新格局。

**2. 实行多消费多付费，倒逼形成绿色生产生活方式**

一是进一步完善居民生活用水阶梯价格政策。兼顾供水成本和社会承受能力，合理区分基本需求和非基本需求，将基本需求用水基数（第一阶梯上限）由每户每月20 m³调整为15 m³，保持价格不变；对非基本需求部分（第二阶梯上限）的用水体现多消费多付费的原则，由每户每月30 m³调整为25 m³；将三个阶梯的价差拉大，第一、第二、第三阶梯供水价格比例由1∶1.5∶2调整为1∶1.5∶3，并将阶梯水价制度的实施范围由主城区向郊区延伸，实现全市居民阶梯水价制度全覆盖。

二是进一步加大超计划用水实施范围和惩罚力度。一方面，扩大非居民用户超计划用水加价收费制度的实施范围；另一方面，调整超计划用水加价收费档次，提高加价标准，最高加价标准由按供水价格3倍加收调整为按供水价格5倍加收。利用价格杠杆倒逼节水机制的进一步建立健全，使全社会的节水意识进一步增强，持续创建"国家节水型城市"。2016年，全市万元工业增加值用水量下降到11.43 m³，万元GDP用水量由2014年的47.9 m³下降到40.2 m³。

三是在江苏省内率先实行标准最高、范围最广的污水处理费政策。居民生活用水的污水处理费标准为每立方米1.42元，非居民生活用水的污水处理费标准为每立方米1.95元，对原来少数街镇自来水价格中尚未包括污水处理费的，全部按不低于每立方米0.60元征收，实现全市域开征污水处理费；对重污染行业信用评定等级为红色和黑色的企业，污水处理费每立方米分别收取0.6元、1.0元，倒逼企业进一步节水降耗、提质增效。污水处理费征缴额的进一步提高，适度弥补了污水处理系统建设运营资金的缺口，有效促进了污水处理能力和标准的进一步提高，有助于最终实现生态环境的有效保护。目前，南京市已建成城市以及乡镇污水处理厂59座，形成了224万t的日处理能力，城市污水处理率达到95%，河湖水质趋于好转，多家城乡污水处理厂同步提标升级改造为一级A排放标准；差别化污水处理收费政策进一步落实，实施半年来已有11家企业积极采取措施加大整改力度主动治污，将其环保信用评价等级修复为蓝色，价格倒逼机制初见成效。

### 3. 加大政策惠民力度，提升群众的幸福感和获得感

一是制定引江[1]供水价格，促进区域协同发展。针对引江供水综合平均成本远高于区域供水的情况，以城市为单元落实区域协同发展理念，采取转移分摊方式将部分成本纳入全市水价成本，合理核定引江供水转区域供水价格，在切实减轻各类用水企业和个人负担的同时，全面提升了居民的生活质量，使改革成果惠及广大居民。实现了区域供水管网100%全覆盖，促进了城乡基本公共服务的均等化；实现了优质水源的广覆盖，完成了全长103 km的引江供水工程，使远郊的溧水、高淳两区近100万居民直饮长江水，提高了居民的生活质量；推动了供水设施的快速建设，完成城乡多个水厂的改扩建工程建设和深度处理工艺改造，全市日供水能力达到400万t，解决了居民"最后一公里"的用水问题。

二是取消城市公用事业附加政策，力推国家政策落地见效。在国家发布取消城市公用事业附加政策后，针对部分区域自来水到户价格中城市公用事业附加已部分或全部并入供水价格的实际情况，从减轻用户负担、促进实体经济发展的大局出发，将全市居民生活用水到户价格均下调为每立方米0.06元，各供水区域非居民生活用水到户价格下调为每立方米0.05~0.10元，减少全市用水户水费支出4 000余万元。调整后的南京市居民生活用水价格见表4-2。

---

[1] 南京市于2008年成功实施了引水补水工程，其引水来自上游的源头活水——外秦淮河和长江。

表4-2　南京市居民生活用水价格

单位：元/m³

| 类别 | | 供水价格 | 水资源费 | 污水处理费 | 到户价格 |
|---|---|---|---|---|---|
| 居民一户一表用户 | 第一阶梯（年用水量≤180 m³） | 1.42 | 0.2 | 1.42 | 3.04 |
| | 第二阶梯（180 m³＜年用水量≤300 m³） | 2.13 | 0.2 | 1.42 | 3.75 |
| | 第三阶梯（年用水量＞300 m³） | 4.26 | 0.2 | 1.42 | 5.88 |
| 居民合表用户 | | 1.42 | 0.2 | 1.42 | 3.04 |
| 执行居民生活用水价格的非居民用户 | | 1.57 | 0.2 | 1.42 | 3.19 |

注：居民家庭人口为3人以上的用户，每户每增加1人，各阶梯用水量每年分别增加60 m³，各阶梯到户价格不变。

三是实施困难家庭价格补贴，切实兜住民生底线。在推进水价综合改革的过程中，坚持以人为本，同步出台困难家庭价格补贴政策，对全市困难家庭每户每年给予50元的补贴，确保困难家庭生活基本不受影响。

**4. 严格规范定价程序，推进改革任务落地见效**

一是严格执行定价规则规范。认真履行成本监审、座谈会、听证会等程序，建立水价改革方案"会诊"机制，并创新性地运用匿名征求意见的方式征求各方意见建议。

二是建立调研工作机制。南京市物价局多次到各供水、污水处理企业和区价格部门进行实地调研，听取意见建议，全面掌握第一手基础数据和材料，完成区域供水价格调研报告，为推进水价改革提供理论支持。

三是建立专题汇报制度。南京市物价局多次向江苏省物价局和南京市委、市政府进行专题汇报，积极争取最大程度的支持和指导。市委、市政府高度重视，分管市长牵头成立水价综合改革小组，率队挂图作战，为顺利推进并实施全市水价综合改革奠定了坚实基础。

### 4.5.3 推广建议

通过实施一揽子水价综合改革，南京市推进水价改革初见成效，形成了全市相对统一的水价管理体系，推动了水资源的有效利用和优化配置，保障了供排水企业的持续经营，促进了全市经济社会的健康发展，具有重要的推广意义和可行性。南京市水价改革的探索实践可为国内其他经济发达、结构性缺水矛盾突出地区的水价改革工作提供经验。

## 4.6 云南：集体林权制度改革

### 4.6.1 基本情况

云南省是我国四大重点林区之一，林地面积广、森林覆盖率高、林种资源丰富，林产业发展潜力巨大。2014年，云南省被列入第一批国家生态文明先行示范区，对自然资源资产产权和用途管制制度开展探索，成为全国集体林权制度改革的先行省份之一。云南省以生态文明先行示范区建设为契机，全面推动集体林权制度改革工作（图4-11），通过实施林权社会化服务体系、森林资源资产评估体系、林业投融资方式和林业产业发展方式"四大创新模式"，完善相应的政策措施和服务体系，逐步形成了权责明确、规范有序、运转高效、保障有力的新型林业管理体制和良性运行发展机制。云南省集体林权制度改革有效解决了林地产权不明晰、使用权流转不规范、经营机制不够活等制约林业发展的多项问题。改革后，森林资源成为广大农户的重要资产，有力推动了农村的经济发展，助推云南省打好脱贫攻坚战。

### 4.6.2 主要做法

#### 1. 持续高位推动，全面保障工作实施

云南省集体林权制度改革为"一把手"工程，由"五级书记"共抓，层层落

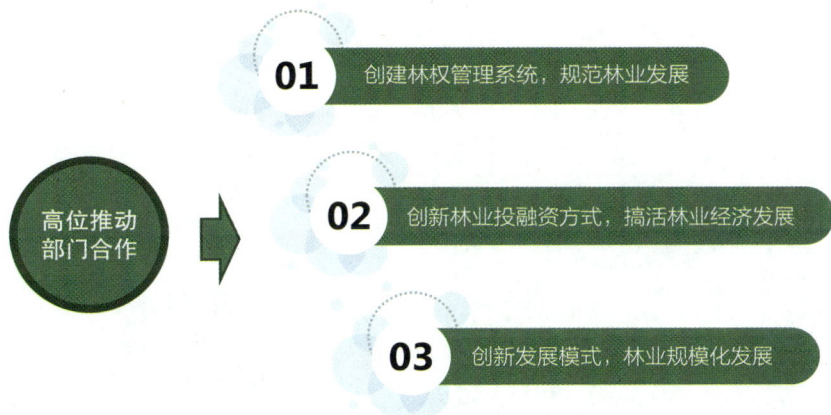

**01** 创建林权管理系统，规范林业发展

**02** 创新林业投融资方式，搞活林业经济发展

**03** 创新发展模式，林业规模化发展

高位推动
部门合作

图4-11　云南省集体林权制度改革思路

实领导责任，使高位推动贯穿于改革的全过程。全省各级党委、政府的主要领导对深化林权制度改革工作全力以赴，不敢懈怠，各相关职能部门各司其职、各负其责，形成强大合力，发挥了整体效应，为整体推进、全面深化集体林权制度改革提供了强有力的组织保障，进而使这项艰巨的工作取得了令人瞩目的成效，成为全国集体林权制度改革成效比较显著的地区。

**2. 建设林权社会化服务体系，活化林权管理与经营**

在深化集体林权制度改革的过程中，云南省坚持以林权管理为核心，在强化管理上下工夫，积极探索新形势下的服务方式和林权管理运行机制，建立了以管理、交易、服务三大职能为主的新型林权管理体系。

一是搭建覆盖全省的林权信息化管理体系。2013年，云南省在全国率先建成覆盖全省的林权管理服务机构，随即先后启动林权综合管理信息平台和林权社会化服务平台建设，推动林权管理信息系统开发，建立起全省联网的林权信息管理体系（图4-12）。通过信息化手段，形成了包括县级林权管理服务中心、省级林权交易中心、林业调查规划资质单位、评估机构、银行机构、保险机构等的网络化体系，实现了服务功能延伸至县级。截至目前，全省林权管理服务中心建成覆盖率达100%（图4-13）。

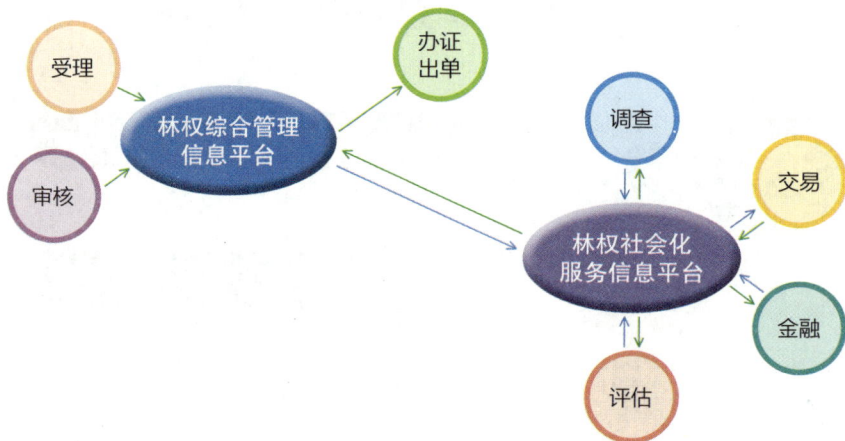

图4-12　林权流转管理模式

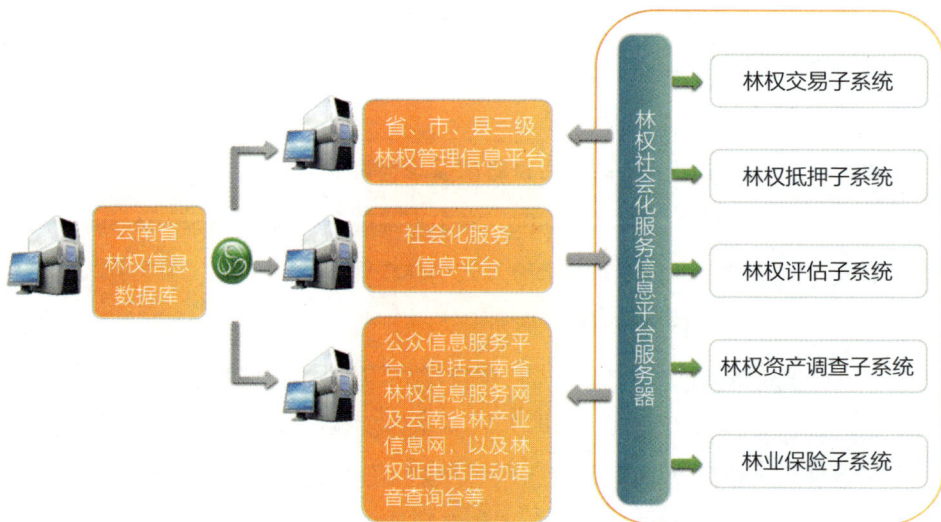

图4-13　省级林权交易平台

二是成立云南省林权交易中心。云南省严格按照国有资产交易程序，建立了从转让申请、信息披露、主体资格审查、交易方式选定、组织交易、资金结算、出具交易凭证到林权变更登记等的一套完整有序的交易流程。

三是创建森林资源资产评估模式，打通了森林资源资产产权制度改革的路径。①通过完善政策体系实施规范化管理。2010年，云南省财政厅联合省林业厅等共同研究出台了《云南省森林资源资产评估管理办法》，明确了森林资源资产评估的管理部门。②成立了全国首个专业森林资源评估行业协会——云南省森林资源评估协会，负责协调由省财政部门批准成立的76家森林资源产业评估机构，制定了《云南省森林资源资产评估林业调查标准（试行）》等系列文件，成立了涉林各领域的专家咨询委员会，建立了网络和手机终端的应用软件——云南省森林资源信息服务平台，有效解决了县级没有评估机构和高级别林业调查规划资质的问题，实现了森林资源"量"与"价"的有机结合，规范了云南省森林资源评估行业，维护了整体利益，促进了林业经济的发展。

四是放活森林经营权，加快森林资源产权制度的改革和落实。在不改变公益林性质的前提下，允许公益林以转包、出租、入股等形式发展林下经济；在不影响整体生态功能、保持公益林相对稳定的前提下，允许对承包到户的公益林进行调整完善；明确禁止性和限制性行为，减少政府对集体林微观生产经营行为的管制，充分释放了市场活力。

### 3. 创新林业投融资方式，搞活林业经济发展

一是创新林业贷款机制。大力开展林权、人工商品林抵押贷款，林农小额信用贷款和林农联保贷款；增加对林业龙头企业的贷款投放，支持龙头企业做大做强，搞活农村经济，增加林业发展动力。

二是建立银行业支持林业发展的协作机制。形成了由林业、财政、金融、银行业金融机构和相关部门组成的云南省林业金融服务联席会议制度，凝聚起金融支持林业发展的强大合力。

三是出台银行业林权抵押贷款管理暂行办法。明确了林权抵押贷款的对象和条件、抵押范围、贷款程序、期限、风险管理及林权评估与抵押登记等内容，制定下

发了全省统一的林权抵押登记、评估等表格文书，规范了全省林权抵押贷款。

四是开发适合林业特点的信贷产品。加大对林权抵押贷款、林农小额信用贷款等信贷支持力度，开展绿化苗木、林木抵押物的抵押登记业务，将经济林木（果）权证作为经济林木（果）所有权、使用权的法律凭证，用于抵押贷款，拓宽了林业融资渠道。

五是创建林业综合保险制度。建立了完善的林业综合保险制度，基本实现了林业灾害由政府补偿到商业赔偿的转变，增加了林农、林业企业抵御林业自然灾害的能力，降低了林业灾害损失。

**4. 建立林业产业发展方式，带动产业规模化发展**

通过开展林下种植、林下养殖、林果采摘、森林景观利用等提高林地利用率，构建了林、农、牧等资源共享、优势互补、循环发展的立体复合种养模式。

一是成立合作组织。通过成立产业协会、建立林农合作社等方式，健全了服务网络，形成了风险共担、利益共享的发展机制。

二是创新发展林业新型经营主体。大力发展林农专业合作社，家庭林场、股份制林场等林业经营组织，形成国有、集体所有、个人所有、股份经营等多种所有制成分并存，经营主体多元化，经营方式多样化的森林资源经营格局。

三是创建企农共发展模式。依托产业协会等以 "公司建基地、基地联农户"的发展模式使企业和农民形成利益共同体，既解决了企业无土地、无原料的困境，又解决了农民无资金、无技术的难题，有力推动了林产业的规模化、规范化、集约化发展。

## 4.6.3　主要成效

通过实施"四大创新模式"，云南省创造了"四个全国第一"，即成为全国第一个实现林权管理信息化的省份、在全国第一家开展林权社会化服务体系建设、林权抵押贷款规模连续八年位居全国前列、在全国率先开展经济林木和观赏苗木抵押贷款。其主要成效如下：

一是改善生态环境，保护森林资源。云南省经济林面积和生物多样性位居全国第一，林地和森林面积、森林蓄积量3项指标位居全国第二。2018年，全省森林覆盖率首次突破60%大关，达到60.3%，约是全国平均水平（21.66%）的2.8倍。

二是盘活林业资产，优化资源配置。通过林权流转，云南省实现了林地资源、资金、劳力、技术等各种林业生产要素的合理配置，林业产业规模迅速扩张，产业化发展水平明显提升。2017年，林业总产值突破1 955亿元，是林改前（239亿元）的8倍多。

三是拓宽林业投资渠道，增加林业投资。截至2017年年末，云南省林权抵押贷款余额达140.3亿元，比林改初期（2008年的14.5亿元）增加了125.8亿元，增长8倍多。

四是将生态产业化，变"青山"为"金山"。云南省以核桃为主的木本油料种植面积已达5 100万亩，产量达122万t，实现产值335亿元，已成为全国重要的木本油料产业基地。林下中药材种植面积达326.9万亩，产值173.1亿元，培育了"文山三七""昭通天麻""龙陵石斛"等一大批云南特色中药材品牌。通过打造产业基地和品牌产品，切实实现了生态产业化，成为"绿水青山就是金山银山"的生动诠释。

五是林业带动农民发家致富。认定了5家首批省级示范家庭林场，全省林业企业由8 300多户发展到目前的1.5万多户；带动农户近500多万户，农民从林业中得来的收入由林改前的每年每户230元增加到2 100元，增长了8倍多。

### 4.6.4　推广建议

云南省是我国四大重点林区之一，林地面积广、森林覆盖率高、活立木蓄积量大、林种资源丰富，在生态文明建设中占有重要的战略地位。云南省在集体林权制度改革过程中，明确主要问题，严格落实目标任务，创新了森林资源资产评估模式、林权社会化服务体系建设、林业产业发展方式、林业投融资方式，成为全国第一个实现林权管理信息化的省份。云南省集体林权制度改革模式可推广至林业发展基础较好的地区，如广东、广西、福建、湖南等省（区），以带动我国林业的规模化、生态化、经济化发展。

## 4.7 云南：国家公园体制试点建设

### 4.7.1 基本情况

云南省是我国生物多样性最富集的地区之一，自然和文化资源具有突出的代表性和典型性，生态区位十分重要。早在1996年，云南省就借鉴国外经验率先在全国开展了国家公园模式的研究、探索和实践。2008年，云南省被国家林业局确定为国家公园建设试点省，开始按照"研究—试点—规划—标准—立法—推广"的步骤积极探索国家公园保护、建设、管理的有效模式。在20余年的探索实践中，云南省积累了较为丰富的理论和实践经验，但仍面临着生态保护设施亟待加强、管理体制亟待理顺、社区发展长效机制亟待完善、稳定的资金投入机制亟待建立等突出问题（图4-14）。

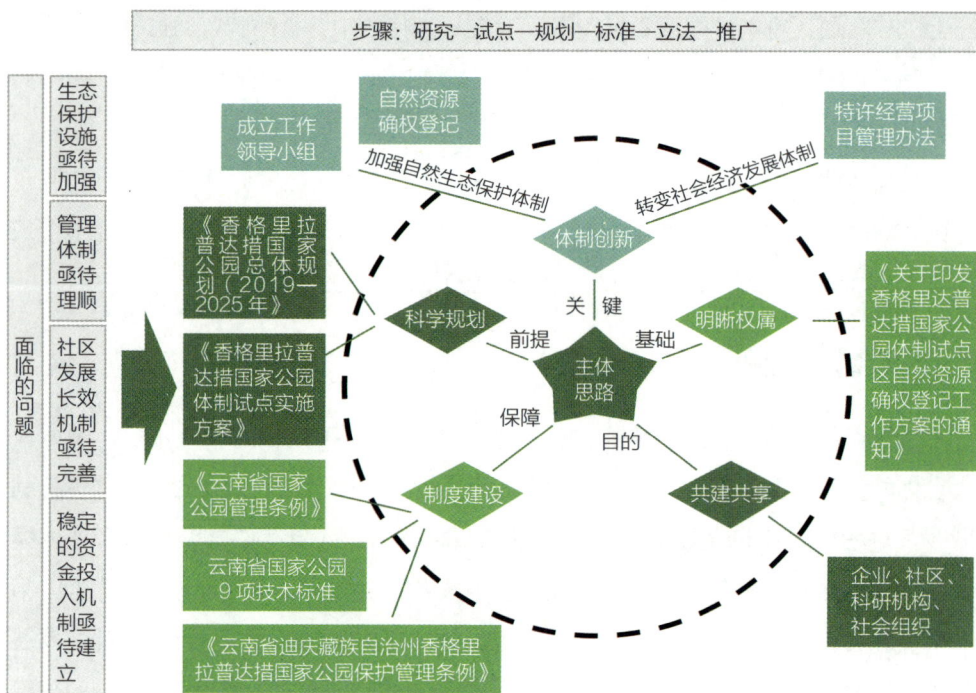

图4-14　云南省国家公园体制试点建设总体思路

2014年，云南省被列入第一批国家生态文明先行示范区，省政府以此为契机，加快组织架构整合，加强顶层设计，创新统筹生态系统治理与长效发展机制，出台建设标准，推动全社会共治。通过多途径共举，初步建立了国家公园管理体系和制度，首创形成了国家公园建设的云南模式（图4-15）。目前，云南省已经颁布了我国大陆首部国家公园地方法规《云南省国家公园管理条例》，出台了我国大陆第一批国家公园管理政策和技术标准。

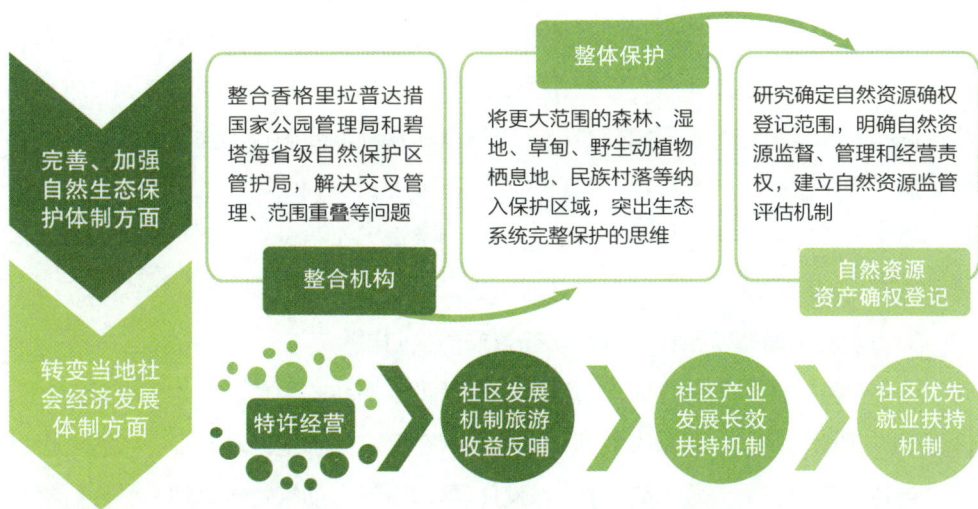

图4-15　云南省国家公园试点体制创新

## 4.7.2　主要做法

### 1. 进行组织架构整合，理顺管理体系

按照《中共云南省委机构编制办公室关于香格里拉普达措国家公园机构设置方案的批复》要求，云南省积极推动自然保护区与国家公园管理机构、职能职责及人员的整合，试点区的统一管理和试点区管理机构的省级政府直管等工作。一是对试点区已有的香格里拉普达措国家公园管理局和碧塔海省级自然保护区管护局进行整合，解决了现有保护体制交叉管理、范围重叠和重要生态系统孤岛化、破碎化等问

题。二是整合普达措国家公园体制试点区范围内的自然保护区、风景名胜区、世界自然遗产地和国际重要湿地等管理职责。三是调整香格里拉普达措国家公园管理局设置，将授权迪庆州人民政府全权负责管理的香格里拉普达措国家公园管理局整体上划交由省林业和草原局管理，进一步实现试点区的统一管理和试点区管理机构的省级政府直管。

### 2. 科学统筹规划，有序推进工作开展

《香格里拉普达措国家公园总体规划》《香格里拉普达措国家公园体制试点实施方案》是试点建设、管理和开展体制试点的指导性纲领，明确制定了试点范围、面积、性质、发展思路、目标以及保护、科研、教育、游憩、社区发展和行政管理等措施，尤其是根据试点资源分布、环境特点和管理需要确定了功能分区及分区管理措施，为国家公园的严格保护与科学发展提供了指导和依据。云南省先规划后试点、先设计再建设的思路确保了国家公园体制试点工作一盘棋谋划、一张图实施、科学布局、有序推进。

### 3. 山水林田湖草沙系统管理，明确资产产权归属

在自然生态保护体制方面，云南省一方面将生态系统完整保护的思维贯穿试点区划定、建设、保护、利用等管理的全过程，在已有保护地的基础上，统筹考虑自然生态各要素，将更大范围的森林、湿地、草甸、野生动植物栖息地、民族村落等纳入保护区域，突出了国家公园强调典型生态系统完整保护的重要特征。另一方面，按照全民所有自然资源资产管理体制改革的要求，研究确定了自然资源确权登记范围，对试点区内水流、森林、山岭、荒地、滩涂以及探明储量的矿产资源等自然资源进行统一确权登记。在确权登记的基础上，明确自然资源的监督、管理和经营责权，即由国家公园管理机构作为全民所有自然资源所有权代表行使主体责任，对公园内全民所有的自然资源资产进行保护、管理和运营，着力解决全民所有自然资源资产所有权不到位及监管权分散、交叉等问题。

### 4. 严控开发与特许经营"双途径"，建立长效保护与发展机制

在社会经济发展体制方面，为突出生态系统的原真性保护，云南省一方面实施了分区管理、管理与经营分离（以下简称"管经分离"）的运作模式。试点区自成

立之初就采用管经分离运作方式，普达措国家公园管理局全面负责试点区管理，迪庆州旅游发展集团有限公司负责试点区一期项目的经营。管理机构将游憩利用和公众教育活动的开展限制在不到试点区总面积3%的范围内，禁止放生等容易导致外来物种入侵的行为，并监督经营企业严格限定参观游憩线路、访客活动区域和访客数量，严格控制工程建设范围和规模，最大化地使用清洁能源。另一方面，通过严控开发与特许经营"双途径"提升综合效益。坚持以国家公园的开发利用控制在最低限度为前提，坚决防止借机大搞旅游产业开发，尽量减少人为干扰。通过特许经营方式合理利用国家公园的游憩、教育资源，并以旅游收益为主要支撑建立社区发展长效机制，有效发挥了公众游憩、自然教育、社区发展等功能，在严格保护的前提下实现了综合效益的显著提升。

**5. 出台管理办法与建设标准，引领国家公园建设**

通过借鉴国际先进理念并基于坚实的科学研究，云南省实行了《云南省国家公园管理条例》，发布了云南省国家公园9项技术标准，拟定了《香格里拉普达措国家公园特许经营项目管理办法（试行）》，制定了申报、评估、监测、巡护等多项管理政策，颁布实施了基本条件、资源调查与评价、总体规划、建设、生物多样性监测、巡护、管理评估、标志系统设置等系列技术标准，建立了专家委员会和第三方评估制度。试点地区出台了《云南省迪庆藏族自治州香格里拉普达措国家公园保护管理条例》，建立了资源保护、特许经营、社区发展等机制。制度、标准和法规的逐步完善，为国家公园体制建设提供了有力支撑和可靠保障。

**6. 推动建立社会共治体系**

国家公园是一种公共资源，建设的是公共物品，不仅需要社会各界广泛参与保护和建设，也要实现当代人之间、当代人与后代人之间的成果共享。通过国家公园体制试点，云南省广泛吸纳企业、社区、科研机构、社会组织参与国家公园的保护、建设和管理，实现国家公园生态产品的全民共享，并从科普教育展示馆做起逐步实现免门票或低门票，积极探索生态保护领域的多方治理和共建共享。试点区建设还为科研院所、社会组织共同参与生态保护提供了平台。中国科学院昆明动物研究所及植物研究所、清华大学、北京林业大学、云南大学、西南林业大学等科研院所，以及大自然保护协会、云南省绿色发展基金会等社会团体，均以试点区为载体开展了大量研究工作，扩大了试点区的社会影响。

### 4.7.3  主要成效

一是体现了山水林田湖草沙生命共同体的系统保护理念。试点区管理机构不仅统筹考虑自然生态各要素，实现了公园范围内较完整的森林、湿地生态系统，高山草甸，以及特殊地质地貌、特色人文景观的保护，还通过与相关部门的协作，积极维护公园周边区域的生态环境。此外，云南省国家公园体制试点工作还在统一管理方面积极探索山水林田湖草沙的共管共治，打破了博弈思维和部门利益，在省级层面构建起由植物、动物、生态、湿地、地质、地理、规划、建设、生态旅游、社会科学、环境保护等领域专家和13个省级部门专家共同组成的云南省国家公园专家委员会，建立了国家公园体制试点工作的决策咨询机制，成立了由相关部门共同组成的云南省国家公园体制试点领导小组。

二是实现了生态保护与民生改善的良性循环。试点区不仅是典型的生态脆弱和生态文化价值独特的区域，区内还有21.9%的集体林地（土地），范围内部及周边还生活着数千名原住民，试点区建设既要保护好生态，又要避免"捧着金饭碗讨饭吃"。结合试点区农林交错、有多个社区分布的特点，云南省坚持与社区利益共享，将社区发展整合进国家公园的五大功能，把原住民生产生活的区域作为传统利用区纳入整体规划布局，并通过多种方式积极探索社区产业发展长效扶持机制、旅游收益反哺社区发展机制和社区优先就业扶持机制，为社区村民提供服务就业岗位约100个，部分社区家庭的年纯收入达10余万元，试点区每年从游憩收入中拿出1 000余万元的资金（2016年起增加至2 000万元）专项用于3 794名社区居民的直接经济补偿和教育补助（图4-16）。

### 4.7.4  推广建议

云南省拥有我国大陆第一个国家公园实体，通过创新管理体制、保护和运作机制，出台建设标准，推动全社会共治等途径，其国家公园建设取得了良好的社会、

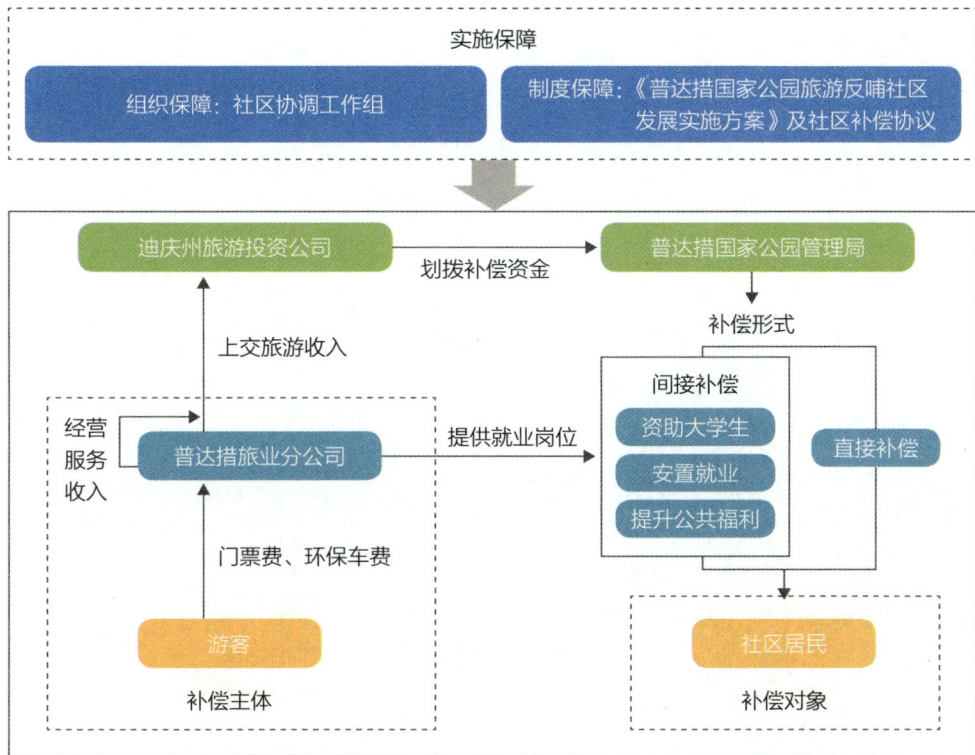

图4-16　普达措国家公园社区生态补偿机制的初步框架

（图片来源：云南省提供）

经济和生态效益，已成为展示云南省生态文明建设成果、宣传绿水青山就是金山银山理念的重要窗口。该模式可向生态区位重要、生态景观壮美、生物多样性保护形势紧迫、野生动植物和植被类型丰富等具有重要生态价值的区域推广，以为该区域丰富和完善生态保护体系、处理好生态环境保护与经济发展的关系问题提供方向性的借鉴。

# 以系统工程思维推进
# 生态文明建设探索示范

## 5.1 系统工程思维

### 5.1.1 概述

**1. 以系统工程思维推进生态文明建设的内涵**

系统工程思维，就是把事物看成一个系统，从系统与要素、要素与要素、系统与环境之间的相互联系、相互作用中把握本质。系统工程学原理以整体为着眼点，协调各方面的需求，能够全面地分析系统中存在的矛盾，综合地运用相关理论知识和科学技术系统分析各方面的具体情况，从而实现结构最优、效果最优、管理最优的目标。

随着经济社会的不断发展，当前我国生态文明建设正处于压力叠加、负重前行的关键期，进入了提供更多优质生态产品以满足人民日益增长的优美生态环境需要的攻坚期，也到了有条件、有能力解决生态环境突出问题的窗口期。党的十八大以来，以习近平同志为核心的党中央高度重视社会主义生态文明建设，坚持把生态文明建设作为统筹推进"五位一体"总体布局和协调推进"四个全面"战略布局的重要内容，把生态文明建设融入经济建设、政治建设、文化建设、社会建设的各方面和全过程。习近平总书记指出大自然是一个"生命共同体"，提出要把生态文明建设当作系统工程来抓，树立大局观、长远观、整体观，充分体现了生态系统思维，具体表现在以下三个方面。

一是对"生命共同体"的认知。习近平总书记于2014年3月14日在中央财经领导小组第五次会议上的讲话中指出："坚持山水林田湖是一个生命共同体的系统思想……山水林田湖是一个生命共同体，形象地讲，人的命脉在田，田的命脉在水，水的命脉在山，山的命脉在土，土的命脉在树。用途管制和生态修复必须遵循自然规律，如果种树的只管种树、治水的只管治水、护田的单纯护田，很容易顾此失彼，最终造成生态的系统性破坏。由一个部门负责领土范围内所有国土空间用途管制职责，对山水林田湖进行统一保护、统一修复是十分必要的。"在党的十九大报告中，习近平总书记进一步提出"统筹山水林田湖草系统治理"，在由山水林田湖构成的生命共同体中又加上了"草"这个重要的生态系统。2021年3月，习近平总书记在参加十三届全国人大四次会议内蒙古代表团审议时，强调"要统筹山水林田湖草沙系统治理"，把治沙问题也纳入其中。

二是对环境治理的整体认知。习近平总书记强调指出，"环境治理是一个系统工程，必须作为重大民生实事紧紧抓在手上。""要坚持标本兼治和专项治理并重、常态治理和应急减排协调、本地治污和区域协调相互促进，多策并举，多地联动，全社会共同行动。"习近平总书记在2014年12月9日的中央经济工作会议上的讲话中指出，"生态环境问题归根到底是经济发展方式问题，要坚持源头严防、过程严管、后果严惩，治标治本多管齐下……决不能说起来重要、喊起来响亮、做起来挂空挡。"

三是对生态文明建设战略布局的系统认知。习近平总书记在致"生态文明贵阳国际论坛"2013年年会的贺信中强调："中国将按照尊重自然、顺应自然、保护自然的理念，贯彻节约资源和保护环境的基本国策，更加自觉地推动绿色发展、循环发展、低碳发展，把生态文明建设融入经济建设、政治建设、文化建设、社会建设各方面和全过程，形成节约资源、保护环境的空间格局、产业结构、生产方式、生活方式。"

生态文明建设是一项长期、复杂、艰巨的系统性工程，必须按照生态系统的整体性、系统性及其内在规律处理好部分与整体、个体与群体、当前与长远的关系。坚持系统思维，是为了实现五大建设相互促进、协同推进，防止单打独斗、顾此失彼，防止偏执一方、畸轻畸重，但这既不等于平均用力，更不等于"九龙治水"，而是要更加注重生态文明建设的基础性地位，不断解放和发展绿色生产力，从而实现社会主义物质文明、政治文明、精神文明和生态文明的协调发展、相得益彰。

在生态文明建设中践行习近平总书记的生态系统思维方法，需要我们一方面高屋建瓴，坚持整体统筹的思想；另一方面协同并进，克服"头痛医头、脚痛医脚"的机械思维方法，注重生态文明建设的配套改革。进入新时代的生态文明要始终坚持人与自然和谐共生，更加明确和强化生态文明建设在中国特色社会主义建设"五位一体"总体布局和"四个全面"战略布局伟大事业中的战略地位，按照系统工程的思路抓好生态文明建设重点任务的落实，加快建立健全以生态价值观念为准则的生态文化体系、以产业生态化和生态产业化为主体的生态经济体系、以改善生态环境质量为核心的目标责任体系、以治理体系和治理能力现代化为保障的生态文明制度体系、以生态系统良性循环和环境风险有效防控为重点的生态安全体系，推动区域绿色化转型，实现可持续发展。

**2. 以系统工程思维推进生态文明建设的意义**

一是关乎社会主义事业的兴衰成败。党的十八大把生态文明建设纳入中国特色社会主义事业"五位一体"总体布局，充分表明了我国加强生态文明建设的坚定意志和坚强决心。自此，生态文明建设与经济建设、政治建设、文化建设、社会建设融合为不可分割的统一整体，并成为新时期治国理政的重要组成部分。党的十九大报告深入把握新时代社会主义生态文明建设的新要求，将生态文明建设纳入我国社会主义现代化建设和中华民族伟大复兴的战略安排，明确提出到2035年我国生态环境根本好转、美丽中国目标基本实现。社会主义生态文明建设的好坏，关乎社会主义事业的兴衰成败，关系人民福祉，关乎民族未来。

二是关乎全体中国人民的根本利益。生态环境是关系民生的重大社会问题，与人民生活密切相关，良好的生态环境是最公平的公共产品，是最普惠的民生福祉。现阶段我国社会的主要矛盾由人民日益增长的物质文化需要同落后的社会生产之间的矛盾转化为人民日益增长的美好生活需要和不平衡不充分的发展之间的矛盾。人民群众对干净的水、清新的空气、安全的食品、优美的环境要求越来越高，生态环境在群众生活幸福指数中的地位不断凸显。环境就是民生，青山就是美丽，蓝天也是幸福。积极回应人民群众所想、所盼、所急，系统推进生态文明建设，提供更多优质生态产品，营造良好的宜居环境，关乎全体中国人民的根本利益。

三是关乎全球生态环境治理新格局的形成和人类未来发展。保护生态环境，应对气候变化，维护能源资源安全，是全球面临的共同挑战。党的十八大以来，我国顺应时代发展潮流，在解决国内环境问题的同时，深度参与全球生态环境治理，积极引导应对气候变化国际合作，为解决世界性的生态危机提供了中国智慧，贡献了中国力量，成为全球生态文明建设的重要参与者、贡献者、引领者。我国在生态环境治理方面的特色优势和取得的成效正在为国际社会所广泛关注，在系统推进生态文明建设方面的新举措、新方案、新成就不仅将为全球生态环境治理新格局的形成贡献力量，还将对全球生态安全和人类未来发展产生积极影响。

## 5.1.2 建设成果

近年来，各地区在遵循生态文明建设总体目标和基本原则的前提下，结合自身实际，发挥比较优势，大胆进行探索，按照系统工程思维推进生态文明建设，在省、区域和城市3个层面形成了一系列成功经验。

### 1. 省级层面：高瞻远瞩，科学统筹

作为具有多种功能的综合体，各省级行政区具有较大的资源配置方式创新空间，是生态文明建设的重要阵地。但由于我国幅员辽阔，各地生态环境及经济社会发展的基础差别很大，生态文明建设的起点不同，需要精准识别各地的资源禀赋特征和发展水平差异，在强调生态空间、生态经济、生态环境、生态社会、生态文化和生态制度全面推进的基础上，因地制宜地做好省域范围内生态文明建设的顶层设计，选择适当的绿色发展模式（图5-1）。

图5-1　不同基础条件下生态文明建设的发展模式

江苏省以南京市等4个生态文明先行示范区建设为契机，面向全省统筹布局生态文明高位建设，充分运用系统工程思维，通过开展加强区域系统规划、优化调整空间布局、推动资源高效循环利用、完善环境治理体系和建立完善的考核评价体系等工作，推动江苏省全域高质量发展，从根本上解决了经济发展与生态环境保护之间存在的矛盾，推动江苏省可持续发展迈上新台阶。目前来看，江苏省在资源利用、环境治理、生态保护、质量增长、绿色生活等方面均取得了显著成就。

浙江省作为绿水青山就是金山银山理论的发源地，多年来致力于生态文明先行示范建设工作。党的十八大以来，浙江省做出了"五水共治"的重大战略部署，着眼于推动结构调整和产业升级，以治污水、防洪水、排涝水、保供水、抓节水的"五水共治"为突破口，倒逼产业转型升级。五年来，在传统治水管理机制框架的基础上，以"五水共治"这一创新性的共治理念作为理论指导，开展了组织领导、规划推进、责任落实、督察考核、综合保障及全民共治等多方面的管理机制创新实践，逐步摸索出一系列立足省情、特点鲜明、行之有效的治水管理机制。

**2. 区域层面：引领发展，难点攻关**

2017年10月18日，习近平总书记在党的十九大报告中指出，要实施区域协调发展战略，加大力度支持革命老区、民族地区、边疆地区、贫困地区加快发展，强化举措推进西部大开发形成新格局，深化改革加快东北等老工业基地振兴，发挥优势推动中部地区崛起，创新引领率先实现东部地区优化发展，建立更加有效的区域协调发展新机制。2018年11月，《中共中央 国务院关于建立更加有效的区域协调发展新机制的意见》出台，旨在以国家重大区域战略为引领，以我国西部、东北部、中部、东部四大板块为基础，促进区域间的相互融通和补充。

目前，我国正在实施的重大区域战略主要有以"一带一路"建设助推沿海、内陆、沿边地区协同开放，以国际经济合作走廊为主骨架加强重大基础设施互联互通，构建统筹国内国际、协调国内东中西部和南北方的区域发展新格局；以疏解北京非首都功能为"牛鼻子"推动京津冀协同发展，调整区域经济结构和空间结构，推动河北雄安新区和北京城市副中心建设，探索超大城市、特大城市等人口经济密集地区有序疏解功能、有效治理"大城市病"的优化开发模式；充分发挥长江经济带横跨东、中、西三大板块的区位优势，以共抓大保护、不搞大开发为导向，以生态优先、绿色发展为引领，依托长江黄金水道，推动长江上、中、下游地区协调发展和沿江地区高质量发展；以上海为中心引领长三角城市群发展，联动长江经济带发展；以香港、澳门、广州、深圳为中心引领粤港澳大湾区建设，带动珠江—西江经济带创新绿色发展。

粤港澳大湾区是国家建设世界级城市群和参与全球竞争的重要空间载体，中共中央、国务院于2019年2月印发实施了《粤港澳大湾区发展规划纲要》，将其提升到国家发展战略层面。针对港口经济产业发展与生态安全保障的协同问题，粤港澳大湾区始终以绿色低碳作为区域发展路径，坚持质量引领、创新驱动、转型升级，在强化污染治理、创建国际生态安全示范港、打造绿色产业体系、开展资源节约循环利用、创新绿色GEP（Gross Ecosystem Production，生态系统生产总值）核算机制等方面开展工作，努力以更少的资源能源消耗和更低的环境成本实现更高质量、更可持续的发展，着力打造天更蓝、地更绿、水更清、人民更健康的生态文明先行示范区。

### 3. 城市层面：聚焦需求，重点突破

城市是常规行政单位，也是践行生态文明战略的重要载体。城市建设涉及经济社会发展、生态环境治理等方方面面，但是城市发展的主要矛盾一般都比较清晰。因此，城市的生态文明建设应以解决主要矛盾为主线，攻克重难点问题，全面提升城市的承载力和可持续发展能力。根据分析，南京、镇江、黄石、成都等城市在生态文明建设、资源型城市转型方面做得比较成功。

南京市为进一步满足生态文明建设和城市绿色转型发展的内在需求，破解结构偏重的产业发展惯性与绿色转型的直接矛盾，以生态文明先行示范区建设为契机，系统全面地推进市域生态文明建设工作。通过完善主体功能区制度，优化国土空间开发格局；通过加快科技创新，推动产业结构升级，引导生产空间高效建设，加快实现绿色发展和高质量发展；通过打好控霾、治水、保土战役，重塑优美的生态空间；通过深化体制机制改革，注重发挥市场化机制的催化剂作用，全面建成节约资源和保护环境的空间格局、产业结构、生产方式、生活方式，还市民以宁静、和

谐、美丽。

黄石市的矿产资源丰富，但长期大规模、高强度的采矿、冶炼造成了严重的生态破坏。近年来，黄石市以创建国家生态文明先行示范区为抓手，大力推进生态文明建设，深入实施"生态立市、产业强市"战略，取得了良好的成效。截至2016年年底，全市森林覆盖率达35.1%，全市万元GDP能耗下降了6.44%，中心城区空气质量好于二级以上的天数连续6年保持在301天以上。黄石市在创新理念、转型升级、环境治理、绿色发展等方面开展的工作让这座百年工矿城市脱胎换骨、转型发展，终结了半个多世纪以来水污染严重、节能减排指标不能实现的历史，让人民群众享受自然、健康生活，成功实现了从"光灰城市"到生态园林城市的转变。

## 5.2 江苏：系统推进生态文明建设

### 5.2.1 基本情况

江苏省是"一带一路"倡议、长江经济带建设、长三角区域一体化、苏南自主创新示范区建设等国家发展战略的重要组成部分，这些国家发展战略的交汇叠加使江苏省的政策优势和示范效应进一步凸显，为全省的发展带来了新的机遇。2014年，镇江市、淮河流域重点地区（扬州市、淮安市、徐州市、盐城市）被列为第一批生态文明先行示范区。2015年，南京市、南通市被列为第二批生态文明先行示范区。江苏省以上述4个示范区建设为契机，面向全省统筹布局生态文明高位建设，充分运用系统工程思维，开展了加强系统设计、优化调整空间布局、推动资源高效循环利用、完善环境治理体系和建立完善的考核评价体系等工作，推动江苏省全域高质量发展，从根本上解决了经济发展与生态环境保护之间的矛盾，推动全省的可持续发展迈上新台阶。从目前来看，江苏省在资源利用、环境治理、生态保护、质量增长、绿色生活等方面均取得了显著成就。

### 5.2.2　主要做法及成效

**1. 生态文明全面部署，系统推进建设工作**

一是全面部署生态文明建设工作。江苏省委、省政府高度重视生态文明建设，2000年就提出要积极推进生态省建设，并制定了《江苏生态省建设规划纲要》，由张家港、常熟、江阴、昆山等地率先启动国家生态市（县）创建工作。2011年年底，江苏省进一步把"生态更文明"列入全省总的奋斗目标，把生态环境指标列为"两个率先"[1]的核心指标。2013年，中共江苏省委第十二届五次全会对生态文明建设做出全面部署，先后出台了《关于深入推进生态文明建设工程率先建成全国生态文明建设示范区的意见》《江苏省生态文明建设规划（2013—2022年）》《江苏省委　省政府关于加快推进生态文明建设的实施意见》《江苏省生态文明体制改革实施方案》等，加快完善了生态文明绩效评价考核和责任追究制度。二是以高效的工作机制助推生态文明建设。江苏省成立了生态文明建设领导小组，制定了领导小组及成员单位职责分工方案、生态文明建设工程五年任务书和年度任务书、生态文明建设考核办法及实施细则等一系列配套操作性文件。此外，还建立了常态化工作机制，以规划引领、任务分解、项目支撑、定期联络、监测评估、督察考核等方式推进生态文明建设。

**2. 强化生态红线管控，空间布局均衡协调**

一是划定并严守生态红线。制定了《江苏省生态红线区域保护规划》，确定了2.28万km²的生态红线区域面积，占全省总面积的22.23％，并于2015年对省级生态红线区域保护规划进行了优化调整，逐步扩大了生态红线区域的面积占比。二是完善主体功能区制度。推动实现了资源环境承载力监测预警的规范化、常态化、制度化，建立健全了主体功能区建设推进机制，印发了主体功能区建设年度工作要点，细化分解相关重大事项、重大任务，系统化推进主体功能区建设；同时，注重主体

---

[1] "两个率先"是指2003年江苏省为全面贯彻落实党的十六大精神，根据该省经济社会发展基础提出的率先全面建成小康社会、率先基本实现现代化的奋斗目标。

功能区地方立法议案办理，由政府部门配合省人大推动立法相关工作。三是优化生态保护格局。着力打造"一圈、一带、一网、两区"的生态保护大格局，即太湖生态保护圈、长江生态安全带、苏北苏中生态保护网和生态保护引领区、生态保护特区，提升区域生态环境状况指数和绿色发展指数；突出长江生态环境大保护，全面推进宁杭生态经济带建设、江淮生态大走廊建设，推进造林绿化，加强湿地保护与修复。四是重抓区域功能布局。推进"1＋3"重点功能区[1]发展战略，突出扬子江城市群的龙头和核心带动作用，同时加快沿海经济带、江淮生态经济区和淮海经济区中心城市的特色化发展，通过各功能板块的差异化定位分类引导并实现特色发展。

### 3. 践行绿色发展理念，资源能源高效利用

一是积极建立完善能源消费总量管理制度。组织制定了《江苏省"十三五"节能减排工作实施方案》，严格控制煤炭消费总量，将"减煤"目标逐年分解到各市、县（市、区）及重点行业；建立和完善耗煤项目准入和淘汰体系，从源头上转方式、调结构；严格落实煤炭消费总量和强度"双控"机制。二是优化能源结构，推动发展可再生能源。2017年，江苏省新增可再生能源发电装机626万kW，其中海上风电装机容量领跑全国；可再生能源发电量达321亿kW·h，同比增长32％，占全省的6.6％，并实现全额消纳，未出现弃风弃光现象，能源结构进一步优化。三是加快产业结构调整，化解过剩产能，淘汰落后产能。有效推进过剩产能退出工作，严禁在钢铁、水泥熟料、平板玻璃等产能过剩行业建设新增产能项目，全面清理产能过剩行业违规项目，坚决淘汰落后产能；积极发展壮大节能环保等战略性新兴产业和现代服务业，建立健全绿色低碳循环发展的经济体系，推进资源全面节约和循环利用。

### 4. 着力解决环境问题，完善环境治理体系

一是加强环境综合治理。实施最严格的环境保护制度，扎实推进大气、水、土

---

[1] "1"是指沿江八市组成的扬子江城市群；"3"是指由连云港、盐城、南通一线组成的沿海经济带，由宿迁、淮安和苏中部分地区组成的江淮生态经济区以及建成淮海经济区中心城市的徐州市。

壤污染防治行动计划，紧扣PM$_{2.5}$和O$_3$浓度"双控双减"，强化大气污染防治。全力实施"两减六治三提升"[1]专项行动，加快推进治理太湖水环境、生活垃圾、黑臭水体、挥发性有机物、畜禽养殖污染、环境隐患专项行动。加快农村生活垃圾收集、处理及利用系统和污水处理设施建设，加强农业面源污染防治，建立健全村庄环境长效管护机制。二是探索实行生态环境损害赔偿制度。率先启动生态环境损害赔偿制度改革，成为全国唯一的生态环保制度综合改革试点省份。三是完善环保管理体制。启动省以下环保机构"垂改"，建立省级环保督察机制。四是加强环境监察执法。严格执行新环保法，出台《江苏省生态环境保护工作责任规定（试行）》，织密织牢网格化环境监管体系，强化环境司法联动，推进省级环保督察全覆盖，落实环境保护"党政同责、一岗双责"。落实环保失信联合惩戒机制，进一步提高环境违法成本。

**5. 完善评价考核体系，标准目标科学具体**

一是完善生态文明建设目标评价考核体系。发布《江苏省生态文明建设目标评价考核实施办法》，研究制定可操作、可视化的绿色发展指标体系、生态文明建设考核目标体系。创新绿色发展评估模型与指标体系，整合分散在有关部门的专项评估，实现生态文明建设"多评合一"。逐步对县级行政区开展绿色发展评估，逐步扩大评估结果应用范围，启动工业园区绿色发展评估。二是积极强化碳排放目标考核。组织制定"十三五"时期碳控方案，分类确定了各设区市"十三五"时期的碳强度控制目标。三是探索领导干部生态环境损害责任追究制。全面实行地方党委和政府领导成员生态文明建设党政同责、一岗双责、终身追责。

---

[1] "两减"指以减少煤炭消费总量和减少落后化工产能为重点，调整江苏省长期以来形成的"煤炭型"能源结构、"重化型"产业结构，从源头上为生态环境减负；"六治"指针对当前江苏省生态文明建设中问题最突出、与群众生活联系最紧密、老百姓反映最强烈的6个方面问题，重点治理太湖水环境、生活垃圾、黑臭水体、畜禽养殖污染、挥发性有机物污染和环境隐患；"三提升"指提升生态保护水平、环境经济政策调控水平、环境监管执法水平，为生态文明建设提供坚实保障。

### 5.2.3 推广建议

江苏省的经济发展水平位于全国前列，经济发展与生态保护之间的矛盾依然存在。近年来，通过深入推进生态文明建设，江苏省的绿色发展水平不断提升，环境质量不断优化，在工业转型升级、优化区域空间开发格局、体制机制创新等方面进行了一系列探索，并取得了积极成效。江苏省在生态文明建设方面的探索，为国内经济社会发展水平较高，但亟须解决保护与发展之间的根本性矛盾，实现区域高质量和可持续发展的地区提供了可借鉴的经验。

## 5.3 浙江："五水共治"的实践经验

### 5.3.1 基本情况

水问题自古以来就是中国社会经济发展中的重大挑战，尤其是近年来水资源短缺、水污染严重、水灾害频发等问题相互交织，更加剧了水治理的难度。浙江省"七山一水两分田"，水资源的"瓶颈"制约明显，在工业化、城市化快速推进的进程中，人与水、经济与环境的矛盾日益突出。党的十八大以来，为加快推进国家生态文明先行示范区建设，浙江省做出了"五水共治"的重大战略部署，着眼于推动结构调整和产业升级，以治污水、防洪水、排涝水、保供水、抓节水为突破口，倒逼产业转型升级。五年来，浙江省在传统治水管理机制框架的基础上，以创新性的"五水共治"管理理念为理论指导，开展了组织领导、规划推进、责任落实、督察考核、综合保障及全民共治等多方面管理机制的创新实践，逐步摸索出一系列立足省情、特点鲜明、行之有效的治水管理机制（图5-2）。

### 5.3.2 主要做法

#### 1. 以治污为抓手，着力改善水环境质量

一是提前完成"清三河"任务。从感官污染最明显的垃圾河、黑河、臭河入手开展"清三河"行动，到2015年基本完成1.1万km垃圾河、黑臭河清理。

图5-2 浙江省"五水共治"的实践经验

主要做法

- 以治污为抓手，着力改善水环境质量
  - 提前完成"清三河"任务
  - 全力以赴打好剿灭劣Ⅴ类水攻坚战
  - 不断夯实城乡建设基础

- 以治水倒逼产业转型，助推工农业绿色发展
  - "五水共治"构筑倒逼机制
  - 加强工业块状经济集聚整治提升
  - 大力发展绿色生态农业，出台转产转业扶持政策

- 以项目为依托，统筹推进"五水共治"
  - 治污水 防洪水
  - 排涝水 保供水
  - 抓节水

- 以体制机制为保障，强化治水综合保障机制
  - 领导机制 资金投入
  - 科技服务 监督考核

二是全力以赴打好剿灭劣Ⅴ类水攻坚战。全面推进截污纳管、河湖库塘清淤、工业整治、农业农村面源治理、排放口整治和生态配水与修复六大工程。截至2017年年底，县控以上劣Ⅴ类水质断面全部消除，16 455个劣Ⅴ类小微水体基本完成削劣。三是不断夯实城乡建设基础。到2017年年底，浙江省累计建成城镇污水处理厂303个，通过提标改造已全面实现城镇污水处理厂一级A达标排放；累计建成城镇污水配套管网1.4万km。基本实现农村生活污水治理行政村全覆盖，农户受益率74%。累计完成河湖库塘清淤2.5亿m³，排查排污（水）口33万个，整治9万个。

**2. 以治水倒逼产业转型，助推工农业绿色发展**

一是"五水共治"构筑倒逼机制。通过环保加压，加快淘汰落后产能，加快消化过剩产能，倒逼产业转型升级，同时为新兴产业的发展腾出空间，推动浙江省产业结构的优化升级。2017年，浙江省规模以上装备制造业、高新技术产业和战略性新兴产业增加值分别增长12.8%、11.2%和12.2%，均快于规模以上工业8.3%的增速；高耗能产业增加值占规模以上工业比重从2013年的37.2%下降到2017年的32.6%。二是加强工业块状经济集聚整治提升。浙江省126个省级以上工业集聚区已全部建设完成工业废水集中处理设施及配套管网，总排污口均安装在线监控装置，并与环保部门联网。2014年至今，共38个省级园区开展了园区循环化改造且成效初显，企业的资源环境效益和经济效益大幅提升。三是大力发展绿色生态农业，出台转产转业扶持政策。87个有畜禽养殖的县（市、区）全部重新划定了禁（限）养区，科学确定养殖种类、规模和总量。30个重点县（市、区）出台转产转业扶持政策，指导帮助退养户从猪棚换菜棚、菇棚、工棚，甚至咖啡棚，转产转业10.59万人。

**3. 以项目为依托，统筹推进"五水共治"**

一是治污水，重点抓好"清三河、两覆盖、两转型"。二是防洪水，重点抓好强库、固堤、扩排工程建设，推动病险水库除险加固和海塘河堤加固。三是排涝水，重点抓好强库堤、疏通道、攻强排，建设雨水管网，清淤排水管网，增加应急抽水设备能力。四是保供水，重点抓好开源、引调、提升工程建设，为增加供水能力已新建117.5万t/d水厂。五是抓节水，重点抓好改装器具、减少漏损、再生利用和雨水收集利用，改造节水器具和"一户一表"。

**4. 以体制机制为保障，强化治水综合保障机制**

浙江省重点从领导机制、资金投入、科技服务、监督考核4个方面，为治水工作保驾护航。在领导机制方面，2014年年初，浙江省成立了由书记、省长任组长的"五水共治"工作领导小组和省"五水共治"工作领导小组办公室（以下简称省治水办）。2017年年初，又将与省生态办合署办公的河长制办公室调整为与省治水办合署办公。在资金投入方面，建立了政府、市场、公众的多元化投资体系，鼓励和引导民间资本参与"五水共治"项目投资，拓展多元筹资机制。2017年，完成投资1 069.9亿元。此外，省财政还设立了"剿劣"专项补助资金3.5亿元。在技术服务方面，建立了"五水共治"技术服务团，召开了"五水共治"技术促进大会，建立了专家"派工单"制度和"点对点"服务制度，组织治水专家到基层挂职服务。同时，还建立了首席技术顾问制度。在督察考核方面，实行月通报、季督察、年考核制度。省委、省政府派出30个督察组对所有县（市、区）开展多轮次专项督察。省委组织部和省治水办（河长办）组织省、市、县三级万名机关干部督导"剿劣"，实行"一月一驻村、一月一通报"。

### 5.3.3　主要成效

一是治出了环境改善、水清岸美的新成效。2017年，浙江省达到或优于Ⅲ类水质的省控断面比例为82.4%，同比上升5.0个百分点，比2013年上升18.6个百分点；无省控劣Ⅴ类水质断面，比2013年减少了12.2个百分点。全省河道"黑、臭、脏"等感观污染基本消除，垃圾河、黑臭河变成了景观河，门前屋后的臭水沟变成亲水池，重现了江南水乡美景。

二是治出了转型升级、腾笼换鸟的新局面。通过"五水共治"开展了重污染行业、"低小散"企业整治，倒逼企业转型升级。持续开展水环境影响较大的重污染行业、落后企业、加工点、作坊的专项整治，截至2017年，累计关停淘汰"低小散"企业3万余家，整治提升1万多家。

三是治出了各方点赞、百姓满意的好口碑。人民群众对治水的满意度不断提升。据浙江省统计局的调查统计，2014年以来，全省社会公众对治水的支持度连续4年均达到96%以上，满意度逐年提高。

### 5.3.4　推广建议

浙江省"五水共治"的经验可向经济发展基础较好、产业转型升级、水污染较为严重的地区推广，有助于实现环保与发展的双赢。

**深圳市东部湾区：绿色发展探索**

### 5.4.1 基本情况

近年来，深圳市认真贯彻落实党中央、国务院的战略部署和习近平总书记系列重要讲话精神，牢固树立创新、协调、绿色、开放、共享的新发展理念，加快推进粤港澳大湾区和中国特色社会主义先行示范区建设，把绿色低碳作为区域发展路径，坚持质量引领、创新驱动、转型升级，努力以更少的资源能源消耗和更低的环境成本实现更高质量、更可持续的发展，率先打造人与自然和谐共生的美丽中国典范。

### 5.4.2 主要做法及成效

深圳市以东部湾区（盐田区、大鹏新区）为试点，积极推进落实《深圳创建东部湾区（盐田区、大鹏新区）生态文明先行示范区实施方案（2015—2020）》，探索实践绿水青山就是金山银山的新路径。深圳市在开展港口地区生态文明改革的过程中，面临的是港口经济产业发展与生态安全保障的协同问题，东部湾区主要从强化污染治理、创建国际生态安全示范港、打造绿色产业体系、开展资源节约循环利用、创新城市GEP核算机制等方面开展工作，并取得了良好的成效。

**1. 强化污染治理，创建全国首个国际生态安全示范港**

一是全力打造绿色低碳港口。①在盐田港开展"油改电"工程，完成移动式码头岸电四期建设。盐田港区232台龙门吊已全部完成"油改电"，电力驱动及混合动力龙门吊总量全国领先，LNG（液化天然气）拖车数量占全市LNG拖车比例的90%以上。岸电使用率达14.8%，荣获2019年亚洲"最佳绿色集装箱码头"大奖。②盐田区全面开展工业废气整治。工商业锅炉100%改用清洁能源，300余家餐饮企业100%落实油烟处理措施，全区7 685家珠宝加工企业均已改造或配套建设了废气处理设施，实现100%达标排放且在感官上达到无色、无味、无噪要求，彻底解决"达标扰民"的难题。③大鹏新区推动建立绿色交通体系。实施半岛交通绿色接驳，建成新大旅游集散中心，积极探索建设粤港澳大湾区国际游艇旅游自由港，推动建设南澳旅游专用口岸，加快建设海上应急配套及客运码头，推进滨海慢行系统（新大—鹿咀）和东、西涌示范段建设。

二是全面推进治水提质。通过开展"两河一湾"（盐田河、沙头角河、沙头角湾）整治和老街排洪渠暗渠段截污工程，使避风塘水质得到根本性提升，在全市率先实现河流、近岸海域、饮用水水源水质全部达标。通过开展盐田水质净化厂提标提质改造工程，使城市生活污水收集处理率达到98％以上，工业污染源处理率和达标率均保持100％。同时，按照"一河一景"的要求高品质规划设计，进一步开展盐田区河流水系的生态修复，推动文化元素与亲水空间的紧密融合，为辖区居民营造多样化的水体验空间。

三是扎实开展土壤污染防治。印发了《盐田区土壤环境保护和质量提升工作方案》，建立疑似污染地块多部门联动监管机制，涉及城市更新、土地整备或通过日常检查、督察、举报、媒体曝光等渠道发现的疑似污染地块应全部纳入疑似污染地块名单并予以管理。组织开展土壤环境质量详查工作，通过网格化立体布点，对土壤环境背景值、重点行业企业用地土壤、集中式饮用水水源地土壤以及农用地土壤等环境质量状况进行详细调查分析，形成土壤环境质量监测网络，动态监控土壤环境质量，并与重点监管企业签订土壤污染防治责任书，确保全区土壤环境安全。

**2. 优化产业结构，加快构建绿色产业体系**

一是对传统产业进行绿色改造。引导传统企业逐步向节能环保、创意设计、旅游服务、特色商贸等产业转型，严把产业准入和环评审批关口，禁止具有重大生态环境风险的产业进入。实施加快黄金珠宝产业转型升级的三年行动计划，推进加工技术革新和工艺改造，促进高端绿色制造基地建设不断提速，使黄金珠宝产业链条向创意设计等高端环节延伸。大力发展海洋临港现代服务业，加快港口物流高端发展。积极构建"春可赏花、夏可踏浪、秋可登高、冬可观展"的全域全季旅游新格局。

二是大力发展战略性新兴产业。重点对战略性新兴产业、科技创新、旅游业等产业进行政策扶持，积极推动深圳国际生物谷生命科学产业园配套设施提升工程建设和公共技术服务平台项目投入运营，加速推进深圳国际生物谷坝光核心启动区（坝光新兴产业基地）的基础设施建设，完成首批市政道路项目工程，开展大鹏生态创意农业园启动区施工图设计。

三是发展现代服务业。①探索"物流＋信息＋金融"的产业发展模式，形成港口总部经济产业带，打造港口物流"世界级名片"。推动物流基础设施规划建设，支持港口配套设施改造升级。②充分发挥区域丰富的滨海旅游资源和生态资源优势，着力打造休闲旅游"世界级名片"。积极推进生态旅游产业高端融合发展，加快建设世界级滨海生态旅游度假区，该度假区获批成为广东省唯一的国家级旅游业改革创新先行区。挖掘提炼特色旅游项目，以"黄金海岸旅游节"为契机，围绕"旅游＋文化体育""旅游＋创意设计""旅游＋特色产业""旅游＋商贸消费"四大主题开展活动，促进旅游要素集聚整合，形成旅游新业态。

### 3. 推动绿色发展，促进资源节约循环利用

一是创建省级循环化改造试点园区。探索政府引导、社会资本和企业参与的园区循环化改造模式，推动园区能源资源利用结构优化，实现能源资源消费总量有效降低。累计建成6套为船舶供电的移动式岸电系统[1]，覆盖率超过80％，提前两年完成《深圳市绿色低碳港口建设五年行动方案（2016—2020年）》提出的建设任务，成为国内船舶岸电供应能力最强的码头之一，可满足全球大型集装箱船舶的用电需求，预计年替代2 558.36 toe（吨标准油）、二氧化碳减排量8 280.39 t。盐田区、盐田综合保税区先后成功入选广东省循环化改造试点园区。

二是率先实现垃圾减量分类全覆盖。盐田区自2012年启动垃圾减量分类试点工作以来，创新开展了垃圾减量分类处理工作，建立了低价值可回收物、有害垃圾等分类收运和资源化利用体系。率先在全市采用"互联网＋"智能化管理模式，建立前端智能收集、中端分类收运、后端分类处理、全流程智能监管的"四个全覆盖"生活垃圾分类管理体系。建成餐厨废弃物循环利用示范基地并投入

---

[1] 岸电系统是指船舶停靠码头时停止使用船舶上的自备辅助发电机，转而使用陆地电源向主要船载系统供电，是实现港口绿色减排的重要途径。

运营，将生活垃圾分类处理统一集中进行，包括餐厨垃圾油水分离、废旧家具拆解、绿化垃圾粉碎、低价可回收物分拣、有毒有害垃圾暂存等，实现回收利用率达40％，其余通过焚烧发电实现价值，有效促进了源头减量，降低了环境污染，实现了公共餐饮垃圾的资源化处理率、生活垃圾的无害化处理率、有害垃圾的安全处理率3个100％。盐田区先后荣获"广东省宜居环境范例奖"和"中国人居环境范例奖"，成为全国破解"垃圾围城"、探索垃圾减量分类工作的典范城区。大鹏新区全面推进垃圾分类减量，开展了生活垃圾专项回收处理，25个社区全部获得"广东省宜居社区"称号，创建率为100％，其中新大社区和下沙社区获得了"广东省五星级宜居社区"称号。

三是加快推进绿色建筑规模化发展。全面推行绿色建筑，新开工项目全部达到绿色建筑标准，新建民用建筑全部达到设计阶段绿色建筑国家二星级或者深圳市金级以上标准。盐田区率先设立了绿色建筑发展资金，对社会投资的绿色建筑和建筑节能项目、可再生能源建筑应用等应用技术研发和规划编制项目及其他绿色建筑项目和活动予以资金鼓励补贴，进一步提高了辖区新建民用建筑采用绿色建筑标准的积极性。万科中心荣获国家绿色建筑评价标识三星级、第四批可再生能源建筑应用示范项目、国内首个美国LEED-NC铂金级认证、第十届中国土木工程詹天佑奖。壹海城北区1、2、5地块项目和深圳市嘉信蓝海华府项目获得"2017年度全国绿色建筑创新奖"。

### 4. 创新体制机制，积极践行绿水青山就是金山银山

一是深化城市GEP核算与运用。东部湾区在全国率先建立与GDP相对应的既体现自然生态系统服务功能，又体现人类改善环境所做贡献的城市GEP核算体系，共设一级指标2个、二级指标11个、三级指标28个[1]。进一步建立了"城市GEP与GDP

---

[1] 一级指标包括自然生态系统价值和人居环境生态系统价值，二级指标包括生态产品、生态调节、生态文化、大气环境、水环境、土壤环境、生态环境、声环境、合理处理固体废物、节能减排、环境健康，三级指标包括直接可为人类利用的食物、木材、水资源等价值，间接提供的水土保持、固碳产氧、净化大气等生态调节功能，以及源于生态景观美学的文化服务功能，水、气、声、渣、碳、污染物减排等指标。

双核算、双运行、双提升"机制，将城市GEP提升作为与GDP同等重要的"指挥棒"，通过推动城市GEP进规划、进项目、进决策、进考核，切实转变"唯GDP"的政绩观。2013—2017年，东部湾区连续5年实现城市GEP与GDP双提升（2017年城市GEP比2013年增长58.1亿元），为深圳建设可持续发展议程创新示范市积累了经验。"城市GEP核算体系及运用"项目荣获第八届中国政府创新最佳实践奖，并已在深圳市、惠州市、珠海市、河北省围场县等地复制推广。

二是构建生态文明"碳币"体系。借鉴碳排放交易理念，在全国率先落实以"碳币"为核心的生态文明建设全民行动计划，探索构建生态文明"碳币"体系，建立健全"碳币"服务平台管理机制和激励机制，以"碳币"形式对个人、家庭、社区、学校和企业的生态文明行为进行奖励。成立了全国领先的旨在推动生态文明全民参与的专项基金会——盐田区生态环保基金会，充分整合社会资源，引导全社会提高生态意识、践行绿色生产、享受低碳生活，努力打造生态文明建设"人人参与、人人行动、人人享有"的新格局。

三是深化生态环保监管执法体制改革。建立网格化环境监管体制，以社区为基本单元，以街道为基本依托，强化环境风险防范主体责任，对区域重点环境风险企业开展定期监测，明确生态资源环境监察大队的职责分工，坚持源头严防、过程严管、损害严惩、责任严查，聚焦政府监管和社会监管两个重点，建成了"智能监测做支撑、人工监测为辅助、专业巡查全覆盖"的地质灾害防控网络，以法治化、制度化、社会化的监管模式对各类市场主体形成有效约束。大鹏新区组建了生态资源环境综合执法局，形成山水林田湖草统一的执法新机制；同时，积极推进在区内设立深圳市首个环境资源法庭，实行环境保护案件专业化审判，为环境保护和生态文明建设提供有力的司法保障。2019年2月14日，广东省高级人民法院正式批复同意龙岗区人民法院大鹏法庭加挂环境资源法庭的牌子。

四是创新编制自然资源资产负债表。在开展自然资源资产负债表研究的基础上，运用已构建的自然资源资产核算体系，采用市场价值法[1]、影子工程法[2]等对林地等自然资源资产实物量价值和生态系统服务价值进行核算并得出具体数据，分别编制盐田区和大鹏新区自然资源资产负债表。建立领导干部任期自然资源资产责任审计制度，已完成盐田区城管局主要负责人自然资源资产任中审计，以及生态环境局、水务局、盐田街道办主要负责人自然资源资产离任审计工作。

### 5.4.3　推广建议

对于像深圳市东部湾区这样经济发达的港口贸易集散区，同时也是生态安全风险较大的地区，亟须通过推行绿色发展理念，实现经济的绿色转型。深圳市东部湾区地处世界四大湾区之一的粤港澳大湾区，并作为我国的经济特区，在推动生态文明建设中结合自身特点开展了很多创新性的改革尝试。

深圳市东部湾区从经济、社会、环境协调发展的目标出发，以污染治理、产业绿色转型、城市GEP核算的新政绩观为主要措施，探索了一条行之有效的绿色转型发展之路，可以为我国其他类似城市和地区的绿色发展提供经验。

## 5.5　江西寻乌：山水林田湖草沙综合治理

### 5.5.1　基本情况

江西省赣州市寻乌县是赣江、东江、韩江三江发源地，属全国重点生态功能区，是江西省生态文明示范县，其生态地位极其重要。自20世纪70年代起，寻乌县为支援国家建设大规模开采稀土，造成矿区内生态环境恶化，次生地质灾害频发。

---

[1] 市场价值法：又称生产率法，利用因环境质量变化引起的某区域产值或利润的变化来计量环境质量变化的经济效益或经济损失。该方法把环境看成生产要素，环境质量的变化导致生产率和生产成本的变化，用产品的市场价格来计量由此引起的产值和利润的变化，估算环境变化所带来的经济损失或经济效益。

[2] 影子工程法是指在环境遭到破坏后人工建造一个具有类似环境功能的替代工程，并以此替代工程的费用表示该环境价值的一种估价方法，常用于环境经济价值难以直接估算时的环境估价。

修复矿区、还历史"欠账"一直是压在寻乌人民心头上的"痛点"。

党的十八大以来，为加快推进国家生态文明先行示范区建设，寻乌县积极践行习近平总书记山水林田湖草沙生命共同体理念，坚持"生态立县，绿色崛起"的发展战略，先后实施了文峰乡石排、柯树塘和涵水片区3个废弃矿山综合治理与生态修复工程，总投资约9.55亿元，治理修复面积14 km²，复绿14 000多亩，打造了全国山水林田湖草沙综合治理与生态修复试点的示范样板。

### 5.5.2　主要做法

寻乌县按照"宜林则林、宜耕则耕、宜工则工、宜水则水"的治理原则，统筹矿山治理、土地整治、植被恢复、水域保护四大工程，改善土壤质量，提高植被覆盖率，提升入河水质，使废弃稀土矿山环境得到全面恢复，曾经的"白色沙漠"已披上"绿装"（图5-3）。

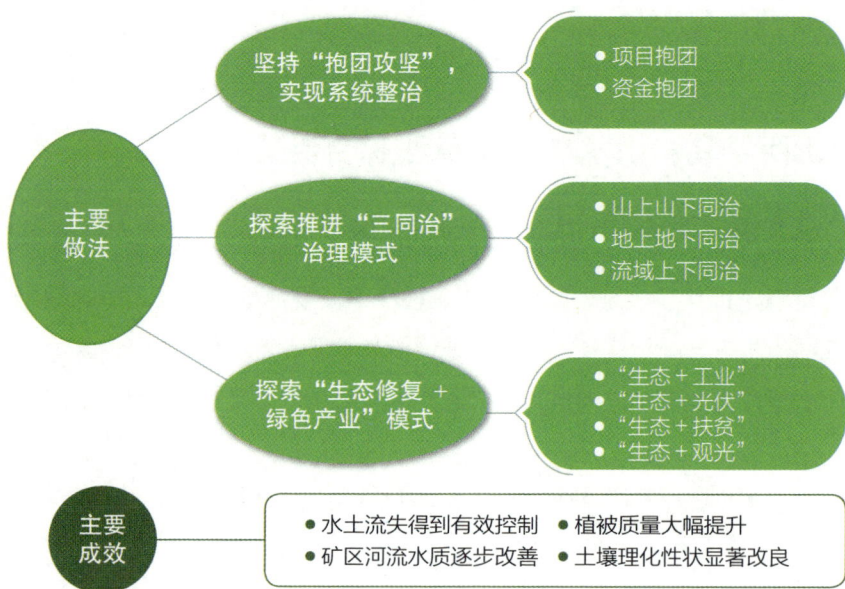

图5-3　寻乌县山水林田湖草沙综合治理的主要做法及成效

### 1.坚持"抱团攻坚"，实现系统整治

一是项目抱团。寻乌县在项目推进上打破原来的生态修复治理"碎片化"模式，把由水利、环保、林业、矿管、交通等部门分开实施的项目统一打包推进。二是资金抱团。寻乌县在山水林田湖草沙生态保护修复试点中央补助资金的基础上整合了各类上级资金和县本级资金，为项目推进备足"粮草"。除中央专项补助资金的7 353万元外，还整合东江流域上下游横向生态补偿、废弃稀土矿山地质环境治理、低质低效林改造以及涉农资金、国家生态功能区转移支付等项目资金63 721万元，县财政拨付2 000万元，还通过引进企业投资14 426万元参与项目共建。

### 2.探索推进"三同治"治理模式

一是山上山下同治。山上开展地形整治、边坡修复、沉沙排水、植被复绿等治理措施；山下填筑沟壑、兴建生态挡墙、截排水沟，确保消除矿山崩岗、滑坡、泥石流等地质灾害隐患，控制水土流失。二是地上地下同治。地上通过客土法、增施有机肥等措施改良土壤，将集中连片平面用作光伏发电，或因地制宜种植猕猴桃、油茶、竹柏、百香果、油菜花等经济作物，坡面采取穴播、条播、撒播、喷播等多种形式恢复植被；地下采用截水墙、水泥搅拌桩、高压旋喷桩等工艺，截流、引流地下污染水体至地面生态水塘、人工湿地，再进行减污治理。三是流域上下同治。上游稳沙固土、恢复植被，控制水土流失，推动稀土尾沙、水质氨氮源头减量，实现"源头截污"；下游通过清淤疏浚、砌筑河沟格宾生态护岸、建设梯级人工湿地、完善水终端处理设施等水质综合治理系统，实现水质末端控制。上下游治理目标系统一致，确保全流域稳定有效治理。

### 3.探索"生态修复+绿色产业"模式

在推进山水林田湖草沙综合治理与生态修复的同时，寻乌县积极践行绿水青山就是金山银山理念，走出一条"生态+"治理发展道路，将"生态包袱"转化为生态价值。一是"生态+工业"。通过治理石排村连片稀土工矿废弃地，开发建设工业园区用地7 000亩，将其打造成寻乌县工业用地平台，目前已入驻企业50家，新增就业岗位近万个，直接收益5.12亿元以上，实现了"变废为园"。二是"生态+光伏"。通过引进社会资本，在石排村、上甲村治理区引进企业投资，建

设爱康、诺通2个光伏发电站，装机容量达35 MW，年发电量3 875万kW·h，年收入达3 970万元，实现了"变荒为电"。三是"生态+扶贫"。综合治理开发矿区周边土地，建设高标准农田1 800多亩，利用矿区整治土地种植油茶和其他经济作物2 600多亩，既改善了生态环境，又促进了农民增收，实现了"变沙为油"。四是"生态+观光"。以矿区生态修复为依托、以美丽乡村建设为载体，目前已改造提升G206国道至稀土废弃矿区道路7 km，建设自行车赛道14.5 km以及步行道1.2 km，并策划推进矿山遗迹、科普体验、休闲观光、自行车赛事等文化旅游项目建设，与青龙岩旅游风景区连为一体，着力打造旅游观光、体育健身胜地，促进生态效益和经济、社会效益的统一，逐步实现"变景为财"。

### 5.5.3 主要成效

通过推进综合治理和生态修复，寻乌县满目疮痍的废弃矿山又现出绿水青山的本来面貌。一是水土流失得到有效控制，水土流失强度已由剧烈降为轻度，水土流失量降低了90%；二是植被质量大幅提升，植被覆盖率由10.2%提升至95%；三是矿区河流水质逐步改善，水体氨氮含量削减了89.76%；四是土壤理化性状显著改良，原来废弃的稀土尾砂土壤酸化、水肥不保、有机质含量几乎为零，是一片白茫茫的"南方沙漠"，几乎寸草不生，经过客土法、增施有机肥和生石灰改良表土后，已有百余种草灌乔植物得以生长，生物多样性的生态断链得到逐步修复，呈现出大自然的勃勃生机。

### 5.5.4 推广建议

寻乌县山水林田湖草沙综合治理与生态修复可向有较大规模废弃矿山的地区推广，以使当地废弃矿山重现绿水青山，进而让绿水青山孕育出绿色产业。

## 5.6 南京：生态城市建设探索

### 5.6.1 基本情况

南京市地处长江下游宁镇丘陵山区，是长三角经济核心区的重要区域中心城市，具有较强的综合经济实力，2015年被列为生态文明先行示范区（第二批）。随着其生态文明建设步伐的不断加快，依托"一带一路"、长江经济带、苏南现代化建设示范区等多重国家区域发展战略的引领带动，南京市已进入转型发展的攻坚期。

为进一步满足生态文明建设和城市绿色转型发展的内在需求，破解结构偏重的产业发展惯性与绿色转型的直接矛盾，南京市以生态文明先行示范区建设为契机，全面系统推进市域生态文明建设工作。通过完善主体功能区制度，优化国土空间开发格局；通过加快科技创新，推动产业结构升级，引导生产空间高效建设，加快实现绿色发展和高质量发展；通过打好控霾、治水、保土战役，重塑优美的生态空间；通过深化体制机制改革，注重发挥市场化机制的催化剂作用，全面建成节约资源和保护环境的空间格局、产业结构、生产方式、生活方式，还南京城以宁静、和谐、美丽。

### 5.6.2 主要做法及成效

#### 1. 完善主体功能区制度，优化空间开发格局

一是实施主体功能区战略。南京市出台了《南京市主体功能区实施规划》，统筹谋划人口分布、经济布局、国土利用和城市化格局，将主体功能区制度细化落实到乡镇（街道），建立有差异的评价体系，引导街镇差别化发展（表5-1）。围绕构建区域空间"一张蓝图"、应用管理"一个平台"、联动审批"一套机制"，建立规范高效、衔接一体的空间规划协调机制，推进溧水区"多规合一"综合试点，逐步摸索出一条新形势下城市治理体系和治理能力现代化的新途径。

表5-1　南京市主体功能区功能定位及发展方向

| 主体功能区划分 | 功能定位 | 发展方向 |
| --- | --- | --- |
| 优化开发区域 | 传承历史文脉、彰显人文绿都魅力的标志区域；激发创新创业活力、发展现代服务经济的主要载体；集聚高端要素、提升综合服务功能的现代化国际性城区 | 增强城市综合服务能力，提升产业核心竞争力，提升创新创业发展活力，优化空间功能布局，持续改善人居环境，保护历史文化名城，提升城市国际化水平 |
| 重点开发区域 | 战略性新兴产业和先进制造业的主要集聚区；新型城镇化和城乡发展一体化的重要支撑区；支撑创新驱动、转型发展，承载高强度、多功能国土开发的战略空间和新增长极 | 统筹安排建设空间，大力推进新区副城功能建设，优化提升产业能级，加强生态环境保护 |
| 限制开发区域 | 城市生态功能维护、全市农产品供给和加工生产的重要保障区域；产业绿色化、低碳化、智能化发展的长三角地区绿色低碳产业高地；空间集约紧凑、生态人文彰显、人与自然和谐共生的生态城镇化地区；美丽乡村建设的示范区域 | 维护生态安全，提升生态经济发展能级，构建生态城镇体系，推进美丽乡村建设 |
| 禁止开发区域 | 城市生态涵养、永续发展和体现代际公平、维护生态安全的战略区域；优势自然文化资源的集中展示区；保障饮用水水资源安全、保护珍稀动植物和生物多样性、促进人与自然和谐发展的核心区域 | 根据国家法律法规规定和相关规划实施强制性保护，严禁不符合主体功能定位的开发活动，加强生态修复和环境保护，恢复和维护区域生态系统结构和功能的完整性，提高生态环境质量 |

　　二是开展生态红线区域整治。南京市印发了《关于开展生态红线区域清理整治工作的通知》，在江苏省率先开展生态红线区域整治工作。截至2017年，共完成整治任务73项，建成314块生态红线标牌、7 195个生态红线界桩，实现了把生态红线保护规划落在图上、标在地上。

三是优化城乡空间布局。按照"多心开敞、轴向组团、拥江发展"的现代都市格局，南京市加快构建"中心城—新城—新市镇"的市域城镇体系，明确主城新城和新市镇功能定位，逐步构建以主城为核心，以江北新区、东山（空港）、仙林（汤山）为重点的南京市区发展新格局。

**2. 实施创新驱动战略，促进发展提质增效**

一是加强科技创新。践行创新驱动、绿色引领战略，成立南京市环保产业与技术创新联盟，建设南京市环保产业创新科技公共技术服务平台及生态环保类工程技术研究中心，整合高校、科研院所、环保企业等科技力量，深化产、学、研合作，围绕生态建设核心技术开展重点攻关；加强国际科技合作与交流，实施高端研发机构集聚计划，引进学习国外生态环保新技术、新理念，充分发挥科技创新在生态文明建设中的支撑、引领和推动作用。

二是调整优化产业结构和产业布局。南京市在江苏省率先推出《关于加快推进全市主导产业优化升级的意见》和《南京市科技园区整合设立工作方案》，推动园区政策整合，加快构建四大先进制造业、四大现代服务业以及一批未来产业的"4+4+1"[1]主导产业体系。有序推进四大片区中小工业企业搬迁关停、重点企业转型升级和片区环境整治工作，启动南化公司的转型发展工作，南钢、梅钢加紧制定转型发展实施方案，金陵船厂搬迁完成选址并启动前期工作。

**3. 实现污染治理长效化，开辟绿色发展空间**

一是深入推进大气污染防治。通过严控重点行业污染、严控城市扬尘污染、严控面源污染、加强重污染天气应急管控等多种措施强化大气污染防治工作。2017年，南京市空气质量优良率达到72.3％，创下该市有空气质量监测记录以来历史最

---

[1] 第一个"4"指四大先进制造业，即新型电子信息、绿色智能汽车、高端智能装备、生物医药与节能环保新材料；第二个"4"指四大现代服务业，即软件和信息服务业、金融和科技服务业、现代物流和高端商务商贸产业、文化旅游健康产业；"1"指未来产业，即围绕具有重大产业变革前景的颠覆性技术及其新产品、新业态，布局人工智能、未来网络、增材制造（3D打印）以及前沿新材料、生命健康等交叉应用领域。

高水平，PM$_{2.5}$年均浓度41.2 μg/m³，同比2013年下降46.8％，空气质量优良天数增幅和PM$_{2.5}$降幅均居全省首位。

二是全面提升水污染防治水平。通过开展水源地环境隐患问题专项整治、全面推行重点污染行业企业清洁化改造项目、提升污水处理能力、加大流域水环境治理力度等措施，南京市全面提升水污染防治能力，在全省率先实现建成区基本消除黑臭水体的目标，22个国考、省考水质断面中，Ⅲ类及以上占比72.7％，5个国考断面全部达标，8个主要集中式饮用水水源地达标率100％，超额完成江苏省制定的目标。

三是积极开展土壤污染防治。南京市出台了《南京市土壤污染防治行动计划》，积极开展历史遗留工业退役场地排查，应用全国污染地块土壤环境管理系统建立了污染地块名录，实行污染地块信息共享；印发了《关于加强我市工业企业退役场地再开发利用环境安全工作的暂行意见》，规范工业企业退役场地的再开发利用行为，防控土壤污染环境风险；编制了《燕子矶新城建设用地土壤污染治理与修复试点区建设实施方案》，推进区域内退役场地的调查评估和治理修复工作。

四是切实加强环境风险防控。建立全市重点环境风险企业数据库，筛查全市305家重点环境风险源，除关停转移企业外，对231家企业开展突发环境事件风险评估，确定重大等级环境风险企业54家、较大等级环境风险企业102家、一般等级环境风险企业75家。

### 4. 深化体制机制创新，系统完善生态制度体系

一是加强法规制度建设。完成了《南京市环境噪声污染防治条例》《南京市城市排水管理条例》（后更名为《南京市排水条例》）的修订工作，实现了全市噪声、排水的城乡一体化管理；开展了全市非道路移动机械大气污染防治和餐饮服务企业环境管理调研，2019年1月9日《南京市大气污染防治条例》由江苏省第十三届人民代表大会常务委员会第七次会议批准并公布实施。

二是深化资源性产品价格改革。全面推进"1＋9"水价综合改革，基本实现了居民生活用水"同城同价"、非居民用水"同网同价"，对环保信用评价等级为红色、黑色的企业实行污水处理费加价政策，有效促进了水资源节约利用和水污染治

理。对城市管道天然气价格实施同城同价、理顺价费关系、完善阶梯价格制度、建立补贴机制4项综合改革措施，初步建立和完善了城市管道天然气价格管理机制和价格激励约束机制，推进了钢铁企业阶梯电价政策，提高了钢铁行业落后产能差别电价，继续强化惩罚性电价及脱硫、脱硝、除尘等环保电价政策，充分发挥了价格政策对产业结构优化调整和助推减排的作用。

三是健全生态保护补偿机制。落实《南京市生态保护补偿办法》，2017年下达市对区生态保护补偿资金约6.2亿元，位居国内城市前列；生态保护补偿范围覆盖了生态红线区域、耕地、生态公益林、水利风景区等重要生态功能区域和重点领域，占全市面积的60%以上，实现了重要生态保护区域生态保护补偿全覆盖的目标；将市对区的纵向生态保护补偿与流域上下游、环境基础设施供给区和收益区的横向生态保护补偿相结合，推动生态保护成效与补偿资金分配相挂钩，建成启用南京市生态功能区管理平台，为保护生态环境、保障生态安全、促进经济社会协调、可持续发展提供了基础性支撑。

四是推进排污权有偿使用和交易。对全市排污收费"提标扩面"，全市排污收费总额达6.52亿元，成为目前国内征收范围最广、标准最高的城市。推进排污权有偿使用，对全市500余家重点企业初始排污权进行核定并编制核定报告书，组织开展排污权公开竞价交易6次，完成交易119宗，交易金额超4 000万元。有序推进排污许可证管理制度，在省内率先完成火电、造纸、水泥、农药、电镀等行业排污许可证核发。健全环境污染责任强制保险制度，做好环境污染责任强制保险参保续保工作，重点环境风险企业参保率约为75%。

五是将企业环保失信行为纳入公共信用信息系统。在江苏省率先出台《南京市环境失信行为信用等级管理暂行办法》，按照企业环保信用评价等级从高到低分别认定环保诚信企业、环保良好企业、环保警示企业、环保不良企业和严重污染企业，依次以绿色、蓝色、黄色、红色、黑色表示。开发联合奖惩支持系统，环保失信企业除了受到项目环评审批限制等处罚外，将环保信用评价等级与污水处理费收取挂钩，对红色、黑色的企业实行污水处理费加价政策。

### 5.6.3 推广建议

南京市作为传统的老工业基地，一直以来都面临着产业结构转型升级和资源环境约束趋紧的双重压力。为此，南京市坚持绿色发展导向，以优化空间开发格局、促进发展提质增效、开展环境污染综合治理、深化体制机制创新为主要措施，探索了一条传统工业城市的绿色转型之路，城市"多规合一"、科技园区整合设立、环境污染长效治理、企业信用管理、资源性产品价格改革、生态保护补偿机制等工作均走在了全国前列，具有重要的推广意义和可行性。南京市生态城市建设的探索实践可为国内其他发展历程相似、亟待绿色转型的城市提供经验。

## 5.7 黄石：矿山型城市的生态化转型

### 5.7.1 基本情况

黄石市位于湖北省东南部、长江中游南岸，因长期大规模、高强度的采矿、冶炼而导致严重的生态破坏，是国务院批准的资源枯竭型城市。2016年1月，国家发展改革委联合有关部门将黄石市列入国家生态文明先行示范区（第二批）。近年来，黄石市大力推进生态文明建设，深入实施"生态立市、产业强市"战略，取得了良好的成效。2018年，全市森林覆盖率达35.39%，湿地面积达到5.7万$hm^2$，年均万元GDP能耗下降3%以上，中心城区好于二级以上的天数连续多年保持在310天以上。2017年，黄石市被评为国家卫生城市。在创新理念、转型升级、环境治理、绿色发展等方面开展的工作让黄石这座百年工矿城市脱胎换骨，终结了半个多世纪以来水污染严重、节能减排指标不能实现的历史，让人民群众享受自然、健康的生活，成功实现了从"光灰城市"到生态园林城市的转变。

### 5.7.2 主要做法及成效

**1. 坚持以振兴黄石制造为重点，大力发展绿色经济**

一是以供给侧结构性改革为抓手，坚决打好淘汰过剩落后产能攻坚战。黄石市关停煤矿16家，消退产能135万t，化解钢铁过剩产能73万t，实现了湖北省下达的化解过剩钢铁、煤炭产能"三年任务一年完成"的目标，全域无落后钢铁产能、无煤炭生产企业。为把握好改革、发展、稳定的关系，市财政筹资近4亿元，通过落实经济补偿、社保托底等保障措施，以培训分流、专项招聘、提供公益岗位等方式，使黄石矿务局4家煤炭企业的1 000多名职工转岗就业。市财政安排3 500万元引导关停的169家环保不达标模具钢企业整改升级。

二是以产业生态化改造为方向，出台振兴黄石制造计划，实施总投资600多亿元的转型项目300多个，黑色金属、有色金属、建材等传统产业实现"老树发新芽"；持续多年开展产业链招商，引进一批电子信息、高端装备制造项目，大力培育新兴替代产业，电子信息产业项目已达33个、总投资近500亿元，PCB（印刷线路板）产能达2 000万m²/a，正成为国内第三大PCB产业聚集区。同时，实施服务业三年行动计划，建成万达广场等一批重点项目，华中矿产品交易中心已成为全国矿产品贸易中心和定价中心之一，黄石市的区域服务业聚集区正在加速形成。

**2. 坚持以"四治"工程为抓手，积极争创全国环保模范城市**

在治水方面，坚持铁腕治污，将长江大保护摆在压倒性位置，建立江、河、湖、库、塘"五长"责任制，推进"五水共治"。全面实施了沿江码头集中整治专项行动、沿江重化工企业专项整治行动、沿江排污口摸排整治行动、水环境整治行动、航运船舶污染整治行动等专项行动计划。目前，全市已拆除沿江非法码头123个，截流环磁湖、青山湖等城区湖泊排污口265处，全面完成大冶湖围网拆除工作。投资14.67亿元的亚洲开发银行贷款水污染治理项目加快实施，长江黄石段和富水Ⅲ类水质达标率达到100％，环磁湖Ⅲ类水质达标率达到88.9％。建成城镇污水处理厂8座，城镇污水集中处理率达92.5％以上。垃圾集中焚烧发电处理和水泥窑协同处理使城市垃圾无害化处理率达98％。

在治气方面，落实《大气污染防治行动计划》，划定高污染燃料禁燃区，精准推进工业污染防治、汽车尾气治理、建筑扬尘整治、农村秸秆禁烧等工作。2016年，淘汰城区10蒸吨锅炉62台，全市空气质量持续改善。

在治山方面，加快实施矿山环境修复治理工程，依法关停露天矿山85家，关闭露天采石场131家，实施工矿废弃地复垦利用项目40个。实施22个矿山复绿治理三期工程，共治理面积138.2 hm²，复绿面积101 hm²（图5-4）。

图5-4　黄石市江南建材总厂车间采石场治理效果对比

（图片来源：黄石市提供）

在治土方面，组织编制《黄石市土壤污染综合防治先行区建设攻坚行动实施方案》，全面实行土壤环境监测、监管、治理网格化管理。积极推进大冶市大箕铺、还地桥，阳新县白沙镇高标准基本农田土地整治项目。

### 3. 鼓励矿山节约集约利用资源

为支持矿山开展资源的节约集约利用，近年来，黄石市生态环境局已帮助湖北鸡笼山黄金矿业有限公司等7家矿山申报国家项目，共获得7 600万元的项目资金。如三鑫公司通过改进选矿工艺，矿石损失、贫化率由15％下降到7％以下，每年减少资源损失近10万t；金、铜选矿回收率分别提高了5％、2％，每年多回收矿山金约80 kg、矿山铜约260 t；每年从尾矿中回收铁精矿5万多t、标硫8万多t，将有限的资源"吃干榨净"。利用工业废渣研发的新型充填材料被中国工程院鉴定为"国内首创、国际领先"水平，通过变废为宝，资源利用率提高了10％，年减少尾砂排放量30万m³。大冶有色公司铜绿山矿等矿山开展了低品位氧化矿、难利用的铜矿、共伴生矿的回收综合利用，从而使铜绿山矿2006年荣获首届全国矿产资源合理开发利用先进单位。华新水泥公司通过水泥窑协同处置技术平台消纳市政生活垃圾和污泥，经处理后的无危害、无污染再生原料再进入水泥窑进行处理利用，增加了企业效益，改善了矿区环境。通过开展资源的节约集约利用，逐步减少了资源在开发利用过程中对环境的破坏。

**4. 坚持以改革创新为动力，着力构建生态文明建设"五大创新机制"**

黄石市生态转型"五大创新机制"如图5-5所示。

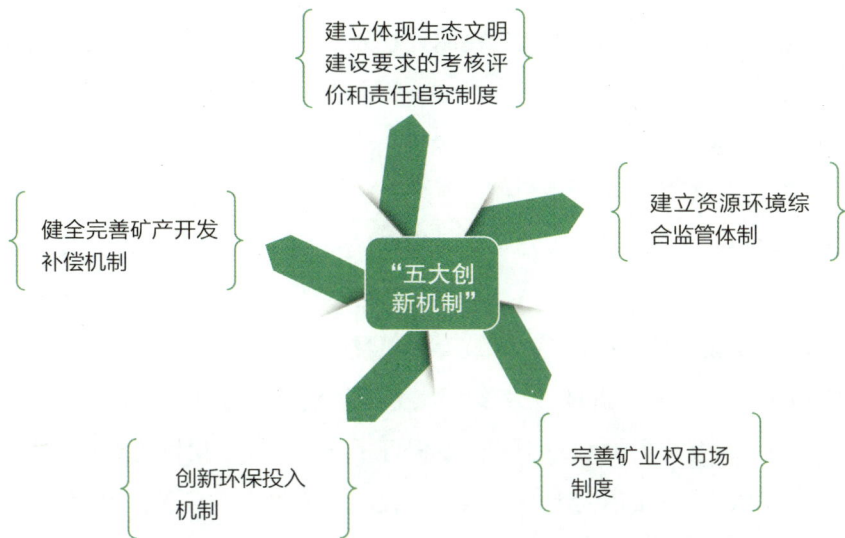

图5-5　黄石市生态化转型"五大创新机制"

一是建立体现生态文明建设要求的考核评价和责任追究制度。完成全市79家市直单位、7家县（市、区）（开发区）领导班子项目清单的审核，涉及领导干部576人。同时，开展领导干部自然资源资产情况和自然资源资产离任审计。截至目前，已完成对土地资源、水资源、森林资源、矿山生态环境治理、大气污染防治5个专题的基本情况审计。

二是建立资源环境综合监管体制。组建环保指挥中心，大力实施"智慧环保"工程，将全市89家企业121处重点污染源纳入在线监控。健全由环保、公安、法院、检察院参加的"两法衔接"联席会议制度，率先在全省成立环保警察支队，打通警环联动的"中枢神经"。近年来，先后查处环境违法案件30起，侦破环境领域犯罪案件33起，逮捕65人，起诉58人，形成了强大的社会震慑效应。

三是完善矿业权市场制度。以创建全国绿色矿业发展示范区为契机，出台了黄石市矿产资源开发管理综合试点改革工作方案，在阳新县开展"净采矿权"出让的试点工作。完善了矿山基础信息及矿山诚信档案，实现了"一张图"管矿的全覆盖，强化了矿业权审批与监管。

四是创新环保投入机制。整合市污水处理公司的资产组建市级环保投资公司，出台政策措施，引导社会资本投入，形成多元化的生态投入机制；同时，设立环保专项资金，加大财政资金投入力度，仅绿化一项3年投入资金5亿元。

五是健全完善矿产开发补偿机制。首先，在全省率先推行矿山地质环境治理备用金制度，已累计缴存备用金1.75亿元，初步解决了"老板发财、百姓受害、政府埋单"的治理资金筹集难题。其次，探索工矿废弃地复垦激励机制。近年来，通过利用丰富的工矿废弃地资源，将矿山废弃地复垦治理与耕地占补平衡相结合，全市各级共筹集耕地开发资金近1亿元，组织实施工矿废弃地复垦项目67个，复垦规模3.86万亩，新增耕地占补面积1.6万亩，既保证了项目建设占用耕地"占一补一"的指标需求，又改善了矿山生态环境。其中，大冶铁矿创造了"石头上能种树"的奇迹，面积达366万m²（相当于10个天安门），是亚洲最大的硬岩绿化复垦基地，其复垦规模和效果被誉为"亚洲之最"。

### 5. 依托大冶湖生态新区发展矿冶文化旅游，推进全域生态文明建设

按照"一片城市金叶、一片生态绿叶"的生态设计理念，科学编制了规划面积450 km²、核心区面积21 km²的《大冶湖生态新区总体规划》，推动城市发展由环磁湖时代迈向环大冶湖时代，带动辖内的大冶市、阳新县组团发展，实现生态文明建设市域一体化。同时，将人文历史资源丰富的危机矿山大冶铁矿废弃的露天采场向原国土资源部申报设立黄石国家矿山公园。目前，已初步形成采矿遗迹观光区、

生态复垦休闲区、矿山工业博览区、矿业自助加工区、户外休闲游览区、地质勘探遗迹体验区、矿山纪念品加工、矿山公园服务区8大核心景区。自揭牌开园以来，已接待游客100余万人，工业旅游收入占旅游业总收入的1/3，并成功举办了两届黄石国际矿冶文化旅游节、湖北省首届园博会暨矿博会，形成了矿物宝石展示交易、地矿科普文化旅游两个全新的绿色产业。

### 5.7.3 推广建议

对于像黄石市这样的资源枯竭型城市，亟须通过推行绿色发展理念，实现资源节约集约利用和城市的生态化转型。在推动生态文明建设中，黄石市主要从发展以振兴黄石制造为重点的绿色经济，开展水、气、山、土"四治"工程，推进矿山资源节约集约利用，建设五大创新机制，发展矿冶文化旅游等方面开展工作，并结合自身特点，开展了很多创新性改革和有益探索，可以为我国其他类似的资源枯竭型城市和地区的生态文明建设提供经验。

第6章

生态文化体系建设
探索示范

XIN**SHIDAI**
**SHENGTAI** WENMING
CONGSHU

## 6.1 生态文化体系建设

### 6.1.1 概述

2015年印发的《中共中央 国务院关于加快推进生态文明建设的意见》（中发〔2015〕12号）是我国就生态文明建设进行的一次总体部署，强调了全民生态文明建设的重要性："坚持把培育生态文化作为重要支撑。将生态文明纳入社会主义核心价值体系，加强生态文化的宣传教育，倡导勤俭节约、绿色低碳、文明健康的生活方式和消费模式，提高全社会生态文明意识。"该意见着重指出，要"加快形成推进生态文明建设的良好社会风尚"，要求充分发挥群众力量"实现生活方式绿色化"，包括"提高全民生态文明意识""培育绿色生活方式""鼓励公众积极参与"，还对全民生态文明建设、绿色消费提出了相应的要求，如要"使生态文明成为社会主流价值观"，"从娃娃和青少年抓起"把生态文明教育纳入教育体系，"形成人人、事事、时时崇尚生态文明的社会氛围""广泛开展绿色生活行动""倡导绿色生活和休闲模式"等。2018年7月，习近平总书记在全国生态环境保护大会上特别强调，"要加快建立健全以生态价值观念为准则的生态文化体系。"

生态价值观是生态文明建设的价值论基础，是新时代生态文明建设的灵魂所在。习近平总书记指出，中华民族向来尊重自然、热爱自然，绵延5 000年的中华文明孕育着丰富的生态文化。在具体的实践过程中，主要包括以下3个方面：①培养生态道德，既要传承发扬"天人合一""道法自然"等中华优秀传统生态道德，也要注意吸收西方生态道德文化的建设经验，去其糟粕，取其精华，使践行生态道德成为公民日常生活的一种高度自觉；②繁荣生态文化，把生态文明纳入社会主义核心价值体系，使全社会牢固树立社会主义生态文明观，通过一系列优秀的生态文化作品，推动形成弘扬生态道德、践行生态行为的良好氛围，形成人人、事事、处处、时时崇尚生态文明的社会新风尚；③加强生态文明宣传教育，充分认识宣传教育在生态文明建设中的基础性作用，使生态文明宣传教育工作渗透到经济社会的各阶层、各年龄段、各地域，不断提高全社会的生态意识和素质，大力拓展社会公众接受环保科普和环境体验的渠道和平台。

价值观决定行为方式。造成生态环境问题的一个深层次原因是工业革命以来形成的将人类凌驾于自然之上的盲目"征服自然"的价值观念。建设生态文明，首先要树立尊重自然、顺应自然、保护自然的社会主义生态文明观，像保护眼睛一样保护生态环境，像对待生命一样对待生态环境。构建生态文化体系，要将其融入社会主义核心价值观建设之中，对不同的社会主体和不同的发展阶段要有不同的侧重点和基本要求。对于各级党委、政府及其工作部门，主要是培育其在资源节约和生态环境保护这一刚性约束下进行各项社会经济发展决策和管理的文化自觉。对于公众，在不断提高相关意识和认知的同时，要培育节约资源和保护环境的生活方式和消费模式；同时，应当把树立社会主义生态文明观纳入学校常规教育体系之中。对于企业，重点是增强其在环境保护方面遵法守法的意识，增强发展绿色经济的社会责任感。

践行绿色消费是生态文明建设的重要内容。绿色消费这一概念始于20世纪70年代。艾伦·杜宁在《多少算够——消费社会与地球的未来》一书中基于大量的实证数据和资料指出，我们生活在一个消费者社会，而目前的消费模式不可持续，也不能带来幸福，因此我们需要提出"绿色消费"的概念，使全球居民能够在不使这个星球的自然健康状况受损的情况下享有一种舒适的生活。中国消费者协会则从消费者的角度提出了绿色消费的三重含义：①倡导消费者在消费时选择未被污染或有助于公众健康的绿色产品；②在消费过程中注意到对垃圾的处理，不造成环境污染；③引导消费者转变消费观念，崇尚自然、追求健康，在追求舒适生活的同时注重环保、节约能源，实现可持续消费。综观国内外学术研究中对绿色消费的定义可以发现，有的研究从行为出发，通过消费者购买和消费的商品来判断其是否属于绿色消费；有的研究则从价值出发，关注消费者是否具有环保理念；有的研究在探讨绿色消费时只涉及生活消费领域；有的研究则采取更广泛的定义，认为绿色消费也涉及生产和流通领域。

2019年10月29日，国家发展改革委发布了《绿色生活创建行动总体方案》（发改环资〔2019〕1696号），明确提出"通过开展节约型机关、绿色家庭、绿色学校、绿色社区、绿色出行、绿色商场、绿色建筑等创建行动，广泛宣传推广简约适度、绿色低碳、文明健康的生活理念和生活方式，建立完善绿色生活的相关政策和管理制度，推动绿色消费，促进绿色发展"，并提出"到 2022 年，绿色生活创建行动取得显著成效，生态文明理念更加深入人心，绿色生活方式得到普遍推广，通过宣传一批成效突出、特点鲜明的绿色生活优秀典型，形成崇尚绿色生活的社会氛围"的总体目标。

生态文明建设提出了"全面促进资源节约""控制能源消费总量""促进生产、流通、消费过程的减量化、再利用、资源化""以最少的资源消耗支撑经济社会持续发展"的要求，要求人类在不断发展的过程中关注自身对自然的影响，追求与自然的平衡及和谐，追求可持续的发展，这与已有研究中关于绿色消费的目标设定是一致的。与此同时，绿色消费模式也应当与我国的国情相一致，要能够协同我国经济社会的总体发展。习近平总书记提出的到2020年全面建成小康社会、到2049年实现中华民族伟大复兴的"中国梦"，从实质上来说就是找到了一条如何在有限的资源约束下建设美好家园，实现中华民族富足、强大和幸福的发展路径，与绿色消费模式所倡导的理念相一致。

综上所述，新时代构建中国特色生态文化体系的路径主要包括构建人与自然和谐的物质生态文化，树立大力弘扬人文精神的生态伦理观，建立健全生态制度机制，提倡科学低碳的绿色消费观，始终坚持生态文化建设的核心是追求人与自然的和谐。

## 6.1.2　建设成果

总结国家生态文明先行示范区的建设经验，在生态文化体系建设方面的主要工作包括开展环境信息公开制度建设、探索生态文明建设社会行动体系、建立生态文明建设公众参与制度、探索非物质文化遗产保护与生态文化协同发展的政策机制、建立生态文化培育机制体制、建设生态文明建设信息共享制度等。开展生态文化体系建设实践的试点地区如表6-1所示，目前试点地区的数量比较少，典型制度和做法也不多，建设成效还不明显。因此，生态文化体系建设仍是未来国家生态文明试点实践的重点领域，也是未来亟待加强的领域。

表6-1　国家生态文明先行示范区中已开展的生态文化建设实践

| 序号 | 典型制度、做法 | 试点地区 |
|---|---|---|
| 1 | 环境信息公开制度 | 北京市密云县、山西省芮城县 |
| 2 | 生态文明建设社会行动体系 | 广东省深圳市东部湾区 |
| 3 | 生态文明建设公众参与制度 | 海南省万宁市、重庆市渝东南武陵山区、宁夏回族自治区石嘴山市 |
| 4 | 非物质文化遗产保护与生态文化协同发展的政策机制 | 陕西省西咸新区 |
| 5 | 生态文化培育机制体制 | 安徽省黄山市、湖南省衡阳市、广东省梅州市 |
| 6 | 生态文明建设信息共享制度 | 四川省川西北地区 |

## 6.2　深圳：构建生态文明建设社会行动体系

### 6.2.1　基本情况

近年来，为加快推进国家生态文明先行示范区建设，深圳市东部湾区紧密围绕"四个全面"战略布局，全面落实《深圳市大鹏半岛生态文明体制改革总体方案（2015—2020年）》相关工作部署，以生态文明建设为主线，以财政支持为杠杆，充分整合社会公益资金，发挥政府和社会"两驾马车"在生态文明建设中的协同作用，探索构建生态文明建设社会行动体系，在全国率先探索出生态文明全面参与的长效机制，并取得了积极的成效。

深圳市东部湾区生态文明建设社会行动体系的构建思路见图6-1，即通过整合各种社会资源并充分调动社会力量，构建由新型智库、公益基金和社会组织3个部分组成的东部湾区生态文明建设社会行动体系，实现新型智库为生态文明建设提供智力支持，公益基金为生态文明建设提供财力支持，社会组织为生态文明建设提供行动支持，共同推进全区的生态文明建设。生态文明建设社会行动体系的3个方面的建设同时推进又各有侧重，其中，新型智库和公益基金建设的重点是完善制度和探索长效管理机制，而社会组织建设主要以培育、管理为主，总的建设模式可以概括为"制度先行，管理为上"。

图6-1　深圳市东部湾区生态文明建设社会行动体系构建思路

## 6.2.2　主要做法及成效

### 1.探索生态文明新型智库体系建设

大鹏新区在新型智库体系建设过程中积极探索区级政府"不求所有、但为所用"的新路径，在营造智库发挥作用的良好环境、引进高端智库机构、引进智库高端人才和强化智库成果转化与激励4个方面实现成果应用，推出了"1＋N"[1]等一系

---

[1] "1＋N"政策体系，即由深圳市自主创新史上的里程碑式政策文件（"一号文件"）与其后的20项配套政策构成的具有深圳特色的"1＋N"式自主创新政策框架。其中，"一号文件"即深圳市2006年出台的《关于实施自主创新战略建设国家创新型城市的决定》；20项配套政策涉及鼓励创新、科技投入、政府采购、人才、教育、标准化战略、知识产权保护、司法保护等多个领域。

列政策措施，其建设模式可以概括为"制度先行，管理为上"。大鹏新区通过加快推进接地气、察区情、实用管用的新型智库建设，聚集智库人才，加强前瞻性、战略性研究，为新区改革发展和重大决策提供智力支持。

一是突出系统规划，营造智库发挥作用的良好环境。制定实施了《大鹏新区加强新型智库建设若干措施（试行）》，从建立健全重大决策咨询制度、建立健全政策评估制度、完善政府购买决策咨询服务制度、完善信息公开制度、建立健全智库成果评价和转化制度、建立健全社会智库扶持制度、建立健全智库规范管理制度、建立健全新区智库建设管理制度8个方面提出了优化智库发展环境的措施，为新型智库在新区经济社会发展中更好地发挥作用创造了良好的环境。

二是引进高端智库和社会智库入驻大鹏新区，为新区提供智力支持。制定实施《大鹏新区入驻高端智库业务经费扶持申请操作规程（试行）》和《大鹏新区社会智库扶持资金申请操作规程（试行）》，对高端智库和社会智库申请扶持资金的相关政策依据、申报对象、申报条件、政策待遇、申请材料、责任部门、受理时间、审定程序及其他事项进行了具体规定，旨在积极引进一批熟悉新区区情、关注新区发展、专业能力过硬的高端智库和社会智库，组建发展战略型、实操决策型、产业领域型3个层次的智库专家团队，构建"小平台、大网络"的新型智库服务体系。目前，大鹏新区管理委员会和厦门大学合作共建了厦门大学湾区（大鹏）规划与发展研究中心，与国务院发展研究中心资源与环境研究所签署战略合作协议，引进生态文明领域国内顶级专家团队为新区提供智力支持。

三是推进成果转化，创新打造智库产品。制定实施《大鹏新区智库成果奖励资金申请操作规程（试行）》，创新智库成果评价和应用转化机制，对优秀智库成果、重大创新项目、重大理论研究成果等按照相关规定给予奖励，创新性地将智库研究成果打造为智库产品，引导和鼓励社会智库机构主动关注、研究新区的重大发展问题，为新区提供决策参考。

大鹏新区初步探索了"1＋N"制度框架、校—区合作平台和决策咨询"智囊团"的区级智库建设新路径，并已取得初步成效。其中，与厦门大学合作共建的厦门大学湾区（大鹏）规划与发展研究中心是深圳市首家区级政府与"双一流"大学合作共建的特色专业智库机构；与国务院发展研究中心资源与环境研究所签署的战略合作协议整合了大鹏新区与厦门大学、专家队伍的优势资源，以大鹏新区为样本开展前瞻性、战略性研究，为大鹏新区生态文明发展提供智力支持。在南方报业传媒集团组织的"2018深圳改革榜单"评选活动中，大鹏新区新型智库建设荣获"2018深圳微改革优秀案例"。

**2. 探索设立大鹏半岛生态文明建设公益基金**

大鹏半岛生态文明建设公益基金（以下简称"基金"）由大鹏新区管理委员会发起设立，其宗旨是探索生态文明建设资金社会化募集渠道，创新生态文明建设资金管理运营机制，通过设立基金撬动更多的社会资源来支持和推动大鹏半岛生态文明建设。基金包括用于接收社会捐赠资金的专项基金和用于接收政府委托资金的慈善信托两个部分，大鹏新区管理委员会是专项基金的发起人及慈善信托的委托人，其建设步骤分为成立基金和管理基金。

一是成立公益基金。印发了《关于推动设立大鹏半岛生态文明建设公益基金的工作方案》，通过组织基金前期工作、开展基金筹集工作、成立基金管理委员会、办理基金设立手续和正式运作5个步骤设立基金；通过创新生态文明建设资金筹集渠道，采取社会化、专业化、项目化等公益合作模式推动基金运作；通过设立专项基金，接收定向捐赠、公众捐赠和企业捐赠等多种方式的社会资金捐赠，争取社会各界的参与和支持。

二是构建和完善公益基金管理运营机制。出台了《大鹏半岛生态文明建设公益基金管理办法》，从管理机构、慈善财产管理、资助对象及项目范围、项目遴选及管理、监督管理、公益基金的终止及清算、信息披露7个方面规范基金管理，创新生态文明建设资金管理运营机制（图6-2）。其中，在机构运行机制上，基金管理委员会按照"公开、透明、公正"的原则对基金的重大事项进行决策及管理，由受托人负责具体组织实施和执行其决议。对于基金管理委员会做出的决议，受托人应进行是否符合国家法律法规、基金会章程、信托合同、捐赠协议、公益基金慈善宗旨和目的等方面的形式审查，通过形式审查后予以执行，并就决议执行情况向基金管理委员会汇报。

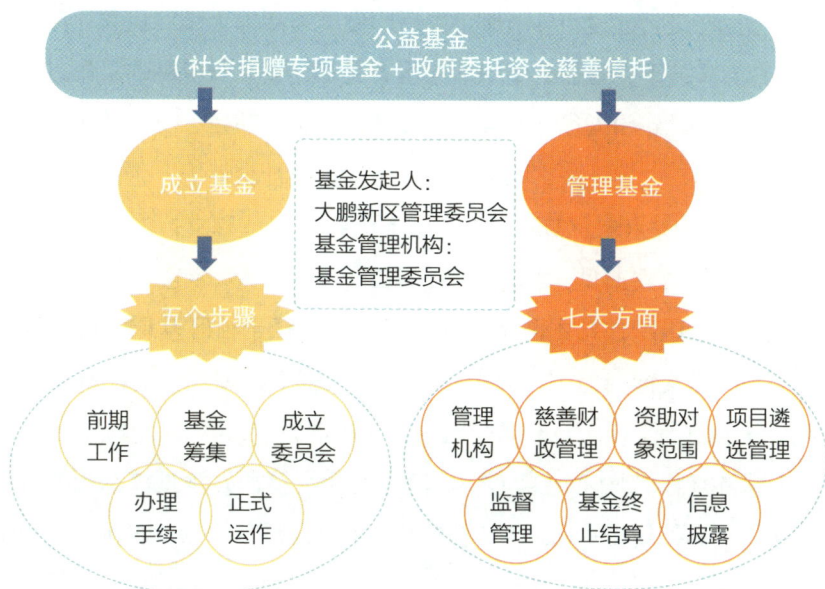

图6-2  大鹏半岛生态文明建设公益基金建设内容

截至目前，基金以"慈善信托＋专项基金"的模式，通过创新主体参与机制、资金募集渠道、基金管理模式、公众参与途径，募集资金已超过2 200万元。同时，通过优化信托收益和社会募集资金，建立专项基金用于资助大鹏半岛与生态文明建设相关的公益项目和活动，实现两个部分统一品牌形象、统一治理结构、统一运营管理，形成了"政府支持＋社会参与＋专业运作"的生态文明社会共建机制，并荣获第四届鹏城慈善奖——"鹏城慈善典范项目"奖项。

### 3. 完善社会组织参与生态文明建设的引导机制

通过加大公共财政资助力度，引导生态文明建设领域内各类社会组织的健康有序发展，发挥民间组织和志愿者在生态文明建设中的积极作用；通过与国际生态环保社会组织交流合作，创办区域性生态文明高端论坛，承办国内外生态文明建设重要活动、会议等，深化大鹏半岛生态文明建设品牌。

一是通过"对内培育、对外引入"的双向培育机制扶持、引导社会组织参与生态文明建设。通过开展辖区社会组织发展情况调研，依托已有的社会组织，在完善社会组织参与生态文明建设引导机制上先后印发了《活力大鹏：优秀社会组织引入计划实施方案》《关于完善社会组织参与生态文明建设引导机制的工作方案》等管理办法。一方面，对外引入优秀社会组织及其品牌服务项目，支持其扎根大鹏、服务新区；另一方面，立足社区、贴近基层，激发本土社会活力，依托新区志愿服务类社会组织、城市U站和社区U站等志愿服务组织，培育和支持内生型生态环保社会组织，紧紧围绕树立典型、打造亮点的思路，培育引入生态环保类社会组织。目前，参与的社会组织包括本区本土社会组织、活跃于社区基层的社区社会组织以及市级生态环保类社会组织，具体为深圳市大鹏新区珊瑚保育协会、深圳市蓝色海洋环保协会、深圳市大鹏新区大鹏办事处鹏城社区美丽大鹏环保志愿服务队、深圳市绿源环保志愿者协会、深圳市大鹏新区葵涌办事处溪涌社区行者无疆户外运动协会、深圳市大鹏新区葵涌办事处溪涌社区环保协会、深圳市大鹏新区旅游协会等。

二是通过多渠道、多方式给予资金资助，为生态环保类公益服务项目的落地实施提供保障。通过政府购买服务、社区社会组织"双创计划"（初创扶持工程计划和公益创投计划，分别为初创期和成熟期社区社会组织提供公益服务项目经费资助）、民生微实事项目等方式支持社会组织开展生态环保公益服务项目，累计支持开展27个项目，投入资金203.65万元。其中，生态环保类社会组织活动内容包括生态环保理念倡导、沙滩海洋清洁、志愿服务、旧物循环利用、红树林保育、鱼苗放养等，具体活动项目有溪涌社区"山海大鹏　美丽溪涌"亲子户外生态倡导项目、王母社区"共建生态文明家园"宣传教育走进社区项目、南渔社区海底废网环保回收项目、鹏城社区"美丽大鹏"环保志愿服务项目、溪涌社区绿色开放集市项目、坝光社区"为红树织一片爱的绿网"项目、国际海洋清洁日公益活动、"增殖放流"活动等。

目前，通过加快促进本土生态环保类组织参与和开展公益服务项目，支持生态环保社会组织开展环保志愿服务项目、生态环保类公益服务活动，已培育引入有效生态环保类社会组织11家，成功打造了具有国际影响力的"潜爱大鹏珊瑚保育"活动品牌，拥有来自澳大利亚等13个国家和地区的在册义工超过千人，成功种植珊瑚苗13 600余株，被评为国家海洋意识教育示范基地。2018年，潜爱大鹏珊瑚保育志愿联合会参与录制了"庆祝中国改革开放40周年专题节目"《直播中国》的深圳篇，并荣获2018年的"福特汽车环保奖"。

### 6.2.3 推广建议

深圳市东部湾区生态文明建设社会行动体系通过建设公益基金、新型智库和生态环保社会组织，推动了民间组织、志愿者服务队伍和专家学者等社会力量共同参与区域生态文明建设。通过利用公益项目与社会组织、志愿联合会开展对话、研讨及公众教育宣传活动，激发了志愿者服务群团组织参与生态文明建设的热情，促进了公益组织之间的相互交流、学习，提升了民众对生态文明建设的关注，动员了更多的社会公众、媒体力量、社会资源支持区域生态环境的改善；通过引入国家级高端智库，邀请专家学者进行头脑风暴和思想碰撞，组织生态文明建设相关培训，提高了区域工作站位，更加准确地把握最新政策动态，为区域生态文明建设提供了强大的智力支持。深圳市东部湾区生态文明建设社会行动体系的建设经验值得我国其他地区推广、借鉴。

## 6.3 深圳：探索以"碳币"为核心的全民参与长效机制

### 6.3.1 基本情况

党的十八大以来，为加快推进国家生态文明先行示范区建设，深圳市东部湾区统筹推进"五位一体"总体布局，充分调动全民参与生态文明建设的积极性，着力提升全社会的生态文明理念，在全国率先探索生态文明全民参与长效机制，探索建立生态文明"碳币"体系和服务平台（图6-3），推动生态文明建设与智能技术的融合，从物质、精神两个层面激励生态文明行为，构建多层次、多形式、多渠道的生态文明建设全民行动机制。

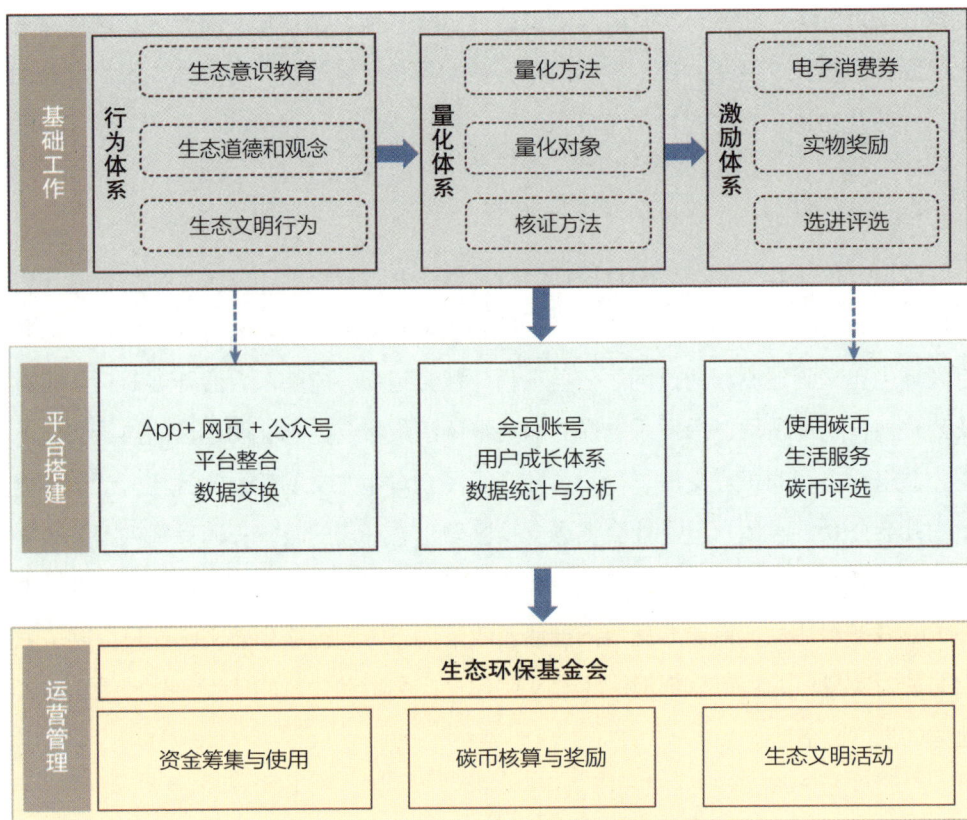

图6-3 "碳币"系统工作实践路径

"碳币"是一种虚拟产品，它将市民、学校、社区的节能减排行为进行量化，以政府补贴、商业激励等手段按减碳量进行低碳激励，从而鼓励全民积极参与到生态文明建设的行动中来。2016年9月，盐田区生态文明"碳币"服务平台正式上线运行。该服务平台以微信公众号为主、手机App和网站为辅，开发了绿色出行、资源节约、知识闯关、发起活动等12个功能模块，构建起多层次、多形式、多渠道的生态文明建设全民行动机制。2018年1月，盐田区生态文明"碳币"服务平台2.0正式上线，新增了生态文明活动、"碳币"出路、趣味性、大数据分析等功能。截至2018年12月31日，平台总注册人数达14.9万人，共发起约1 500场生态文明活动，累计发放约1.6亿"碳币"，群众活跃度和参与度不断提高，生态文明建设全民行动初见成效，基本形成了以"碳币"为重要纽带的生态文明全民参与框架。该机制的引入在一定程度上解决了全民参与资源环境保护动力不足的问题，也使深圳市东部湾区在社会行动体系建设方面取得了积极成效。

## 6.3.2 主要做法及成效

### 1. 借鉴碳排放交易理念，搭建起"碳币"服务体系主体框架

生态文明"碳币"服务平台借鉴碳排放交易理念，以"碳币"为基础度量，通过第三方研究机构估算，对个人、社区、家庭、学校和企业参与生态文明建设的行为赋予一定的价值量，给予相应"碳币"奖励，用户可用"碳币"兑换礼品、参与公益众筹等，实现对生态文明活动的有效激励。该平台包括微信公众号、手机App及盐田区生态文明网站专栏，形成了以手机为主、网站为辅的生态文明"碳币"服务体系。"碳币"量化则以碳排放核算为基础，以价值规律为参照，如节约1度（ $1 \text{ kW} \cdot \text{h}$ ）电相当于减排0.997 kg $CO_2$ ，目前1 t $CO_2$ 的市场价格大约为40元人民币，按照1碳币=0.01元人民币对每种生态环保行为的"碳币"价值量进行折算。在日常运营过程中，平台会结合生态文明建设需求和公众参与度来调整激励系数，使平台更加契合辖区实际、更加贴近居民实际需求。

### 2. 建立激励引导机制，提高居民参与的积极性

生态文明"碳币"服务平台着眼于有效提高用户参与生态文明活动的获得感和积极性，对公众的生态文明行为和生态文明意识进行"碳币"奖励（图6-4）。平台的主要功能模块有"获取碳币""使用碳币""用户成长体系""生活服务""数据统计与分析"等。其中，"获取碳币"模块可以核定企业、个人、家庭、小区、学校每种生态文明行为的"碳币"价值量，用户通过平台参与生态文明的行为可获相应"碳币"，如参与公共自行车骑行、每日步行、公交出行、垃圾分类、节水节电节气、竞答环保闯关题、签到学习党的十九大论述、发起生态环保活动等行为均可获得相应"碳币"；"使用碳币"模块可将用户获得的"碳币"兑换成手机话费、流量、景区门票等电子消费券，以及图书、环保袋等实物，还可以使

用"碳币"进行众筹，用"小碳币"发起"大公益"，并将"碳币"积分作为盐田区"环保达人"年度先进表彰活动评选的重要参考条件之一，实现精神与物质的双重激励。

图6-4 盐田区生态文明"碳币"服务平台

（图片来源：微信公众号）

### 3. 打通数据交换壁垒，实现跨部门系统数据的互联互通

生态文明"碳币"服务平台突破了数据交换壁垒，现已整合并连接了盐田区的环境在线监测监控系统、盐田区垃圾分类、盐田区公共自行车、深圳市深圳通、深

圳市燃气集团、深圳市水务集团、深圳市供电局等的数据系统，通过建设专线、政务外网等方式打通了低碳生活（空气质量、用水、用电、用气、垃圾分类投放）和绿色出行（骑行、公交）等的数据壁垒，在用户报名参与相关活动后，平台将自动获取绿动骑行、乘坐盐田区内闭环公交、垃圾分类投放次数及用水、用电、用气量等数据，并根据系统设定的规则奖励"碳币"，同时实时提供辖区环境质量、负离子浓度和天气等信息服务，不断扩大生态文明全民行动的覆盖面与参与面。

### 4. 探索企业碳交易模式，促进全区绿色低碳循环发展

为增强企业低碳减排的社会责任感，进一步提升公众参与生态文明建设的深度和广度，盐田区委托专业机构完成了区内碳交易系统的可行性研究，并同步开展了15家辖区碳交易试点企业的碳核查工作，完成了《盐田区规模以上企业碳排放水平评估报告》，初步了解了规模以上企业参与碳交易工作的空间，探索了生态文明"碳币"服务平台碳交易盐田板块的系统设计。该板块区别于国家碳交易的工业企业强制性参与模式，拟采取自愿性参与模式，各类型企业都可参与。同时，结合辖区物流和旅游企业较多的实际，率先在国内探索非工业企业参与碳交易的模式，全面促进了全区的节能减排、低碳发展。

### 5. 成立专业基金会，创新"碳币"平台运营管理模式

为充分整合社会资源，发挥政府和社会"两驾马车"在生态文明建设中的协同作用，推动形成生态文明共建、共治、共享的良性循环，2018年1月，深圳市盐田区正式组建了深圳市盐田区生态环保基金会。该基金会是全国最早由政府注册成立、旨在推动生态文明全民参与的专项基金会。在筹备和运行初期，由盐田区政府每年投入约1 000万元资金用于"碳币"系统的推广、运营和礼品兑换等生态环保公益活动。基金会理事会负责对各项重大项目进行决策，条件成熟后可以向企业或个人募集资金，为"碳币"系统运营提供资金保障，搭建社会多方力量参与生态环保公益活动的开放平台，保障了生态文明碳币服务平台的长期规范和可持续发展。

### 6. 积极开展宣传活动，形成全民参与的良好氛围

生态文明"碳币"服务平台组建了600余人的志愿者和网格员队伍，每周发起10场以上的生态文明活动，定期在社区、公园、广场等地开展资源回收、环保节

约、绿色出行、生态文明宣传等活动；通过线上、线下主题推广活动的开展，凝聚了盐田区珊瑚虫海洋环保协会、深圳市海洋环境保护协会等环保社会组织，以及辖区企业及社区居民，创新采用"主题活动＋新媒体"的直播方式，通过网站、电视新闻、视频制作、微信、微博等新型媒体资源多端推送和传播生态文明"碳币"服务平台，广泛传播其正向引导价值。自2016年9月上线至2018年12月31日，生态文明"碳币"服务平台共发起约1 500场活动，形成了全民参与生态文明建设的良好局面。

通过积极开展宣传活动，不仅提高了居民对生态文明建设的认知度和参与度，也提高了公众对政府生态文明工作的满意程度。根据深圳市人居环境委和市统计局联合对各区开展的生态环境满意率调查结果，盐田区公众的生态文明意识从2015年的86.7%提升到2017年的91.0%，公众对城市生态环境质量提升的满意率从2015年的87.7%提高到2017年的91.2%，均列全市第一。

### 6.3.3 推广建议

习近平总书记指出，推进生态文明建设需要建立政府—企业—社会共治的绿色行动体系。公众是资源节约和环境保护的重要主体，全民参与是美丽中国建设的关键环节。近年来，随着收入水平的提升，人民群众对优美生态环境的需求不断增长，越来越多的公众开始通过践行绿色消费和绿色生活、监督政府和企业的生态环境保护行为等方式参与生态文明建设，产生了良好的效果。但是公众参与生态环境保护的广度和深度仍有较大改进空间，意愿和动力仍不足。从鼓励全民参与的政策措施来看，环保宣传与教育固然不可或缺，但也存在见效时间长等问题。因此，探索激励公众参与生态文明建设的长效机制具有重大的现实意义。

深圳市东部湾区通过经济激励手段，创新性地将消费和生活行为的资源环境代价进行了量化，通过依托跨部门数据平台创新性地打造了"碳币"这一虚拟产品，并建立了行之有效的长效机制，实现了全民参与生态文明建设，在一定程度上探索了一条可有效激励公众参与生态文明建设的途径，对其他地区具有很好的借鉴意义。

# 6.4 梅州：客家文化与生态文化融合发展

## 6.4.1 基本情况

梅州市是广东省省辖地级市，位于广东省东北部，是粤闽赣边区的区域性中心城市，也是全国生态文明建设试验区、广东省文化旅游特色区和重要的电力基地之一。2010年，梅州市获文化部批准设立客家文化（梅州）生态保护区，成为全国第5个、广东省唯一一个国家级文化生态保护实验区。2014年，梅州市获国家发展改革委等六部委批准成为国家生态文明先行示范区。

"探索建立推动生态文化融入客家文化的政策机制"是国家赋予梅州市探索示范的3项制度创新内容之一。在具体实践过程中，梅州市逐步建立了客家文化和生态文化的融合发展机制，积极推动将生态环境保护理念纳入文化发展的规划和政策，在生态文化和非物质遗产保护政策中强调自然原生态的保护内容，在生态文明建设的相关规划、政策和项目设置中吸纳客家文化领域的专家介入，以客家文化提升生态资源、农业和旅游的文化品位（图6-5）。

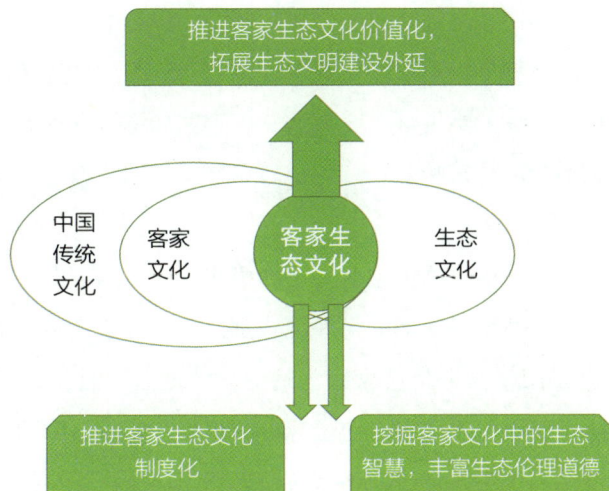

图6-5 客家文化与生态文化融合发展

### 6.4.2　主要做法及成效

**1. 挖掘客家文化中的生态智慧，丰富当代生态伦理道德，不断提高人们的生态环保意识**

客家先民发祥于中原，那里曾是以儒家思想为核心的汉族文化的中心。儒家思想强调的"天人合一"为客家文化的生态思想提供了深厚的理论渊源。同时，在远古实践生活中，客家先民以农耕经济为主，对自然的依赖性较大，理论与实践的有机结合促使客家人自古就形成了追求人与自然和谐共生的价值观。孕育于独特的地理环境和时代背景下的客家文化，是客家民系适应自然、改造自然的产物，蕴含了丰富的生态智慧，具体表征在物质文化中的客家建筑、农业耕作等，制度文化中的宗教信仰、宗族习俗，以及精神文化中的客家山歌等方面。

例如，客家民居从选址上多依山坡就势而建，前低后高，坐北朝南，适应南方冬冷夏热、雨量丰富的气候特点，也具有便于采光、通风、排水的自然优势。从空间结构来看，以客家围龙屋为代表，其组合方式反映了客家人在密集的居住状态下如何协调人与自然的关系，并极具视觉美学。从外围布局来看，"山环水抱"是其最理想的布局，而在靠山容易靠水难的山区，池塘便应运而生，凡无河相伴的客家民居均有池塘相陪。池塘不仅解决了洗涤、饮水和防火等生活需求，也在空间上成为民居与自然环境相协调的重要环节。总之，客家民居建筑保存着传统风格、实用价值和建筑艺术相融合的建筑特色，渗透出尊重环境、回归自然、与生态环境融为一体的生态理念。

再如，客家的农业耕作也体现出对生态环境的合理利用与保护。桑蚕—鱼塘的生态农业模式、果园—鱼塘—家禽的环保模式都是粤北客家人聚集地区经常采用的农业种养模式。而梯田耕作则是客家人为适应丘陵地区而时常采用的土地利用模式，它可以有效防止水土流失，促进土壤养分的积累，非常适应南方气候与多山地形。梯田耕作不仅是一个生态系统，还包含了人与土地协作的过程，以及在这个过程中村落、梯田和森林之间形成的小气候循环，是一种具有生态农业特色的文化。还有最具代表性的客家民间文艺形式——客家山歌，不仅记载了客家人的勤劳、善良、朴实的人格，承载了客家社会生活、生产方式等内容，还蕴含和宣扬着客家民系的生态美学思想，歌词中往往传达出人与自然、人与人、人与社会之间的和谐思想和一种"天人合一"的精神意蕴。

**2. 推进客家生态文化的制度化建设，形成协调发展的体制机制**

客家生态文化的制度建设包括正式制度与非正式制度两个方面。

在正式制度建设上，梅州市不断制定和完善体现客家生态文化传承保护的顶层设计与地方立法，形成了推动客家文化与生态文化协调保护与发展的体制机制。梅州市编制了《客家文化（梅州）生态保护实验区总体规划（2017—2030）》，并于2017年5月获文化部批准实施。实验区包括梅州市的8个县（市、区），全域总面积1.8万km²。为统筹规划保护区的建设工作，成立了客家文化（梅州）生态保护实验区建设工作领导小组，印发了《客家文化（梅州）生态保护区总体规划》《客家文化（梅州）生态保护实验区三年行动计划（2018—2020）》。此外，梅州市在《梅州市全域旅游发展规划（2017—2030年）》的编制过程中，秉承保护发展客家文化和生态环境的理念，强调在严格保护梅州市生态环境和文化传承的前提下科学发展文化旅游产业。

在非正式制度建设上，主要体现在对有利于生态环境保护的宗教信仰和宗族习俗的传承与合理利用。客家先民相信万物有灵，并且人的灵魂与万物是相通的，人只是宇宙万物中的一环，而非凌驾于万物之上，所以珍惜人的生命和珍惜万物一样重要，这种宗教信仰也是一种生态智慧和爱护自然的体现。在推进生态文明建设的进程中，梅州市积极引导客家人将对植物和山川等自然崇拜的思想转化为对环境的积极保护和对生态的修复，鼓励形成封山育林的习俗，提倡各地区制定植树造林的乡规民约等，每年政府借助"3·12"植树节等广泛开展植树育林活动，在强化森林资源保护的同时也为岭南地区的生物多样性保护做出了重要贡献。

**3. 推进客家生态文化的价值化开发与产业化建设，促进文化资源转化为经济资源**

梅州市以平远县五指石"天道"、松溪河、相思谷、平远五指石卧佛等景点景区为依托，以"山水漫画、田园牧歌"为主题，将平远全县1 381 km²作为梅州市生态文明先行示范区来规划，全力打造岭南休闲胜地、中国生态乐园。引导蕉岭县充分发挥 "世界长寿之乡"的优势，积极开发长潭旅游区、丘逢甲故居等文化旅游精品景区，扎实推进36个生态文明村和美丽乡村建设，重点抓好70多种长寿食品的开发推介，全力打造"生态长寿蕉岭、世界养生福地"。梅州市推动与美丽乡村建设的深度融合，积极引导农业龙头企业、专业合作社等新型农村经营主体发挥示范作用，带动农民就地就业、就地转型，大力发展农业观光休闲旅游，做到林果茶竹药相结合，做好耕山致富文章，引导有条件的镇（村）通过全面盘活乡村资源、建设游客服务中心、乡村道路、公共停车场、清洁卫生间等配套设施建设，打造"国家农业公园"式的美丽乡村（图6-6）。

图6-6　客家文化与生态文化融合景区

（图片来源：地方提供、网络）

### 4. 宣传引导公众积极参与，提升市民的生态环保意识，营造生态文化建设的良好氛围

一方面，以客家文化为依托，引导大埔县充分激活名人、名寺、名镇、名村资源，以建设百侯古镇、瑞山生态旅游休闲度假村、泰安楼客家文化园、万福胜景等旅游项目为重点，努力实现镇镇联动、村村秀美、家家致富。另一方面，营造客家文化和生态文化协同保护与发展的良好氛围，充分利用官方网站、"梦里客都"微信公众号、官方微博等各种平台进行广泛宣传；对客家围龙屋保护、熙和湾客乡文

化旅游产业园的花灯楼荣获"世界最大灯笼型建筑"的吉尼斯世界纪录称号、平远龙文—黄田省级自然保护区入选"中国最美森林"和"中国森林氧吧"等进行宣传报道，激发群众保护发展客家文化和生态环境的热情，营造客家文化和生态文化协同保护与发展的良好氛围。

### 6.4.3　推广建议

梅州市以丰富的非物质文化遗产资源为载体，以国家生态文明先行示范区建设为契机，将非物质文化遗产与物质文化遗产、自然景观融为一体，把客家文化保护和传承与经济社会建设、新农村建设、生态文明建设等有机结合，为生态文明建设开拓了新的空间。梅州市的实践启示我们，在古老的中华大地上开展生态文明建设，一定要注重将中华文化的传统性与当前建设的现代性相结合，不仅要汲取国外环境保护与生态建设的有益经验，更要利用好中华传统文化这个巨大的"思想宝库"，努力发现并善于利用中华传统文化中的生态智慧，将之与现代生态文明建设工作相结合，使传统性与现代性交融生辉，为生态文明建设增添新元素、启迪新思路、开辟新境界。

梅州市结合当地的客家文化资源，积极探索创新，实现了客家文化与生态文化的融合发展，并取得了积极成效，其具体做法对国内其他地区进行生态文化建设具有重要的借鉴意义。其他城市可以参考梅州市客家文化生态价值体系建设的经验，发扬和继承本地优秀传统文化，促进生态环保理念的传播。

第7章

"互联网+"生态文明
建设探索示范

### 7.1.1 概述

"互联网+"是把互联网的创新成果与经济社会各领域深度融合，以推动技术进步、效率提升和组织变革，提升实体经济创新力和生产力，形成更广泛的以互联网为基础设施和创新要素的经济社会发展新形态。在全球新一轮的科技革命和产业变革中，互联网与各领域的融合发展具有广阔前景和无限潜力，已成为不可阻挡的时代潮流，对我国的经济、社会发展产生了战略性和全局性的影响，也为我国的生态文明建设提供了全新的思路和方法。

2015年以来，国务院先后发布了《中共中央 国务院关于加快推进生态文明建设的意见》、《国务院关于积极推进"互联网+"行动的指导意见》（国发〔2015〕40号）、《促进大数据发展行动纲要》（国发〔2015〕50号）等重要文件，为互联网在各领域的融合应用提出了发展目标和主要任务，初步勾勒出"互联网+"生态文明建设的发展格局。随后，国家发展改革委发布了《"互联网+"绿色生态三年行动实施方案》（发改办环资〔2016〕70号），进一步确保"互联网+"绿色生态各项任务落到实处，推动互联网与生态文明建设的深度融合，利用物联网、大数据等信息技术应用带动环保产业向技术手段智能化、参与主体多元化、服务方式多样化等方向发展。互联网在生态文明建设的实践中逐渐发挥着举足轻重的作用（表7-1）。

表7-1 我国"互联网+"生态文明相关政策梳理

| 序号 | 发布时间 | 文件名称 | 相关要求 |
|------|----------|----------|----------|
| 1 | 2015.4.25 | 中共中央 国务院关于加快推进生态文明建设的意见 | 协同推进新型工业化、信息化、城镇化、农业现代化和绿色化；加快推进对能源、矿产资源、水、大气、森林、草原、湿地、海洋和水土流失、沙化土地、土壤环境、地质环境、温室气体等的统计监测核算能力建设，提升信息化水平，提高准确性、及时性，实现信息共享 |

| 序号 | 发布时间 | 文件名称 | 相关要求 |
|------|----------|----------|----------|
| 2 | 2015.7.4 | 国务院关于积极推进"互联网+"行动的指导意见 | 首次提出开展"互联网+"绿色生态重点行动，推动互联网与生态文明建设深度融合 |
| 3 | 2015.8.31 | 促进大数据发展行动纲要 | 充分利用大数据，不断提升资源环境领域数据资源的获取和利用能力，提高决策的针对性、科学性和时效性；优先推动将资源、农业、环境等民生保障服务相关领域的政府数据集向社会开放；在城乡建设、人居环境等领域开展大数据应用示范，在企业监管、质量安全、节能降耗、环境保护等领域推动政府治理精准化 |
| 4 | 2016.1.11 | "互联网+"绿色生态三年行动实施方案 | 提出加强资源环境动态监测、大力发展智慧环保、完善废旧资源回收利用和在线交易体系三大任务 |
| 5 | 2016.3.22 | "互联网+"林业行动计划——全国林业信息化"十三五"发展规划 | 通过实施"互联网+"林业政务服务、"互联网+"林业科技创新、"互联网+"林业资源监管、"互联网+"生态修复工程、"互联网+"灾害应急管理、"互联网+"林业产业提升、"互联网+"生态文化发展以及"互联网+"基础能力建设8个领域的重点工程，有力提升林业治理现代化水平，全面支撑引领"十三五"林业各项建设 |
| 6 | 2016.5.10 | 关于推进再生资源回收行业转型升级的意见 | 顺应"互联网+"发展趋势，着力推动再生资源回收模式创新，推动经营模式由粗放型向集约型转变，推动组织形式由劳动密集型向劳动、资本和技术密集型并重转变，建立健全完善的再生资源回收体系 |

| 序号 | 发布时间 | 文件名称 | 相关要求 |
|---|---|---|---|
| 7 | 2016.5.20 | 国务院关于深化制造业与互联网融合发展的指导意见 | 围绕制造业与互联网融合关键环节，积极培育新模式、新业态，强化信息技术产业支撑，完善信息安全保障，夯实融合发展基础，营造融合发展新生态，充分释放"互联网＋"的力量，改造提升传统动能，培育新的经济增长点，发展新经济，加快推动"中国制造"提质增效升级 |
| 8 | 2017.9.20 | 关于建立资源环境承载能力监测预警长效机制的若干意见 | 整合集成有关部门资源环境承载能力监测数据，建设监测预警数据库，运用云计算、大数据处理及数据融合技术，基于有关部门相关单项评价监测预警系统，搭建资源环境承载能力监测预警智能分析与动态可视化平台 |
| 9 | 2017.9.21 | 关于深化环境监测改革提高环境监测数据质量的意见 | 加强大数据、人工智能、卫星遥感等高新技术在环境监测和质量管理中的应用；开展环境监测新技术、新方法和全过程质控技术研究 |
| 10 | 2019.5.16 | 数字乡村发展战略纲要 | 建立全国农村生态系统监测平台，统筹山水林田湖草系统治理数据；利用卫星遥感技术、无人机、高清远程视频监控系统对农村生态系统脆弱区和敏感区实施重点监测；建设农村人居环境综合监测平台 |
| 11 | 2019.6.26 | 关于建立以国家公园为主体的自然保护地体系的指导意见 | 建设各类各级自然保护地"天空地一体化"监测网络体系，充分发挥监测站点和卫星遥感的作用；依托生态环境监管平台和大数据，运用云计算、物联网等信息化手段，加强自然保护地监测数据集成分析和综合应用 |

### 7.1.2　建设成果

随着互联网与生态文明建设的融合不断加深，新时代生态文明建设的很多新理念、新模式都得到了落实，如以人为本的价值理念逐渐演变为人与自然和谐相处，先污染后治理的治理模式为提前监测治理所取代，高消耗、高消费的生活方式逐渐转变为适度消耗、绿色消费，互联网以其跨界连接、创新驱动的独特魅力为生态环境装上"智慧大脑"，助力美丽中国建设根基更加牢固、措施更加有效、理念更加科学。目前，我国"互联网＋"生态文明建设的主要成果集中在以下4个方面。

**1. 资源环境保护与监管**

一是以资源环境监测助力摸清资源环境家底。通过对大数据、物联网、云计算、人工智能、遥感等信息技术的综合运用，我国初步构建起覆盖能源、矿产、水、大气、森林、草原、湿地、海洋等各类生态要素的动态监测系统和数据库，打破了信息孤岛，建立了信息共享平台，促进了生态环境数据的互联互通和开放共享，为监管部门轻松获取资源环境承载力、环境质量状况、环境预警应急等信息提供了便利，为管理者制定生态保护和资源利用决策提供了科学依据，使其可以预先了解整个区域的资源环境状况与承载力，进而有计划、有节制地开展资源开发和经济社会活动，对解决当下我国面临的错综复杂的生态环境问题有重要的现实意义。

目前，我国的生态环境监测网络建设取得了显著成效：由空气自动监测站点等组成的环境空气质量监测网已投入使用，已建成的部、省、市三级监控中心有350多个，在96个地级及以上城市部署了130余个辐射环境自动监测站，对10 000多家企业、16 000多个监控点实施了污染源自动监控，初步形成了数据管理、数据服务和数据决策的创新管理模式。此外，自然资源动态监测与监管不断完善，建成并完善了"全国国土资源一张图"，形成了覆盖全国、贯穿四级的土地和矿产资源管理信息体系，网络监管信息化体系建设稳步推进，基本实现了对全国土地、矿产资源开发利用主要环节的事前、事中、事后常态化跟踪和全程监管[1]。

---

[1] 国家互联网信息办公室，《数字中国建设发展报告（2017年）》。

二是以资源环境保护助力实现智慧治污。互联网技术手段和先进设备为资源环境保护工作提供了诸多"利器"，在解决我国大气、水、土壤污染等问题方面可以更及时、更有针对性地发挥作用：一方面，智能监测设备和移动互联网帮助建立和完善污染物排放在线监测系统，在污染物种类和分布地域上扩大了监测范围，形成了全天候、多层次的智能多源感知系统；另一方面，通过建立环境信息数据共享机制，统一了数据交换标准，推进了区域污染物排放、空气质量、水环境质量等信息公开，实现了面向公众的在线查询和实时发布。此外，"互联网＋"让环保执法工作更便捷、更高效，为破解环境监管难题奠定了扎实的群众基础。自"12369环保举报"微信公众号开通以来，累计关注人数已超50万人，以2018年5月的数据为例，该公众号共接到全国举报21 124件，同比增长106.7％；同时，在北京、上海、广东、江苏等多个省（市）都设有污染举报新媒体平台，民众随手拍张现场照片就可以定位污染企业，从而完成举报，并可通过手机随时查看案件办理进度。

　　三是以实现信息共享支撑环境管理科学决策。以危险废物行业为例，随着信息技术的发展和危险废物管理要求的提升，互联网已成为数据采集和实时监管的重要手段。互联网具有全面感知、可靠传递、智能控制的特征，以及解决不同设备之间的兼容性、实时处理海量数据等能力，因而可以构建一套稳定、可靠、安全的数据网络体系，实现危险废物从产生、贮存、运输到处置的全过程实时动态监管。管理部门可通过物联网大数据平台实时掌握危险废物的基本属性、存放情况、转移路线、实时点位、应急处置措施、周边环境敏感区域、处置情况、利用情况等信息。为加强全国固体废物环境管理能力建设，生态环境部建立了"全国固体废物管理信息系统"。该系统覆盖全国各级固体废物管理部门，用户可通过系统开展废物进口核准、危险废物申报登记等业务工作。此外，生态环境部还依托废弃电器电子产品处理基金初步建成"废弃电器电子产品回收处理信息管理系统"，为电子废物基金审核和日常监管提供了信息化支撑。我国部分省、市为提高固体废物环境管理的信息化水平，也纷纷结合本地实际情况建立了固体废物管理信息系统和数据库。

### 2. 资源回收、追溯与在线交易

一是促进资源回收。随着互联网的应用，传统的再生资源回收行业迎来一次转型升级的重大契机，一大批创新型回收企业获得了宝贵的发展机遇，再生资源回收与社区服务结合、"两网"融合等新型回收模式不断涌现，互联网、大数据、二维码等信息技术被再生资源回收企业广泛应用。再生资源回收企业的兼并重组加剧，产业集中度进一步提高，目前已形成环卫回收一体化、再生资源企业跨界转型、环卫企业向后端延伸、分布式处理、单品种全产业链等多种运营模式。

二是实现废物在线交易。目前，国家鼓励互联网企业积极参与各类废弃物信息平台建设，推动现有骨干再生资源交易市场向线上、线下相结合转型升级，逐步形成行业性、区域性、全国性的产业废弃物和再生资源在线交易系统，完善线上信用评价和供应链融资体系，开展在线竞价，发布价格交易指数，提高稳定供给能力，增强主要再生资源品种的定价权。相关企业以移动物联网、互联网、云计算、大数据等现代技术为支撑，搭建了线上、线下信息交互平台，实现了系统化的再生资源产业布局。这一平台具有交易结算、物流回收半径的集约调配、再生资源各品类数据收集、大数据云计算、废品交易商城、供应链金融等功能。一方面，可以加速再生资源的回收流通，运用互联网等工具提升回收效率和流通过程利用率，实现回收产业的规模化、规范化、信息化及回收链条的标准化；另一方面，可以利用大数据技术的优点来完成固体废物产生企业和处理企业的自动信息解析与动态匹配，更好地提升交易效率，促使交易成本大幅降低。此外，交易平台还可以统一管理回收从业个体，减少环境的二次污染，加强政府对再生资源回收市场的监督管理和指导。

三是助力废物追溯识别。物联网结合无线射频识别系统（FRID）、产品电子代码（EPC）、第五代移动通信（5G）、互联网等技术可以对资源信息实现自动、快速、并行、实时、非接触式的处理，并通过网络实现信息共享，从而达到对资源信息进行高效管理和追踪的目的，实现对采集到的资源信息进行准确、无误的追踪，并且能准确掌握资源循环利用市场的变化情况，突破传统信息传播模式的障碍，克服信息传播途中的延误，及时迅速地将资源信息传送到网络数据库中，为资源循环利用提供一套完整的解决方案。其中，最普遍、最典型的应用场景应该是对危险废物的追溯和识别。物联网技术有助于逐步提高危险废物的风险防范水平和应急处理能力，提升危险废物管理水平，并通过完善生产者责任延伸的资源信息采集系统与全国资源信息共享平台对接，提高企业的资源信息获取和采集能力。运用RFID技术加强集中管理可以引导绿色生活习惯的形成，有效化解复杂来源的问题，实现危险废物产品逆向物流全过程的规模化、精细化、可视化监控管理，从而促进危险废物产品回收处理产业链的形成，对于降低制造商完善闭环物流产业链的成本、促进循环经济的实践及物联网的拓展探索具有深远意义。

### 3. 促进产业提质升级，实现绿色发展

一是促进传统产业智能化改造。一方面，通过利用先进制造工具和网络信息技术对生产流程进行智能化改造，实现数据的跨系统流动、采集、分析与优化，完成设备性能感知、过程优化、智能排产等智能化生产方式，提高全要素生产率；另一方面，通过将信息技术应用于传统产业的生产经营和组织管理过程，可以推动传统产业在设备与产品设计、工艺流程与生产过程控制、组织管理方式等多方面进行重构和创新，实现设备和生产的智能化控制及运营和管理的智能化决策。近年来，我国以海尔、广汽传祺、五家渠石化等为代表的制造企业以"互联网＋制造"为主攻方向，通过建立智能工厂推动智能化生产，实现了数字化、网络化和智能化转型。

二是培育新兴产业形态和发展模式。一方面，企业借助互联网、大数据和工业云平台发展企业间协同研发、众包设计[1]、供应链协同等新模式，可有效降低资源获取成本，大幅延伸资源利用范围，打破封闭疆界，加速从单打独斗向产业协同转变，促进产业整体竞争力的提升；另一方面，借助互联网平台和智能工厂将用户需求直接转化为生产排单，实现以用户为中心的个性定制与按需生产，可有效满足市场的多样化需求，解决制造业长期存在的库存和产能问题，全面挖掘资源能源利用潜力，从而更好地应对经济发展新常态下对资源利用和环境保护的高要求，实现产

---

[1] 众包设计是指把传统理念中由企业内部员工承担的工作，通过互联网以自由自愿的形式转交给企业外部的大众群体来完成的一种组织模式。

业效益的最大化。以发展智能再制造为例，在产品全生命周期设计和管理理念的指导下，将物联网、大数据等新一代信息技术与再制造回收、生产、销售、管理、服务等各个环节融合，通过人机结合、人机交互等集成方式，开展分析、策划、控制、决策等，在关键再制造环节以智能化再制造技术为核心，以网通互联为支撑，可有效提升产品质量、降低生产能耗、提升再制造效率，对推动再制造产业升级具有重要意义。

三是助力园区绿色发展的高效管理和产业共生。"互联网＋"平台为工业园区的管理者识别管理重点及采取管理措施提供了决策依据。一方面，针对园区企业和产业发展的实际需求，通过互联网大数据分析技术详尽收集企业信息，甄别企业生产水平，挖掘园区产业发展过程中存在的问题，以为企业提供技术改进方向、为园区管理者筛选管理重点。另一方面，通过园区产业共生及物质流构建的运算引擎，对园区内项目副产品、废弃物等底层数据进行自动汇总，展示园区产业链流向和资源、能源使用情况，协助园区管理者识别产业共生热点，为园区产业结构调整提供参考，为园区管理者的决策提供依据，实现园区资源管理。

**4. 传播绿色发展理念，畅通公众参与渠道**

一是传播绿色发展理念，提高公众环保意识。互联网在宣传绿色发展理念的过程中扮演着"解说员"和"扩音器"的角色，各类新闻网站和移动平台用丰富新颖的形式大力宣传党和国家的生态环保理念，让绿色发展深入人心，让广大群众理解绿水青山就是金山银山的深邃内涵，形成尊重自然、保护自然的科学理念，进而提高公众的环保意识，使其深入践行绿色生活方式。同时，借助互联网可以畅通公众参与渠道，鼓励公众利用网络平台对环境保护案件、线索、问题进行举报，构建政府引导、全民参与的监督管理机制。此外，还可以利用互联网宣传先进企业的成功经验，为其他企业提供借鉴样本。

二是借助信息化平台提供便民服务。目前，互联网正深刻改变着人们的生活消费方式，App导航和叫车软件可以帮助民众科学规划行程、调度车辆，有效降低了能源消耗和污染排放；垃圾分类智能设施在多地投入使用，可以促进回收资源的循环利用。

## 7.2 镇江：以"生态云"建设提升区域治理水平

### 7.2.1 基本情况

多年来，江苏省镇江市坚持"生态立市"的理念，不断提升绿色发展水平，先后获得全国生态文明建设试点、生态文明建设先行示范区（第一批）和低碳城市等多项荣誉。2014年8月，镇江市被江苏省委、省政府确定为全省唯一的生态文明建设综合改革试点。镇江市以上述试点为契机，坚持推行先进的发展理念，加快制度创新改革，充分运用大数据思维助力解决生态环境保护和绿色发展问题，提升全社会治理能力和治理效率。镇江市率先在全国建成"镇江城市碳排放核算与管理云平台"，实现了低碳城市建设和管理工作的规范化、数字化、网络化和空间可视化。在此基础上，按照"国内领先、国际水平"的目标定位，建成了全国首朵"生态云"，实现了土地、水、山体、岸线等资源资产的信息化，空气、水、固体废物监测的实时化，生态建设全程的可视化，安全信息预警的动态化，全方位提升了管理水平和科学决策能力，成为镇江市生态文明建设迈上新台阶的重要推动力（图7-1）。

加强交流学习，优化"生态云"功能建设

围绕生态文明建设要求，明确"生态云"功能定位

高位推动、破除体制壁垒，保障工作有序推进

图7-1 镇江"生态云"建设思路

## 7.2.2 主要做法

**1.围绕生态文明建设要求，明确"生态云"功能定位**

根据生态文明战略要求和本市生态文明建设需求，镇江市加强顶层设计，强化区域生态文明和低碳发展能力建设，在"镇江城市碳排放核算与管理云平台"的基础上进一步优化和完善功能，建成了"镇江生态文明建设管理与服务云平台"（以下简称"生态云"），为全国首创。

"生态云"主要建设了五大功能中心——数据中心、管理中心、服务中心、查询中心、交易中心（图7-2）。其中，管理中心是反映生态文明建设任务和目标的载体，呈现出"一核六面"的展示形式，"一核"即一个"生态管理立方体"，"六面"包括空间布局管理系统、产业转型管理系统、低碳循环管理系统、资源资产管理系统、生态环境管理系统、生态文化系统；数据中心着力打造"生态云"的数据库；服务中心重点提供相关生态服务；查询中心是提供生态知识和信息查询的通道；交易中心为今后实施与生态文明相关的排放权交易（如节能量交易等）提供了支撑。

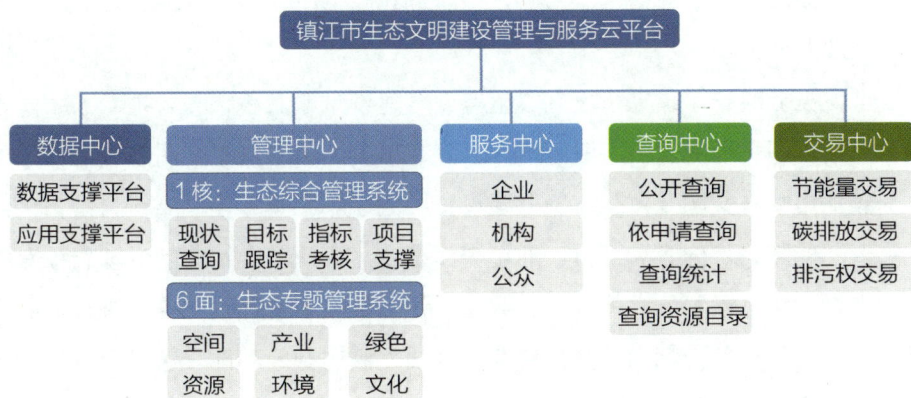

图7-2 "生态云"平台五大中心

### 2. 高位推动、破除体制壁垒，保障工作有序推进

"生态云"成立了以常务副市长为组长、副市长为副组长的专项工作组，立足高位推动，打破部门壁垒，强化部门间、市县间的联动合作，建设"一张图"数字化管理系统，将空间、地理信息高度集成、叠加，实现空间布局及资源开发利用的"天上看、网上管、地上查"。主要实现了4类整合：①数据整合，即整合发改、统计、经信、环保、住建、国土、规划、农业、水利、交通、农委、城管等部门的数据资源，按照数据集中、分层提炼、共享交换的步骤做到"一数一源、一源多用"；②业务整合，即将空间、低碳、环保、产业、资源、文化等生态文明建设所涵盖的相关业务进行集中整合，并配套相应的行动举措集中管理；③服务整合，即整合政务服务资源，以更好地促进政府科学决策、企业绿色可持续发展；④资源整合，即充分利用全市已有软硬件及计算机网络资源，做到资源共享、最大化利用。相关经费主要由政府财政出资，分年度列入财政相关专项预算。发改、环保、经信、科技、农委、水利、住建、交通等部门积极向上争取国家、省级相关专项引导资金。

### 3. 加强交流学习，优化"生态云"功能建设

一是加强与领导层的交流，精准定位"生态云"建设方向。积极征求国家发展改革委和江苏省相关部门的意见，切实将生态文明建设的先进理念、成功经验借鉴融入其中。接待兄弟部门考察"生态云"建设情况，听取意见并完善、改进"生态云"架构及内容。

二是积极听取专家意见，攻克"生态云"建设难题。积极与各地专家、学者沟通，包括中国科学院、中国循环经济协会等20多位国内生态文明领域的专家团队，为镇江市生态文明及"生态云"建设把脉问诊。①举办多领域研讨会，优化"生态云"的架构、内容和运行。通过镇江市委、市政府邀请国内专家召开专题会审会，对"生态云"的功能应用、数据公开、权限设置等优化事宜进行专题研究和讨论。②积极参与国内外交流会议，全面完善提升云功能。镇江市曾参加第一届中美气候智慧型低碳城市峰会、第21届联合国气候变化巴黎会议、第七届清洁能源部长级会议和第二届中美气候智慧型低碳城市峰会等，在交流会中成功演示了"生态云"系统对达峰目标实现的技术支撑作用，并积极听取了交流会中的各方意

见，补充完善了"生态云"功能建设。

### 7.2.3　主要成效

一是为2020年碳排放达峰路径研究提供支撑。镇江市在全国率先提出碳排放达峰目标，这一目标的提出为国家宣布2030年碳排放达峰目标提供了实践基础。通过"生态云"能够有效且直观地反映出全市主要能耗及产业转型情况，通过科学分析、决策，能够有针对性地采取减碳、降碳措施，为镇江市2020年碳排放达峰目标的实现提供支撑。

二是为生态文明建设创新研究提供支撑。镇江市通过"生态云"的碳排放、环境监测、废弃物处置、主体功能区等大数据报告的分析应用功能，根据国家、省级生态文明领域专家的理论指导，结合镇江市生态文明建设的实际情况，率先从地级市层面创建了本市生态文明指数测算方法制度，研究了自然资源资产负债表编制等问题，并取得了初步成果，为全国生态文明先行示范区建设、全省生态文明综合改革试点探索了经验。

三是为推动碳市场机制建设提供支撑。"生态云"实现了大气、水、噪声、重点污染源、大型公共建筑、垃圾处理、古运河整治、给排水、重点能耗企业等功能模块的在线监测，摸清了城市、企业的碳资产家底，为镇江市融入全国碳排放权交易市场、推动建立镇江碳交易机制提供了依据。

四是为生态文明学习合作搭建交流平台。"生态云"在国际、国内生态文明和低碳城市建设相关会议、论坛上的展示，进一步提升了镇江的城市美誉度。在国际，代表中国展示了城市在生态文明和低碳发展理念的具体行动；在国内，展示了镇江市落实国家生态文明建设战略、绿色低碳循环发展的重要举措。一年来，通过与国际、国内相关城市、机构具有建设性的交流，为彼此在"生态云"方面的进一步合作奠定了基础。

五是为生态文明服务管理提供帮助。"生态云"为政府相关部门、机构提供了监测、预警分析报告，为建立镇江市生态文明先行示范区建设重点考核指标体系、实现目标分解、完善目标评估提供了帮助，提升了部门生态文明服务能力。为企业转型升级、绿色低碳循环发展提供了实时监测、预警分析报告，有利于企业及时查找问题，有针对性地提出解决问题的建议和方法，为提高企业管理能力提供了帮助（图7-3）。

图7-3 "生态云"平台展示

（图片来源：地方提供）

六是为社会公众提供互动平台。"生态云"开设了生态文化专栏，建立了公众参与互动平台，开发了"镇江微生态"公众号，可以及时发布镇江市生态文明建设信息，及时反馈社会公众对生态文明建设的意见和建议。"生态云"为营造全民互动、共建共享的良好氛围，为实现"互联网＋"下的普惠生态提供了有效的互动平台。

### 7.2.4 推广建议

镇江市的"生态云"建设打破了部门合作壁垒，有效整合了各部门的数据资源和生态文明建设涵盖的业务，建立起"一张图"的数字化管理系统，实现了生态文明建设的数字化、网络化和智能化管理，全面、直观地展现了镇江市生态文明建设已取得的成效、正在进行的工作以及未来规划的全貌，可以高效保障国家级生态文明先行示范区建设的顺利实施。该经验值得推广和学习，可向具有一定经济基础、绿色发展愿望迫切且生态环境改善需求明显的战略要地推广。

## 7.3 东莞：生态环境信息化绿色价值链平台建设

### 7.3.1 基本情况

东莞市位于广东省中南部、珠江口东岸、东江下游的珠江三角洲。2016年1月，国家发展改革委联合有关部门将东莞市列入国家生态文明先行示范区（第二批）。东莞市于2015年12月获环境保护部批准开展了绿色供应链试点示范工作。近年来，东莞市为加快生态文明建设，创新环境管理模式，引导企业绿色转型，促进全市绿色低碳发展，结合市政府"三个走在前列"[1]和加快社会经济转型升级的决策，积极落实水、大气污染治理行动计划与工作目标，以企业自愿为前提，通过试点先行、政策鼓励、提升标准等措施，积极探索绿色供应链管理模式，推动环境管理模式从"底线约束"向"底线约束与先进带动并重"转变，提升企业绿色制造能力，促进企业向环保"领跑者"目标迈进。

近年来，东莞市开展了一系列创新实践，取得了良好成效。在中国-东盟环境保护合作中心（以下简称东盟中心）、美国环保协会、中环联合认证中心以及广东省生态环境厅的支持参与下，东莞市逐步完善并发布了《绿色供应链管理评价导则——绿色供应链指数》（以下简称"东莞指数"），通过推动企业申请参与"东莞指数"测试，协助企业建立和完善绿色供应链管理，开创出一条有东莞特色的生态文明建设之路。

### 7.3.2 主要做法及成效

#### 1. 成立相关机构，加强试点工作统筹

一是成立了绿色供应链管理试点工作领导小组，由分管副市长任组长，市政府副秘书长、市生态环境局局长任副组长，相关职能部门分管负责人为成员，统筹部署试点工作。

---

[1] 东莞市委十三届六次全会提出了2018年率先全面建成小康社会的奋斗目标，要求全市牢固树立并切实贯彻落实五大发展理念，大力推进创新驱动发展、对外开放合作、重点改革突破"三个走在前列"，努力开创科学发展新局面，确保率先全面建成小康社会。

二是成立了绿色供应链管理东莞示范中心，由东盟中心、广东省生态环境厅、美国环保协会、中环联合认证中心、东莞市生态环境局、厚街镇、东莞市水投集团等相关单位组成，下设秘书处，工作人员由各单位指派相关业务人员组成，负责处理日常事务，落实试点工作部署和有关事项。

### 2. 制定相关方案，明确试点任务要求

为推动绿色供应链试点工作，东莞市结合本市环保工作重点制定了《东莞市绿色供应链管理试点工作方案》，提出"2016年探索摸底，夯实基础；2017年完成试点，取得实效；2018年总结经验，推广提升"的工作要求以及"突出一个理念，推动两大工作，构建三大体系，试点'4+1'个行业，完成五大任务"的工作任务（图7-4）。

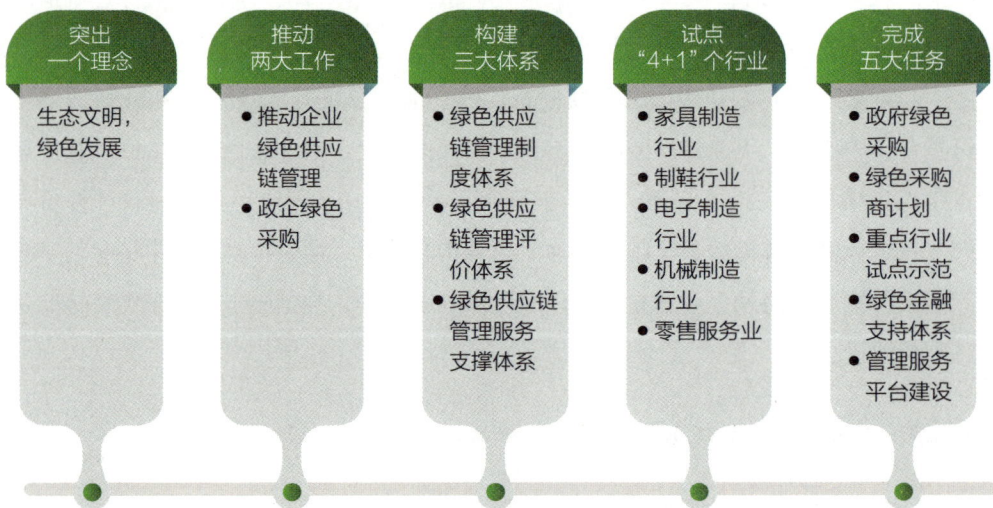

| 突出 一个理念 | 推动 两大工作 | 构建 三大体系 | 试点 "4+1"个行业 | 完成 五大任务 |
|---|---|---|---|---|
| 生态文明，绿色发展 | • 推动企业绿色供应链管理<br>• 政企绿色采购 | • 绿色供应链管理制度体系<br>• 绿色供应链管理评价体系<br>• 绿色供应链管理服务支撑体系 | • 家具制造行业<br>• 制鞋行业<br>• 电子制造行业<br>• 机械制造行业<br>• 零售服务业 | • 政府绿色采购<br>• 绿色采购商计划<br>• 重点行业试点示范<br>• 绿色金融支持体系<br>• 管理服务平台建设 |

图7-4　东莞市生态环境信息化绿色价值链平台建设总体思路

### 3. 创立"东莞指数"，打造东莞绿色品牌

东莞市多次组织专家研讨绿色供应链管理评价体系，在中环联合认证中心、美国环保协会中国代表处等技术支持单位的协助下，结合国内外相关指标及东莞市的调研实际，对指标体系进行了修改和完善，研究制定了一套绿色供应链管理评价体

系，并冠名为"东莞指数"。"东莞指数"主要用来综合评价企业绿色化程度和可持续发展能力，从基础管理、绿色设计、绿色采购、绿色生产、绿色物流、绿色消费与绿色回收利用等多个维度对企业绿色供应链管理的评价指标做出了规定，评价项目包括环境绩效、能源绩效和低碳发展三大方面，力图从提升企业环境管理和能源管理等方面提高企业的环保和节能、低碳水平。"东莞指数"总分共设1 000分，星级划分见表7-2。

表7-2 "东莞指数"评分

| 序号 | 综合分值 | 等级 | |
|---|---|---|---|
| 1 | 200≤得分＜400 | 一星级 | ★ |
| 2 | 400≤得分＜600 | 二星级 | ★★ |
| 3 | 600≤得分＜700 | 三星级 | ★★★ |
| 4 | 700≤得分＜800 | 四星级 | ★★★★ |
| 5 | 800≤得分≤1 000 | 五星级 | ★★★★★ |

目前，"东莞指数"的指标体系（表7-3）经过两批共66家试点企业的测试，已具有一定的科学性与可行性，下一步拟向标准化主管部门立项申报，以将指数成果固化。

表7-3 "东莞指数"指标体系

| 一级指标 | 二级指标 | 三级指标 | 满分分值 |
|---|---|---|---|
| 基础管理<br>（100分） | 基础类指标<br>（80分） | 建立绿色供应链管理制度，对与绿色供应链有关的运行和活动进行监测和控制，以确保其在规定的条件下进行 | 30 |
| | | 环境管理（排污申报与排污许可、行政处罚、内部环境管理、污染治理设施运行） | 50 |
| | 特征类指标<br>（20分） | 环境风险评估及应急预案 | 10 |
| | | 环境信息公开 | 10 |

| 一级指标 | 二级指标 | 三级指标 | 满分分值 |
|---|---|---|---|
| 绿色设计<br>（100分） | 基础类指标<br>（40分） | 产品设计原则包含了节能、低碳和环保的要求，并且符合国家、行业和地方相关法律法规 | 40 |
| | 特征类指标<br>（60分） | 依据行业特点，制定实施企业绿色设计指标 | 60 |
| 绿色采购<br>（300分） | 基础类指标<br>（160分） | 建立绿色供应商管理制度 | 80 |
| | | 绿色供应商管理制度实施情况 | 80 |
| | 提高类指标<br>（75分） | 供应商节能改造和节能技术应用情况 | 15 |
| | | 供应商开展清洁生产审核情况 | 15 |
| | | 供应商开展能源审计情况 | 15 |
| | | 供应商开展碳核查情况 | 15 |
| | | 通过质量管理、环境管理、能源管理及职业健康管理等体系认证的供应商比例 | 15 |
| | 特征类指标<br>（65分） | 依据行业特点，制定实施企业绿色采购指标 | 65 |
| 绿色生产<br>（300分） | 基础类指标<br>（210分） | 生产过程的环境行为符合国家和地方相关法律法规要求 | 30 |
| | | 淘汰落后产能和落后工艺设备情况 | 20 |
| | | 实际单位产值排污量水平 | 60 |
| | | 实际单位产值水耗水平 | 20 |
| | | 实际单位产值能耗水平 | 20 |
| | | 实际单位产值碳排放水平 | 20 |
| | | 开展清洁生产工作情况 | 20 |
| | | 开展能源审计工作情况 | 20 |
| | 提高类指标<br>（30分） | 通过环境、能源、低碳类管理体系及产品认证情况 | 30 |
| | 特征类指标<br>（60分） | 依据行业特点，制定实施企业绿色生产指标 | 60 |

| 一级指标 | 二级指标 | 三级指标 | 满分分值 |
|---|---|---|---|
| 绿色物流<br>（100分） | 基础类指标<br>（35分） | 企业制定绿色物流管理制度 | 15 |
| | | 企业实施绿色物流管理制度情况 | 20 |
| | 提高类指标<br>（15分） | 物流过程中清洁能源使用情况 | 15 |
| | 特征类指标<br>（50分） | 依据行业特点，制定实施企业绿色物流指标 | 50 |
| 绿色消费<br>与绿色<br>回收利用<br>（100分） | 基础类指标<br>（25分） | 原辅材料回收处理情况 | 10 |
| | | 落实生产者责任延伸制度，产品制造商应承担产品主要回收处理责任 | 15 |
| | 提高类指标<br>（10分） | 在产品上标识绿色环保消费回收标识 | 10 |
| | 特征类指标<br>（65分） | 产品制造商应通过适当的方式发布产品拆解技术指导信息，信息应便于相关组织获取 | 10 |
| | | 企业设计逆向物流业务流程，建立逆向物流体系，保证产品回收利用渠道的畅通 | 15 |
| | | 依据行业特点制定实施企业绿色消费与回收指标 | 40 |

"东莞指数"的发布为企业实施绿色供应链管理提供了参考和借鉴价值，对绿色供应链管理评价具有重要意义。为确保其科学性和可行性，结合两批试点企业测试的实际情况，东莞市多次对"东莞指数"进行了修订完善。

**4. 开展专题培训，提高企业环保意识**

在试点示范期间，东莞市多次联合技术单位组织召开绿色供应链管理试点企业培训会，向到场的试点企业代表解读绿色供应链管理内涵以及企业绿色供应链管理工作指南，引导企业建立绿色供应链管理体系。目前，东莞市共举行了6次与绿色供应链相关的培训。

从供应链的角度进行绿色化改造是绿色供应链管理的核心，以上培训的目的在于要求企业在产品设计、采购、生产、物流、回收等供应链的相关环节将环保、节能、低碳的可持续发展理念渗透其中，不仅为企业灌输了绿色供应链理念，而且提高了企业的绿色环保意识。

**5. 以测试促进建设，推动企业开展绿色供应链管理**

东莞市运用绿色供应链"东莞指数"，委托中环联合认证中心先后开展了两批共66家试点企业的现场测试工作，涵盖了家具、制鞋、电子、机械制造及零售服务五大行业，并根据现场测试情况提出了整改工作建议，协助和促进了企业建立相对完善的绿色供应链管理体系，实现以测促建的工作目标。其间，东莞市共评选出4家五星级企业和16家四星级企业。

**6. 实施奖励助推，鼓励企业绿色转型**

东莞市先后制定了《东莞市家具制造及制鞋行业挥发性有机物整治财政补助方案》以及《关于印发〈东莞市第二批绿色供应链管理试点企业实施方案〉的通知》，对实施绿色供应链管理制度、建立绿色供应链管理体系、参与绿色供应链"东莞指数"评价并获得四星级以上评价的企业给予财政补助，鼓励和提高企业参与的积极性，降低企业的绿色转型成本，通过奖优政策促进企业绿色发展、良性发展。目前，东莞市共计发放财政补助195万元。

**7. 促进资源共享，建设绿色供应链信息平台**

东莞市委托东盟中心建设了绿色供应链管理信息平台，并依托东盟中心的影响力，加强东莞市与其他地方及国际环保组织的合作，定期在平台上发布东莞市重点行业绿色供应链"东莞指数"及相关情况，为东莞市公众的绿色消费、采购商的绿色采购提供了信息支撑。

**8. 推动先行先试，探索政府采购政策**

通过政府绿色采购政策的导向带动作用，运用市场手段引导供应链上下游企业绿色转型，东莞市充分结合绿色采购商试点的推行实施情况，研究制定东莞市绿色供应链产品政府采购制度，并组织市相关部门召开协商会，探索制度出台的可行性，拟通过强化政府引导作用推动东莞市绿色采购的发展，引导绿色生产和绿色消费。

**9. 树立典型模范，开展优秀案例征集**

为将东莞经验推向全国，东莞市借鉴了上海市推行绿色供应链管理的经验做法，在广东省生态环境厅的支持下，由广东省绿色供应链协会联合绿色供应链管理东莞示范中心在省内征集绿色供应链优秀案例，该举措得到了东莞、深圳、广州、佛山、肇庆、惠州、河源、梅州8个地区企业的大力支持和热烈响应。经过专家评审，共评出13个优秀企业案例。

**10. 加强合作交流，引领行业绿色转型**

为扩大东莞市绿色供应链管理试点工作的影响力，围绕协同发展、绿色制造等主题，东莞市联合东盟中心、中国家具协会等单位于每年11月8日在厚街镇举办中国家居绿色供应链论坛，邀请生态环境部、广东省生态环境厅等单位的领导，专家学者以及绿色供应链参与单位的代表交流探讨绿色供应链建设经验和管理路径，并举行系列活动：①东盟中心、广东省生态环境厅、东莞市政府代表签署了三方共同推动绿色供应链管理框架协议；②挂牌成立了绿色供应链管理东莞示范中心，并由生态环境部、东盟中心、广东省生态环境厅等相关部门领导为示范中心揭牌；③东盟中心发布了绿色供应链管理"东莞指数"评价结果，并由绿色供应链管理东莞示范中心对获得四星级以上评价的优秀企业代表颁发证书。通过两次论坛的成功举办，有力地扩大了东莞市试点工作的影响。

## 7.3.3 推广建议

绿色供应链强调了从原材料到中间产品再到最终产品生产过程的绿色化，覆盖了社会经济运行过程中生态环境保护的生产者责任部分，明晰了供给侧生态环境保护的重要性和必要性。绿色供应链的实施和推广对减少资源能源消耗、减轻生态环境负担起到了重要作用，是生态文明建设的重要一环。

东莞市积极推进绿色供应链管理试点建设，通过"东莞指数"衡量企业绿色生产与转型效果，采取多种政策促进政府和企业协同推进绿色供应链发展。为其他城市的绿色化、低碳化和生态文明建设提供了有利借鉴，尤其是对于制造业发达的城市具有重要的参考价值，为这些城市的绿色转型和可持续发展提供了宝贵的借鉴经验。

## 7.4 天津：TEDA循环经济信息服务平台

### 7.4.1 基本情况

天津市经济技术开发区（Tianjin Economic-Technological Development Area，TEDA）位于天津市东部，是中国首批国家级经济开发区，成立于1984年，占地面积313.45 km²，目前已发展成为拥有八大功能性产业（电子信息、汽车制造、装备制造、石油化工、生物医药、食品加工、航空航天、新能源和新材料）的大型工业园，这8个产业的工业总产值占开发区GDP的80％。2011年，TEDA获批成为国家首批园区循环化改造试点。

TEDA从2010年开始就一直致力于推动园区内企业间的产业共生。2011—2013年，TEDA低碳管理中心共组织了近千家企业的线下产业共生对接会，形成了99个典型的产业共生案例，为园区的循环经济建设打下了良好的基础。2013年，TEDA搭建了产业共生信息服务平台并上线运营，对园区内的废旧资源进行了详细分类，并配有企业线上填报和交易系统，但在实际运行管理过程中发现该平台的活跃度并不高，存在用户体验差、可视化效果较差和服务功能缺失等问题。2015年，泰达低碳管理中心与清华大学环境学院循环经济产业研究中心合作，围绕企业、产业链和园区三大主体，利用信息技术、数据挖掘技术和功能算法分析企业和园区的物质、能量代谢规律，打破了不同企业间、产业链间以及企业与园区间的信息壁垒，提高了该平台的服务管理功能和线上活跃度。2018年，清华大学又将该平台的内核进一步升级，重塑了园区循环化改造的建设理念，推出了以服务为核心的2.0版本的TEDA循环经济信息服务平台（以下简称平台），利用"互联网＋"探索产业废物交换的新模式。

## 7.4.2  主要做法

### 1. 系统开发技术路线

平台紧紧依托企业、产业链和园区三大核心功能主体，通过数据集成、算法集成和系统集成3个层级实现系统建设和功能（图7-5）。其中，数据集成是平台实现功能价值的基础，通过企业基础生产信息填报构成企业数据库，同时依托智能抓取技术构建技术数据库、项目数据库、政策数据库和对标数据库等，成为后续为企业和园区提供辅助决策的数据支撑；算法集成，即平台通过导入核心功能算法（包括产业共生热点识别算法、物质代谢分析算法、迭代算法、指标算法等）对企业和园区填报的基础信息进行运算和分析，进而为企业和园区提供诸如智能抓取、技术诊断、模拟优化、共生热点识别等核心辅助决策服务；系统集成，即通过互联网、物联网完成平台开发。平台的核心价值体系在于依托先进的信息化技术，通过技术挖掘和功能算法，实现对园区、企业、产业链三大主体循环经济发展的全面支撑。平台建设的技术路线和功能架构见图7-6和图7-7。

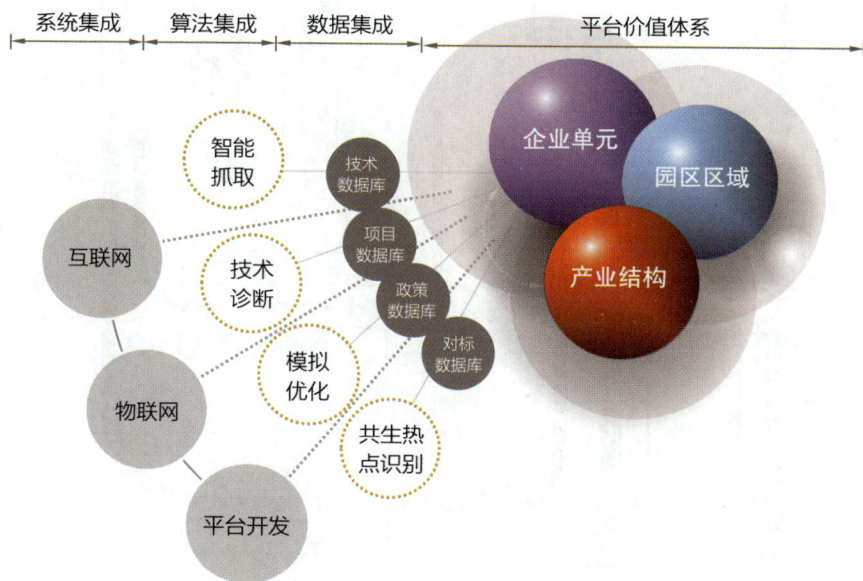

图7-5  平台建设的价值体系

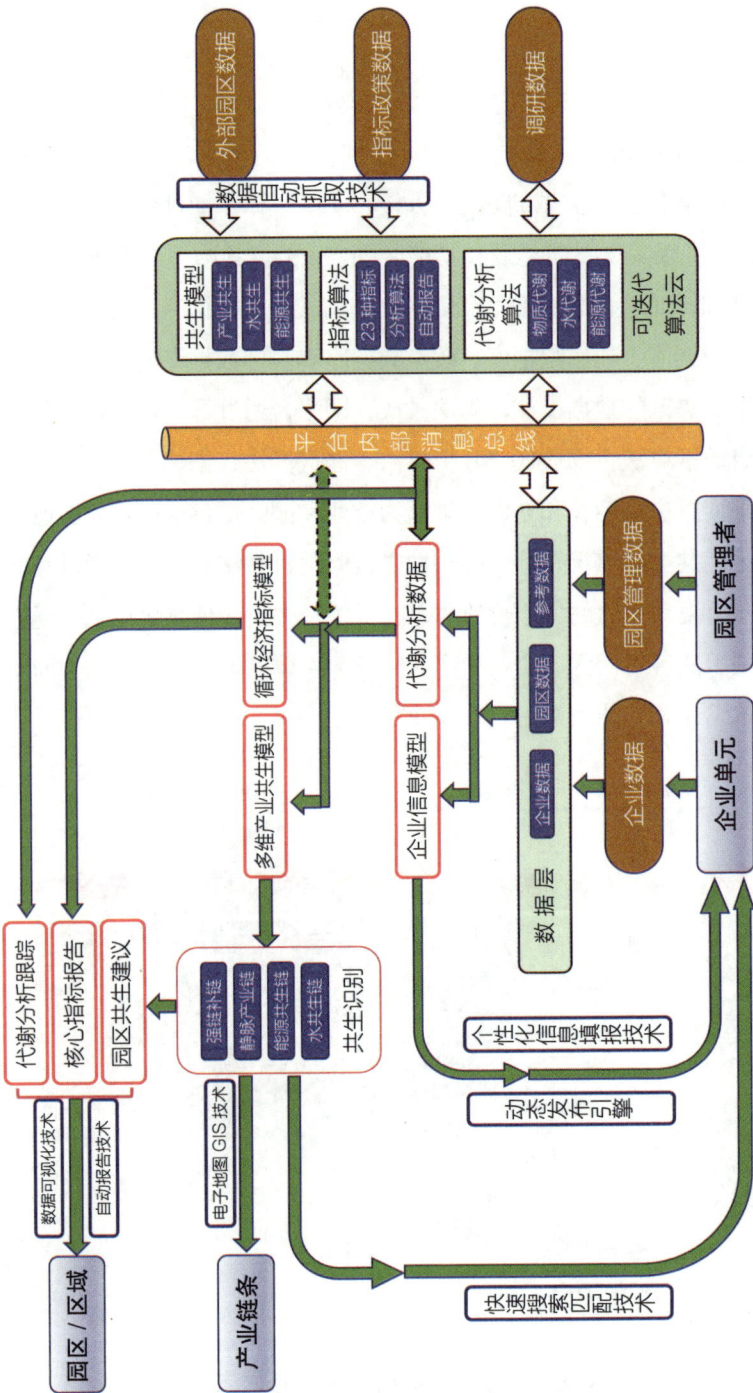

图7-6 平台建设的技术路线

（图片来源：TEDA 循环经济信息服务平台方案）

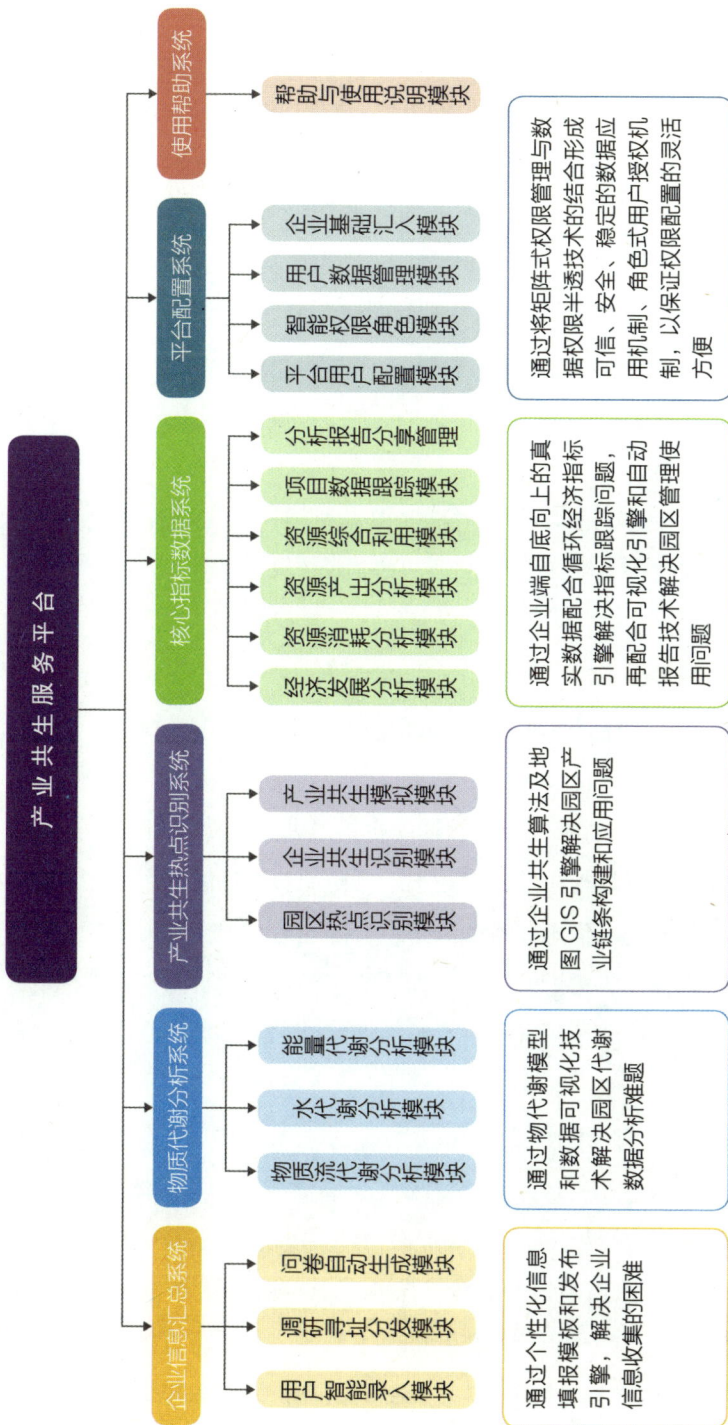

图7-7 平台建设的功能架构

（图片来源：TEDA 循环经济信息服务平台方案）

产业共生服务平台

- 企业信息汇总系统
  - 用户智能录入模块
  - 调研寻址分发模块
  - 问卷自动生成模块
  - 通过个性化信息填报模板发布引擎，解决企业信息收集的困难

- 物质代谢分析系统
  - 物质流代谢分析模块
  - 水代谢分析模块
  - 能量代谢分析模块
  - 通过物质代谢模型和数据可视化技术解决园区代谢数据分析难题

- 产业共生热点识别系统
  - 园区热点识别模块
  - 企业共识别模块
  - 产业共生模拟模块
  - 通过企业共生算法及地图 GIS 引擎解决园区产业链条构建和应用问题

- 核心指标数据系统
  - 经济发展分析模块
  - 资源消耗分析模块
  - 资源产出分析模块
  - 资源综合利用模块
  - 项目数据跟踪模块
  - 分析报告分享管理
  - 通过企业端自底向上的真实数据配合循环经济指标引擎解决指标跟踪问题，再配合可视化引擎和自动报告合理技术解决园区管理使用问题

- 平台配置系统
  - 平台用户配置模块
  - 智能权限角色模块
  - 用户数据管理模块
  - 企业基础汇入模块
  - 通过将权限矩阵式权限管理与数据权限半透技术的结合形成可信、安全、稳定的数据应用机制，角色式用户授权机制，以保证权限配置的灵活方便

- 使用帮助系统
  - 帮助与使用说明模块

## 2. 平台功能需求和内涵

平台旨在为企业、产业链和园区三大功能主体提供智能化服务，以利于循环经济建设决策。

针对企业单元，主要功能是辅助企业内部循环经济建设决策。一是利用个性化信息填报模板，方便企业线上填报信息；二是引入循环化技术数据库，诊断分析企业工艺技术优化改造路径；三是引入企业产业共生探索匹配模块，有利于企业快速掌握可消纳废弃物/副产品的上下游企业。通过信息技术的应用，可以提供增值服务，提高平台便捷度，增强用户体验，快速搜索拓展上下游客户，不断提高企业技术升级改造的决策支撑能力。

针对产业链条，主要功能是辅助产业链/共生网络构建（企业间）。一是引入产业模型，对园区现有产业补链、建链进行诊断决策；二是引入共生算法，识别园区内外潜在的产业共生热点；三是引入交易模块，实现废物交易信息智能搜索与在线竞价。通过信息技术的应用，可以提供决策支撑，明细产业发展路径，辅助决策园区补链、强链，把握园区产业热点，辅助决策园区产业共生链设计，使副产品交易系统更加智能化，从而推动园区物质交换。

针对园区/区域，主要功能是服务园区综合管理及社会大循环。一是可视化展示园区循环经济建设的过程与成效；二是引入物质流核算功能模块，实现园区物质代谢分析与计算；三是通过信息技术提供智能管理服务，建立智能化的指标核算、项目管理和资金管理体系，帮助园区进行物质流统计，自动计算考核指标，对企业循环化改造项目进展、资金使用进展进行跟踪，帮助园区决策招商引资的方向。

## 3. 核心功能设计

### （1）企业基础信息录入

企业基础信息录入这个模块是整个平台底层最核心的功能主体（图7-8）。系统可以根据TEDA企业的行业代码，自动匹配相关原料、产品清单并形成模板。系统自动记录企业的原料、产品、废弃物、节水、节能等多维数据并不断更新数据库，从而为后续的产业共生热点识别与匹配打下基础。在信息填报过程中，平台通过点选替代主要录入过程，减少了烦琐性，更贴近用户的输入需求和使用方式，提升了平台整体的易用性。

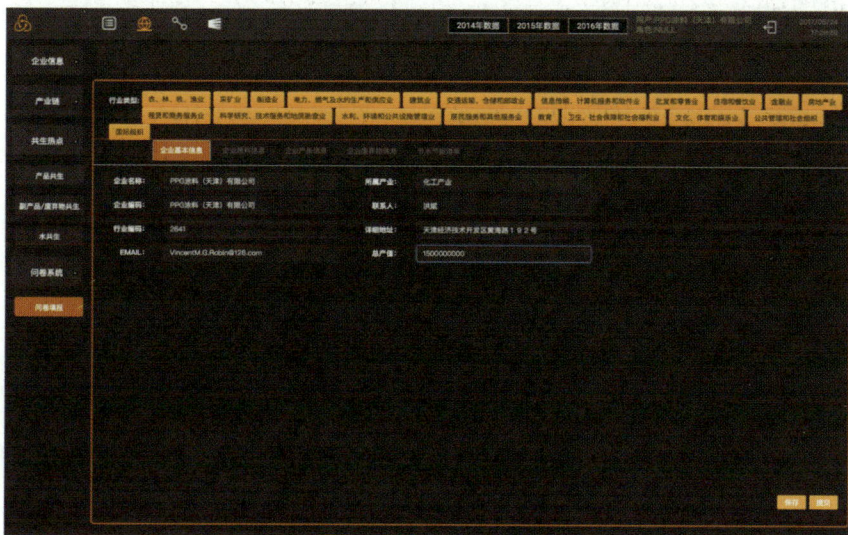

**图7-8　企业基础信息录入界面**

（图片来源：TEDA 循环经济信息服务平台方案）

（2）企业供需关系快速搜索与匹配

在为企业提供产业共生热点识别与匹配的功能模块中，基于企业共生模型建立了互信的信息共享机制，企业可以通过平台搜索拓展上下游产品链。以园区内的**PPG涂料（天津）有限公司**为例，通过搜索发现，园区内有一家为其提供溶剂的企业，同时有3家需要油漆的企业。目前，该公司虽然已经与约翰迪尔公司形成了合作关系，但仍可以在线下与其他4家企业建立联系，以拓展合作关系，如从园区内的天津永富关西涂料化工有限公司购买溶剂可减少运输成本。通过鼓励企业根据自身发展需要寻找产品、副产品、废弃物回收利用等方面的合作伙伴，可以打破信息壁垒，让企业在信息提供过程中获得确实的益处，提升了企业使用平台的主动性和积极性，进而提升了平台用户的活跃度（图7-9和图7-10）。

图7-9    TEDA企业产业共生热点搜索结果

（图片来源：TEDA 循环经济信息服务平台方案）

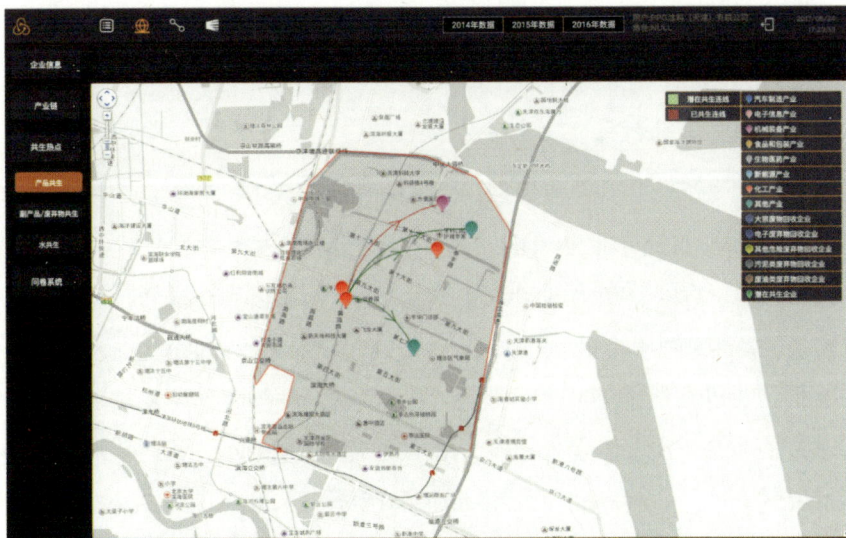

图7-10    TEDA企业潜在合作关系匹配结果

（图片来源：TEDA 循环经济信息服务平台方案）

## （3）园区产业链补链、强链辅助决策

在为园区产业链提供补链、强链决策的功能模块中，平台集成了TEDA八大主体生产型产业链信息，以及再生水循环和废物集中处理的产业链信息，通过产业共生信息迭代为管理者挖掘园区潜在的产业链补链机会。

以汽车产业为例，通过系统中对企业信息的整合分析，管理者可以清楚地看到以链核企业（一汽丰田）为主体的汽车制造产业链（图7-11）。对于还没有融入产业链的企业（图7-11中绿色标注的关键汽车零配件制造企业），园区可以有针对性地组织线下产业对接会，完善产业链条。图7-12展示的是以天津新水源再生水厂为链核企业的再生水利用网络。系统根据企业的用水需求数据库可识别出需要使用再生水进行生产但没有与该水厂形成合作关系的企业，园区可发起线下对接，进而推动再生水管网等基础设施的扩大建设。

图7-11　以一汽丰田为链核企业的汽车制造产业链

（图片来源：TEDA循环经济信息服务平台方案）

图7-12    以天津新水源再生水厂为链核企业的再生水利用网络

（图片来源：TEDA 循环经济信息服务平台方案）

（4）园区物质代谢核算与核心指标分析

在为园区物质代谢分析和指标计算提供辅助功能的模块中，平台基于企业数据库实现了对园区层面物质代谢、水资源代谢的统计核算，并以桑基图（图7-13）的形式进行展示，从而为资源产出率等指标的计算打下了基础。该平台可识别出化工类、食品类、金属类、包装类、核心零配件等原料的输入，如有的化工原料既用于化工产业，也在汽车制造产业中得以应用。在后续的指标统计分析中，平台可实现在园区循环化改造管理中有关核心指标的自动计算（图7-14），并通过目标值或标杆值的设定，提示管理者在园区循环经济发展目标上的差距等（图7-15）。

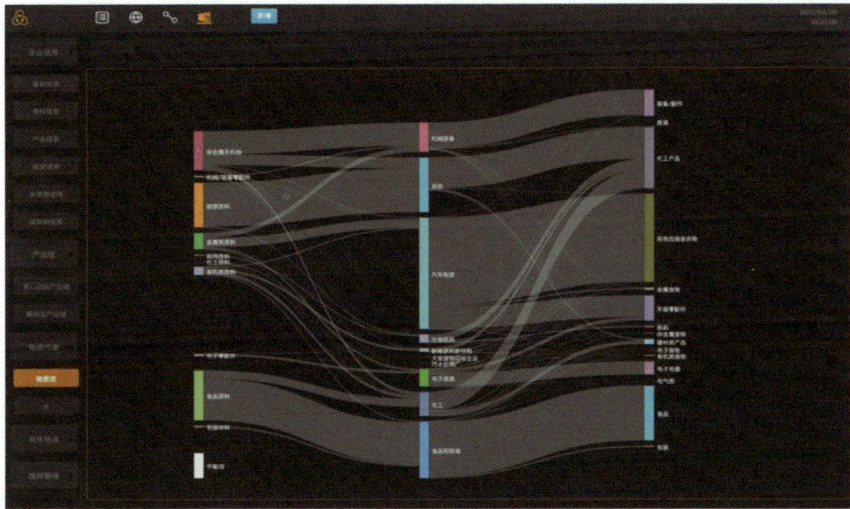

图7-13　TEDA物质代谢桑基图

（图片来源：TEDA 循环经济信息服务平台方案）

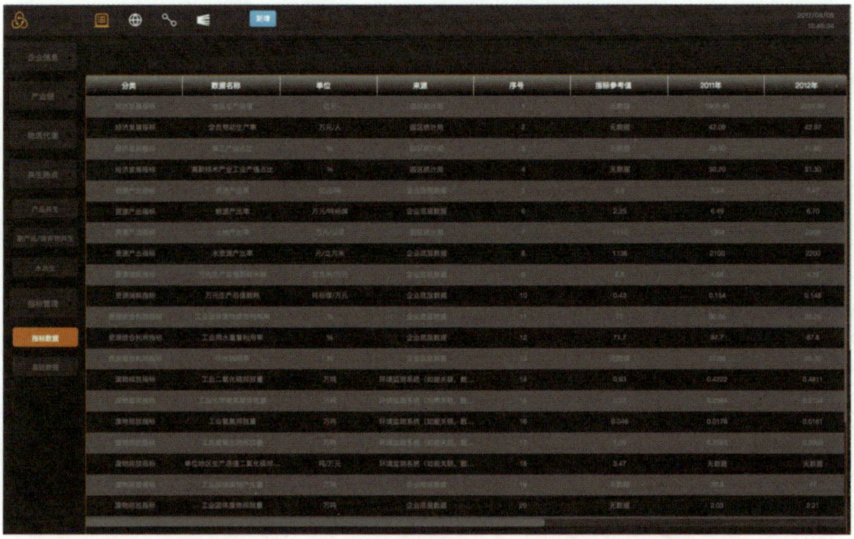

图7-14　核心指标计算结果

（图片来源：TEDA 循环经济信息服务平台方案）

图7-15　指标分析界面

（图片来源：TEDA循环经济信息服务平台方案）

### 7.4.3　建设成效

互联网和大数据分析的应用为TEDA循环化改造的三大主体提供了有力的决策支撑，有效解决了当前信息不对称给TEDA内部的共生网络构建和园区循环化改造工作带来的严重问题。

对于企业主体而言，平台的建设有利于掌握行业技术信息，助力企业内部清洁生产和技术升级，并有效拓展企业间的业务，及时申报国家项目。对于产业链主体而言，平台的建设可以协助园区管理者宏观把握产业布局和与对应产业链相关的产品、技术等信息，为园区核心产业的强链、补链提供决策支撑。对于园区主体而言，平台的建设有利于整体分析园区物质代谢情况，体现出"改造实施—效果评估—管理决策"等全过程的形象化、图形化展示和表征，用于支撑园区在招商引资过程中更加明晰路径规划。

### 7.4.4 推广建议

　　TEDA循环经济信息服务平台通过信息技术、数据挖掘技术和功能算法整合了数据、资源和信息，打破了不同企业间、产业链间以及企业与园区间的信息壁垒，实现了TEDA内企业间有效的物质循环和能量集成，为企业、产业链和园区三大主体在循环化改造过程中提供了信息辅助和决策支撑，具有重要意义和推广价值。平台建设经验可为国内其他同类型试点园区在完成循环化改造中涉及信息技术应用的重要任务提供有力借鉴。

## 7.5 杭州："互联网＋"再生资源回收的探索示范

### 7.5.1 基本情况

　　我国大部分再生资源回收企业多采取粗放的经营和管理方式，产业链条短、产品单一、生产工艺门槛低、增值水平低、同质化现象明显，具有一定规模的企业回收量仅占回收总量的10％～20％，行业小散差的特点明显，组织化程度低，市场竞争力较差。"互联网＋"模式从某种程度上来说，为再生资源回收打开了一个新渠道，这种运营模式充分利用了互联网信息传播快、平台利用"零距离"、方便快捷等特性，加速构建起一条比传统产业链更精简的回收再利用闭环，对拓宽再生资源获取渠道、打破信息不对称格局、加强各利益相关者之间的再均衡、改变传统回收体系小散差的状况、提升居民参与垃圾分类和再生资源回收利用的积极性、提高资源再生利用企业的知名度和行业的社会形象等都起到了非常积极的作用。

　　目前，我国"互联网+"再生资源回收行业主要呈现两方面的发展趋势。一方面，回收交易网络化趋势明显。目前，我国废旧手机回收主要以线下回收为主，而线下独立回收商的收购交易程序较随意，没有严格的制度及标准对交易主体进行约束，且交易范围较小。废旧手机回收交易的网络化则是发展的大势所趋，统一的交易平台容易形成规模化效应，以更低的成本寻找交易对手，从而降低交易成本；同时，统一的交易平台更能催生对各方产生约束的交易机制，能在更大程度上发挥市场对资源配置的调节作用，促进废旧手机回收产业链的丰富和完善。另一方面，回收模式不断创新。近年来，在废弃电器电子产品回收行业，"互联网＋回收"的经营模式崭露头角。一些企业积极探索，打造以回收废弃电器电子产品为主的第三方交易平台，通过互联网线上服务平台和线下回收服务体系两线建设，形成了线上投废、线下物流的"互联网＋回收"模式，逐步改变了传统回收小散差的状况。同时，行业的回收设施的智能化、分拣水平的自动化也在不断提高。随着人工成本的不断攀升，部分回收企业逐步由传统的手工劳动向智能化回收和自动化分拣转变，极大提高了分拣的精细化和规范化程度。

## 7.5.2  主要做法

以"虎哥回收"O2O（线上线下）立体服务平台为例。"虎哥回收"（浙江九仓再生资源开发有限公司）位于杭州市余杭区，成立于2015年7月，总投资5亿元，在杭州市余杭区建立了一套城市生活垃圾分类的样板体系，并成功运行。现有专用生活垃圾分类回收车辆200辆，资源化分选总仓超过3万 m²，构建了一条从"居民家庭→服务站→物流车→总仓"的生活垃圾分类高速公路，将生活垃圾分类与再生资源回收、利用相结合，真正实现了"两网融合"和生活垃圾的分类投放、分类收集、分类运输、分类处置。

一是分类方法简单，群众易于接受，减量效果显著。"虎哥回收"实施的干湿两分模式便于居民操作，短时间内居民参与率即达到80％以上。其中，干垃圾包括废旧家电类和废旧家具类等大件垃圾，废书废纸类、废塑料类、废包装物类、废金属类、废玻璃类、废纺织物类和有害垃圾类等小件垃圾；湿垃圾包括厨余垃圾、果皮和卫生间垃圾。"虎哥回收"的回收品类是干垃圾部分：对于大件垃圾，如废旧家电、废旧家具，采用单件回收的方式；对于小件垃圾，如废纸、废包装、废塑料、废金属、废插线板等，统一装进"虎哥回收"专用垃圾袋打包回收，具体回收方式见表7-4。

表7-4 "虎哥回收"社区生活垃圾分类回收方式

| 品类 | 常见品种 | 回收方式 | 计价方式 |
|---|---|---|---|
| 大件垃圾 | 废旧家电 | 单件回收 | 市场价 |
| | 废旧家具 | 单件回收 | 免费回收 |
| 小件垃圾 | 废纸、废包装、废塑料、废金属、废插线板等 | "虎哥回收"专用垃圾袋打包回收 | 环保金兑换商品 |

二是分类端口前移，居民自行在家里做好分类，再由企业进行精细化分类和资源化利用。"虎哥回收"模式将专用垃圾袋发放至群众家庭，并进行上门指导和利益回馈，实时监控居民的垃圾分类动态，帮助居民形成固定的生活垃圾分类习惯。同时，为鼓励广大居民参与垃圾分类回收，"虎哥回收"社区生活垃圾分类服务站将居民家庭的生活垃圾按重量赋予环保金，并将环保金存入居民的唯一账户中，居民可通过环保金到"虎哥商城"或"虎哥回收服务站"兑换商品。

三是全产业链运营，市场化程度高，政府可以把精力充分集中到宣传、引导和考核上来。当前的生活垃圾分类模式，在前端分类、宣传、清运和处置各个环节上由不同的单位进行运作，政府介入较深，责任划分难以明确。"虎哥回收"模式具有全产业链运营的基础，而且市场化程度高，政府可以通过购买服务的形式，将自身的精力集中到宣传、引导和考核上来。

四是实现了精准到户的生活垃圾分类信息监管。"虎哥回收"通过互联网、物联网和信息技术将每户家庭投放的生活垃圾重量和种类通过二维码扫入系统，实现了生活垃圾从产生、清运到处置再利用的全过程数据链，实现了精准到户的生活垃圾分类信息统计，可以为政府制定相关政策和监管措施提供重要依据。

### 7.5.3 建设成效

截至2019年12月31日，"虎哥回收"在余杭区已覆盖547个小区、33.1万户家庭，垃圾分类参与总人次超过313.58万人次，居民垃圾分类参与率达到85%以上。

2019年全年减量生活垃圾8.07万t，资源利用化率达95%以上，无害化处理率达100%。"虎哥回收"在可回收物应收尽收的同时，协同收集有害垃圾、大件垃圾、园林垃圾，其中，大件垃圾收集量达到2.28万t，可回收垃圾收集量达到5.79万t，有害垃圾收集量达到96 t。秉承"科学回收，无限创造"的发展理念，"虎哥回收"专门回收利用居民日常生活中产生的废旧物资等城市再生资源，其中，回收废旧家电106 t、废旧金属3 341 t、橡塑类垃圾4 974 t。

### 7.5.4　推广建议

"虎哥回收"借助"居民家庭→服务站→物流车→总仓"的这条生活垃圾分类高速公路，打通了回收和利用两个环节，破解了垃圾分类和废弃电器电子产品等垃圾回收和资源化难题，实现了生活垃圾处理的一站式解决，作为商务部再生资源回收创新案例、国家发展改革委"互联网＋资源循环利用"优秀典型案例、浙江省企业管理现代化创新成果之一，受到了广泛好评，是杭州市知名的垃圾分类和再生资源回收服务品牌。"虎哥回收"O2O立体服务平台的探索实践，为国内其他再生资源回收企业提供了经验。

第8章

## 新时代生态文明
## 建设展望

XIN**SHIDAI**
**SHENGTAI** WENMING
CONGSHU

## 8.1 面临的挑战

党的十八大以来，党中央把生态环境保护摆在治国理政的突出位置，使全社会对生态文明建设和生态环境保护的认知逐渐深入、污染治理力度得到强化、制度出台更加频繁、监管执法尺度愈加严格，从而推动生态环境保护发生历史性、转折性、全局性变化，生态文明建设取得显著成效，美丽中国建设迈出重要步伐。生态文明建设进入推进最快、成效最好的时期，但与此同时也处于"压力叠加负重前行的关键期、需要提供更多优质生态产品以满足人民日益增长的优美生态环境需求的攻坚期，以及有条件、有能力解决生态环境突出问题的窗口期"。

### 8.1.1 经济发展方式尚需加快转变

我国经济社会目前正向高质量发展转型，消费结构、产业格局、能源资源消费势必发生重大变革，在推行高质量发展的过程中应特别重视保护生态环境。根据党的十八大提出的"两步走"战略，到2035年我国基本实现社会主义现代化，预计经济总量将赶超美国。在我国工业化进入后期阶段之时，传统制造业将向高端制造和绿色制造装备转型，高端服务业占比提升，国土开发强度减弱，生态环境压力持续降低，城镇化进程基本完成，人口保持低速增长，高度城镇化及生活质量的提升将使生活源污染和废弃物大量增加；与此同时，绿色生活和绿色消费也将取得积极进展，资源环境压力得到有效缓解。预计到2035年能源消费达到峰值，能源利用率及能源结构将发生重大转变，能源科技进步将改变污染结构和排放量，矿产资源、水资源的开发利用仍保持较高强度，由此带来的生态环境保护压力仍然巨大。

转变经济增长方式、调整产业结构是当前我国经济发展的重要战略目标，许多地方粗放型增长方式在短期内还没有发生改变，仍然以牺牲资源环境为代价来发展经济，高投入、高消耗、高排放、难循环、低效率的增长方式使环境压力有增无减，污染减排压力巨大。在地区资源承载力的制约下，部分劳动密集型或占地大、耗能高、污染重的产业必须被削减或限制，同时还要投入大量人力、物力对部分产业、企业进行技术改造与升级。如何处理好加快经济发展与保护资源环境的关系，走出一条新型工业化和城市化的道路，成为地方经济社会可持续发展面临的最大挑战。例如，大兴安岭、小兴安岭为保护其森林生态系统的服务功能，不但要禁止森林资源的砍伐和相应木材加工业的发展，还要将大量资金投入封山育林、森林防火、林木管护等工作中，为了维护社会稳定，大量失业的林业工人及其家属需要妥善安置。这方面的投入往往是巨大的，是地方政府无力承担的，从而成为限制和禁止开发区经济发展的"桎梏"。

## 8.1.2 生态环境治理尚处于攻坚期

党的十八大以来，我国开展了一系列根本性、开创性、长远性的工作，推动生态环境保护发生了历史性、转折性、全局性变化，人民群众对生态环境的获得感、幸福感和安全感不断增强。近些年，党中央、国务院提出了一系列新理念、新思想、新战略，生态文明理念日益深入人心，国家污染治理力度之大、制度出台频度之密、监管执法尺度之严、环境质量改善速度之快前所未有。2013—2018年，全国338个地级及以上城市可吸入颗粒物平均浓度下降26.8%；全国地表水劣 V 类断面降至6.7%；森林覆盖率由21世纪初的17%提高到22%左右。然而，我国的环境容量有限，生态系统脆弱，污染重、损失大、风险高的生态环境状况还没有根本扭转，独特的地理环境也加剧了地区间的不平衡。在生态环境治理体系上，当前环境治理的领导责任体系、企业责任体系、全民行动体系、监管体系、市场体系、信用体系、法律法规政策体系尚未完全落实各类主体责任，市场主体和公众参与的积极性仍需大幅提升，与我国生态文明建设的总体布局存在显著差距。

总体来看，我国生态环境质量出现了稳中向好的趋势，但成效并不稳固，当前仍处于环境治理的攻坚期，存在一系列突出问题和短板。2019年，全国337个地级及以上城市中，环境空气质量未达标[1]城市占53.4%，$PM_{2.5}$年均值为36 $\mu g/m^3$，分别是美国和欧盟的4.0倍和3.2倍[2]。长江、黄河、珠江、松花江、淮河、海河、辽河七大流域和浙闽片河流、西北诸河、西南诸河监测的1 610个水质断面中，Ⅳ～劣Ⅴ类水比例为20.9%，氮、磷等常规污染物与重金属、新型污染物叠加的复合污染问题突出。土壤污染面广量大，耕地与农产品污染事件频发，影响农用地土壤环境质量的主要污染物是重金属，其中镉为首要污染物。与此同时，地表水、地下水割裂，水环境、水资源、水生态割裂，大气$PM_{2.5}$和$O_3$治理未实现协同控制，土壤污染导致的农产品和人居安全问题突出。党的十九大报告强调要突出抓重点、补短板、强弱项，特别是要坚决打好防范化解重大风险、精准脱贫、污染防治的三大攻坚战。习近平总书记在2018年全国生态环境保护大会上要求，加快建立健全以改善生态环境质量为核心的目标责任体系。

### 8.1.3 生态文明制度保障体系尚不完善

制度建设是生态文明建设的重要内容与根本保障，也是实现生态环境监管的重要手段。习近平总书记指出，"用最严格制度最严密法治保护生态环境，加快制度创新，强化制度执行，让制度成为刚性的约束和不可触碰的高压线。"党的十八大以来，通过深化体制改革、完善激励约束机制，我国加快建立起生态文明制度的"四梁八柱"，强化"自上而下"的生态环境保护意愿。然而，生态文明制度保障体系仍然还很不完善。例如，在当前的政绩考核体系中，经济发展指标所占的比重过大，许多部门和地方政府以GDP为主导的发展观仍然没有从根本上改变，资源能

---

[1] 环境空气质量达标要求参与评价的6项污染物浓度均达标。$PM_{2.5}$、$PM_{10}$、$SO_2$和$NO_2$按照年均浓度进行达标评价，$O_3$和CO按照百分位数浓度进行达标评价。按照《环境空气质量评价技术规范（试行）》（HJ 663—2013），将日历年内有效的$O_3$日最大8小时平均值、CO 24小时平均值按数值从小到大排序，取第90%位置的$O_3$日最大8小时平均值与国家标准日最大8小时平均浓度限值比较，以判断$O_3$达标情况；取第95%位置的CO 24小时平均值与CO 24小时标准浓度限值比较，以判断CO达标情况。

[2] 数据来源：2019年全球污染最严重的国家 —— $PM_{2.5}$浓度排名，AirVisual，https：//www.iqair.cn/cn/world-most-polluted-countries。

源和生态环境依然没有得到足够的重视。

保护生态环境必须依靠制度、依靠法治。当前，我国生态环境保护中存在的突出问题大多同体制不健全、制度不严格、法治不严密、执行不到位、惩处不得力有关。例如，在生态文明立法上，我国虽然制定了《中华人民共和国环境保护法》《中华人民共和国土地管理法》《中华人民共和国固体废物污染环境防治法》等多部有关生态环境资源开发保护、能源有效利用方面的法律法规，但是一些对我国生态文明建设有举足轻重的关键区域、重要领域还没有相应的法律法规，如弱势群体受到生态环境损害后应给予必要补偿的法规。在执法上，法治震慑力明显不足，生态环境法律法规中的执行力度比较弱化，缺乏必要的强制手段。对生态环境违法犯罪行为的处罚普遍偏松，从而导致出现了违法成本低、守法成本高的现象。统计数据显示，我国生态环境违法成本平均不及治理成本的10％，不及危害代价的20％，这就刺激了一些守法实体向违法轨道转移。习近平总书记在2018年全国生态环境保护大会上指出，要加快制度创新，增加制度供给，完善制度配套，强化制度执行，让制度成为刚性的约束和不可触碰的高压线；要严格用制度管权治吏、护蓝增绿，有权必有责、有责必担当、失责必追究，保证党中央关于生态文明建设的决策部署落地、生根、见效。

### 8.1.4　体制机制改革的协同性面临挑战

党的十八大以来，我国生态文明体制改革扎实稳步推进，一些重要领域和关键环节实现了历史性突破，总体上呈现出全面发力、纵深推进的良好态势。2015年，党中央、国务院相继出台了一系列制度文件，打出了一套理念先行、目标明确、顶层设计、系统推进的生态文明体制改革"1＋6组合拳"。其中，"1"指《生态文明体制改革总体方案》，它作为纲领性文件全面部署了中国生态文明制度建设工作；"6"包括《环境保护督察方案（试行）》《生态环境监测网络建设方案》《开展领导干部自然资源资产离任审计试点方案》《党政领导干部生态环境损害责任追究办法（试行）》《编制自然资源资产负债表试点方案》《生态环境损害赔偿制度改革试点方案》。这些方案明确了生态文明体制改革的8类制度建设任务，要求建立起"产权清晰、多元参与、激励约束并重、系统完善的生态文明制度体系"，充分体现了改革的系统性、整体性、协同性。然而，新时代下美丽中国建设和生态环境保护依然面临着治理体系条块分隔、缺乏衔接和协同的挑战。根据各地生态文明先行示范区的改革实践，生态文明体制改革的约束性规范多、激励性机制少，自然资源资产管理部门交叉、数据属性及统计方法标准不一致，先行示范区有些任务的出台与国家相关体制机制改革的部署衔接不畅，导致制度创新和实施难以协调推进。

当前，推进生态文明、环境保护的具体工作领域涉及的部门很多，职能交叉重叠、行政治理体系条块分割导致横向的统筹协调难以实现，造成山水林田湖草沙保护治理在工作推进中缺乏系统性、协同性。例如，山水林田湖草沙、自然生态环境、人居环境都是系统性的整体，生态环境治理需要政府多个部门的协调与合作，所涉及的污染防治职能、资源保护职能、综合调控管理职能等分散在发展改革、自然资源、生态环境、公安、交通、林草、农业、水利、财政、工信等部门，由于部门交叉，相关规划的制定和实施存在割裂。山水林田湖草沙、城市发展建设等各个方面都有专业规划，规划与规划之间缺乏衔接和协调，"治山的不管治水，治水的不管治田"的现象依然存在。又如，中央与地方事权与责权不统一、纵向条状权力与横向块状权力不协调，从而影响了环境治理效果。地方政府与地方职能部门存在权力交叉、职能交错的现象：一方面，地方职能部门受本级地方政府与上级职能部门的双重约束，缺乏专门法律或法定程序规范各自的政府行为或调节双方冲突；另一方面，各部门原则上不能向同级别的另一个部门发出约束力指令，加上地方政府自身多元发展目标间的矛盾，以及受绩效考核、财政经费、干部任期等因素的影响，容易导致地方生态环境治理目标模糊、动力不足、行为短期化。

## 8.2　对未来的展望

2020年10月26—29日召开的党的第十九届五中全会提出，推动绿色发展，促进人与自然和谐共生；坚持绿水青山就是金山银山的理念，坚持尊重自然、顺应自然、保护自然，坚持节约优先、保护优先、自然恢复为主，守住自然生态安全边界；深入实施可持续发展战略，完善生态文明领域的统筹协调机制，构建生态文明体系，促进经济社会发展的全面绿色转型，建设人与自然和谐共生的现代化；加快推动绿色低碳发展，持续改善环境质量，提升生态系统质量和稳定性，全面提高资源利用效率。

## 8.2.1　以新兴技术产业融合支撑绿色高质量发展

发展绿色经济在当下已成为发达国家发展战略的核心内容和世界发展潮流，环境保护不再被看作是被动治理环境问题负外部性的成本投入，而是协同经济转型发展与环境保护的核心驱动力，更成为世界科技创新与产业发展竞争的制高点。展望未来，一是要从供给侧出发，发展壮大节能环保、信息、生物、新能源等战略性新兴产业，支持绿色技术创新，推进节能环保技术研发和转化，扶持清洁能源产业的规模化发展，以满足人民对高品质绿色产品和服务的需求；二是要推进传统产业的生态化转型，以推行清洁生产、发展循环经济为抓手，推进重点行业的绿色化改造，推进资源节约和循环高效利用，促进生产力水平和资源效率的整体优化提升，大幅促进整体经济的绿色高质量发展；三是要加快探索生态产业化，立足生态资源，推动产业发展与生态资源的深度融合，通过产业化将自然的"绿水青山"变成现实的"金山银山"。

## 8.2.2　以系统思维解决突出的生态环境问题

新时代生态文明建设将继续开展污染防治行动，建立地上地下、陆海统筹的生态环境治理制度，持续改善环境质量，提升生态系统稳定性。一是要打赢蓝天保卫战。推动"散乱污"企业整治、重点行业污染源治理，加快不达标产能依法关停退出；抓好北方地区清洁供暖，推动煤炭等化石能源的清洁高效利用；强化多种污染物协同控制和区域协同治理，加强$PM_{2.5}$和$O_3$协同控制，基本消除重污染天气。二是要加快水环境系统防治。系统推进水环境治理、水生态修复、水资源管理和水灾害防治，加强大江大河和重要湖泊、湿地的生态保护治理，抓好重点流域、近岸海域污染防治，大力整治不达标水体、黑臭水体和纳污坑塘，严格保护好水体和饮用水水源，加强地下水污染综合防治。三是要强化土壤污染管控和修复。加强白色污染治理和危险废物、医疗废物的收集处理；推进化肥、农药减量化和土壤污染治理，保障农产品质量和人居环境安全。四是全面实行排污许可制，推进排污权、用能权、用水权、碳排放权的市场化交易。

### 8.2.3　健全生态文明建设的法制保障

运用立法、执法、司法、普法以及法律监督手段，在事前、事中、事后各个环节"对症下药"，加快推进我国生态文明法治体系逐步完善。一是要加强生态文明法律法规的制修订，统筹协调现行资源环境领域的相关法律，加快开展民法、行政法、刑法和经济法等相关法律法规以及传统部门法的生态化改造，修订不符合生态文明建设要求的有关条款，实现立法与改革决策相衔接，形成生态文明法治建设的整体合力。二是要完善生态文明司法体系，推动各地生态法庭的建立、公安和检察队伍的建设，严厉打击各种破坏生态环境的行为；加快制定环境公益诉讼法，明确环境公益诉讼中的原告资格以及污染环境行为的认定标准，扩大环境公益诉讼主体，完善环境公益诉讼具体操作程序，加强对环境犯罪的惩治。三是要加强执法体系建设，完善跨行政区域执法合作机制和部门联动执法机制，整合环保、林业、国土、水利等部门的执法队伍，建立统一的生态文明执法体系；提高生态环境审批工作的政策性和专业性水平，打造素质过硬的生态审批队伍。

### 8.2.4　全面推进生态文明体制的改革创新

生态文明体制改革是全面深化改革的重要领域，要加强探索政府主导、企业和社会各界参与、市场化运作、可持续的生态产品价值实现路径。一是探索建立分级行使所有权的体制。对全民所有的自然资源资产进行分类管理：对于有重大作用的资产，由中央政府直接行使所有权；对于生态功能不是特别重要的资产，可适当扩大使用权的有偿出让转让等。二是加快自然资源及其产品的价格改革。制定和完善相应的定价成本监审制度和价格调整机制，完善价格决策程序和信息公开制度；完善土地、矿产、海域、海岛等自然资源有偿使用制度；探索建立和完善生态补偿标准体系，包括资金来源、补偿渠道、补偿方式等。三是积极探索多元化的绿色发展机制。鼓励各地区坚持技术创新的投入，深入挖掘绿色发展潜力，推进构建绿色产业体系；规范市场化运作模式，逐步调整私人企业进入的门槛；发展绿色金融，建立和完善有关财政、税收和金融等方面的经济政策，加大对生态保护和建设的财政转移支付力度，提高生态公益林保护和天然林保护补贴、湿地生态补偿、有机肥转化补贴等。

### 8.2.5　提升全球环境履约能力和环境治理贡献作用

我国正面临着越来越多的国际履约问题，应当以更积极的姿态参与全球环境治理，以生态文明建设的中国方案向国际社会发出中国声音，成为全球环境治理的重要参与者、贡献者。一是积极参与全球生态环境治理，落实联合国2030年可持续发展议程，统筹兼顾可持续发展国内、国际两个大局：国内应立足我国实际，将联合国可持续发展目标的行动分解落实；国际上应针对可持续发展评估加强协作，并与国际接轨。二是以绿色发展理念推动与"一带一路"沿线国家的经济发展与合作，优先解决好中俄、中哈、大湄公河次区域、中朝等跨界河流的水污染防治和水资源利用问题，推动绿色技术的转化和推广应用。三是控制碳排放总量，降低碳排放强度，积极承担大国责任，支持有条件的地方率先达到碳排放峰值，制定2030年以前的碳排放达峰行动方案，积极参与全球应对气候变化的国际合作。

# 参考文献

［ 1 ］新华网.习近平强调，贯彻新发展理念，建设现代化经济体系［EB/OL］.［2017-10-18］. http：//www.xinhuanet.com//politics/19cpcnc/2017-10/18/c_1121820551.htm.

［ 2 ］国务院.生态文明体制改革总体方案［EB/OL］.［2015-09-21］.http：//www.gov.cn/ guowuyuan/2015-09/21/content_2936327.htm.

［ 3 ］国务院.关于印发"无废城市"建设试点工作方案的通知［EB/OL］.［2019-01-21］.http：// www.gov.cn/zhengce/content/2019-01/21/content_5359620.htm.

［ 4 ］国家发展改革委办公厅，工业和信息化部办公厅.关于推进大宗固体废弃物综合利用产业集聚发展的通知［EB/OL］.［2019-01-09］.http：//www.ndrc.gov.cn/gzdt/201901/ t20190116_925699.html.

［ 5 ］国家发展改革委办公厅，住房城乡建设部办公厅.关于推进资源循环利用基地建设的通知［EB/OL］.［2018-05-03］.http：//www.ndrc.gov.cn/gzdt/201805/t20180504_885513. html.

［ 6 ］国家发展和改革委员会.循环发展引领计划［EB/OL］.［2017-05-04］.http：//www.ndrc. gov.cn/gzdt/201705/t20170504_846514.html.

［ 7 ］张高丽.大力推进生态文明　努力建设美丽中国［J］.求是，2013（24）：10-16.

［ 8 ］温宗国，刘航.加快构建生态文明体系，推动美丽中国再上新台阶［EB/OL］.［2018-05-29］. http：//theory.gmw.cn/2018-05/29/content_29028488.htm.

［ 9 ］温宗国.适势求是：推动形成绿色发展方式和生活方式［EB/OL］.［201-07-29］.http：// opinion.people.com.cn/n1/2018/0729/c1003-30175992.html.

［10］温宗国.建设美丽中国，迈入新时代生态文明［EB/OL］.［2017-10-31］.http：//fgw. fujian.gov.cn/ztzl/stwmzt/qwsy/201711/t20171115_808837.htm.

［11］胡振华，容贤标，熊曦.全国旅游城市旅游业发展和生态文明建设的协调度研究［J］.学术论坛，2016（9）：51-58.

［12］王丹.生态文化与国民生态意识塑造研究［D］.北京：北京交通大学，2014.

［13］段娟.十六大以来中国生态文明建设的回顾与思考［C］//第十五届国史学术年会论文集.北京：当代中国出版社，2016.

［14］高世楫，王海芹，李维明.改革开放40年生态文明体制改革历程与取向观察［J］.改革，2018，294（8）：49-63.

［15］邱寅莹.当代中国生态文明建设历程与启示［J］.太原理工大学学报（社会科学版），2017，35（5）：7-11.

［16］王金南，秦昌波，苏洁琼，等.独立统一的生态环境监测评估体制改革方案研究［J］.中国环境管理，2016，8（1）：34-37.

［17］温宗国.开创新时代生态文明的若干思考［J］.城市与环境研究，2018，16（2）：17-18.

［18］尹才元.中国共产党人生态文明建设思想发展历程研究［D］.兰州：兰州理工大学，2018.

［19］周宏春.新时期、新高度、新任务：对生态文明建设的思考［J］.环境保护，2017，45（22）：12-19.

［20］中共中央宣传部.习近平总书记系列重要讲话读本［M］.北京：学习出版社，2014.

［21］国家发展改革委，科技部，财政部，等.全国生态保护与建设规划（2013—2020年）［EB/OL］.［2014-02-08］.https://www.ndrc.gov.cn/fzggw/jgsj/njs/sjdt/201411/t20141119_1194736.html.

［22］任建兰，王亚平，程钰.从生态环境保护到生态文明建设：四十年的回顾与展望［J］.山东大学学报，2018（6）：27-39.

［23］段蕾，康沛竹.走向社会主义新时代生态文明——论习近平生态文明思想的背景、内涵与意义［J］.科学社会主义，2016（2）：127-132.

［24］刘新芳."绿色化"视角下的生态文化建设研究［D］.南昌：东华理工大学，2017.

［25］吴亚旗.当前中国生态文明建设的制约因素及实现路径研究［D］.济南：山东大学，2016.

［26］洪连金.东北老工业基地生态文明建设政策法规保障机制研究——以吉林省为例［D］.长春：东北师范大学，2012.

［27］梁广林，张林波，李岱青，等.福建省生态文明建设的经验与建议［J］.中国工程科学，2017（4）：74-78.

［28］卢风.绿色发展与生态文明建设的关键和根本［J］.中国地质大学学报，2017，17（1）：1-9.

［29］霍艳丽，刘彤.生态经济建设：我国实现绿色发展的路径选择［J］.企业经济，2011，10：63-66.

［30］张雪敏.绿色发展视阈下生态文明建设的路径［J］.中共合肥市委党校学报，2017（5）：3-5.

［31］周淑兰.生态文明内涵、成果及路径研究［J］.中共乌鲁木齐市委党校学报，2018（2）：23-28.

［32］齐振宏，邹兰娅.习近平生态文明思想与中国生态文明建设的制度创新［J］.社科纵横，2017，32（3）：1-4.

［33］彭斯震，孙新章.中国绿色经济的主要挑战和战略对策研究［J］.中国人口·资源与环境，2014，3（24）：1-4.

［34］李鹏辉.吴敬琏：经济"新常态"对绿色经济转型是挑战更是机遇［J］.世界环境，2015（4）：16-17.

［35］俞海，任子平，张永亮，等.新常态下中国绿色增长：概念、行动与路径［J］.环境与可持续发展，2015（1）：7-10.

［36］国务院发展研究中心生态文明进展与建议课题组.生态文明体制改革进展与建议［M］.北京：中国发展出版社，2018.

［37］杨伟民.建立系统完整的生态文明制度体系[N].光明日报，2013-11-23（02）.

［38］李干杰.坚持走生态优先、绿色发展之路扎实推进长江经济带生态环境保护工作［J］.环境保护，2016，44（11）：7-13.

［39］张艳国."共抓大保护、不搞大开发"思想的深刻内涵及其重大意义［N］.光明日报，2018-06-14.

［40］陈叙图，金筱霆，苏杨.法国国家公园体制改革的动因、经验及启示［J］.环境保护，2019，47（19）：56-63.

［41］习近平.在深入推动长江经济带发展座谈会上的讲话［J］.求是，2019（13）：4-8.

［42］HEILMANN S. Policy Experimentation in China's Economic Rise［J］. Studies in Comparative International Development，2008，43（1）：1-26.

［43］苏利阳，王毅.中国"央地互动型"决策过程研究——基于节能政策制定过程的分析［J］.公共管理学报，2016，13（3）：1-11，152.

［44］高世楫，王海芹，李维明.改革开放40年生态文明体制改革历程与取向观察［J］.改革，2018（8）：49-63.

［45］史巍娜.贵州省生态文明建设体制机制创新及对策建议［J］.黑龙江教育（理论与实践），2016（3）：8-10.

［46］张一.海洋生态文明示范区建设：内涵、问题及优化路径［J］.中国海洋大学学报（社会科学版），2016（4）：66-71.

［47］陈雨露.绿色金融改革创新试验区85％试点任务已启动推进［EB/OL］.［2016-06-13］. http：//www.gov.cn/guowuyuan/2018-06/13/content_5298248.htm.

［48］韩刚.一池活水向"绿"流：写在湖州绿色金融改革创新一周年之际［N］.湖州日报，2018-6-12（A05）.

［49］国家生态环境治理体系研究课题组.国家生态环境治理体系研究（综合报告）［R］.2014.

［50］骆建华，王毅.PM$_{2.5}$污染的治理路径与绿色低碳发展［M］// 中国低碳经济发展报告（2013）.北京：社会科学文献出版社，2013：34-52.

［51］仇保兴.如何使"顶层设计"获得成功？［J］.清华管理评论，2015（4）：8-13.

［52］夏光.建立系统完整的生态文明制度体系［N］.中国环境报，2013-11-14（2）.

［53］宣晓伟.国家治理体系和治理能力现代化的制度安排：从社会分工理论观瞻［J］.改革，2014（4）：151-159.

［54］杨伟民.建立系统完整的生态文明制度体系［N］.光明日报，2013-11-23.

［55］俞可平.推进国家治理体系和治理能力现代化［J］.前线，2014（1）：5-8.

［56］郑吉峰.国家治理体系的基本结构与层次［J］.重庆社会科学，2014（4）：18-25.

［57］中国科学院可持续发展战略研究组.2010中国可持续发展战略报告——绿色发展与创新［M］.北京：科学出版社，2010.

［58］中国科学院可持续发展战略研究组.2014中国可持续发展战略报告——创建生态文明的制度体系［M］.北京：科学出版社，2014.

［59］诸大建．深入理解生态文明的制度建设［N］.新民晚报，2013-12-21（A04）.

［60］蒋洪强，王金南，程曦，等．建立完善生态环境绩效评价考核与问责制度［J］.环境保护科学，2015（5）：43-48.

［61］曾鹏．绿色发展理念视阈下美丽中国建设研究［D］.武汉：武汉大学，2017.

［62］张群．生态文明建设面临的问题和策略研究［J］.现代经济信息，2013（20）：12-13.

［63］孙国峰，王小洁．试论绿色金融发展与生态文明建设的关系——以福建省为例［J］.行政与法，2018（9）：43-50.

［64］汪玉凯．完善国家生态文明建设管理体制的若干政策建议［J］.中共天津市委党校学报，2016，18（3）：56-59.

［65］杨仪青．新型城镇化进程中的我国生态文明建设路径探析［J］.生态经济，2017（10）：221-225.

［66］高玉娟，刘思源．伊春国有林区生态文明建设实现路径研究［J］.林业经济问题，2016，36（5）：424-428.

［67］王贤．长江经济带生态文明建设现状、问题及对策［J］.长江大学学报（社会科学版），2017（2）：36-40.

［68］王从彦，陈林海，吕永生，等．镇江市实施生态文明建设面临的机遇和挑战［J］.中国人口·资源与环境，2016（S2）：386-390.

［69］姚震，周鑫．国土资源领域生态文明建设面临的问题及对策［J］.资源与产业，2014，16（1）：117-120.

［70］左守秋，孙琳琼，冯石岗．京津冀区域城乡一体化进程中河北省生态文明建设体制机制问题及对策思考［J］.牡丹江教育学院学报，2015（9）：125-127.

［71］郭志远．河南省生态文明建设体制机制问题研究［J］.中共郑州市委党校学报，2017（6）：88-91.

［72］中国社会科学院城市发展与环境研究所．包括自然资源资产产权制度在内的生态文明体制改革的总体思路［M］.北京：社会科学文献出版社，2015.

［73］国务院．中国共产党第十九届中央委员会第五次全体会议公报［EB/OL］.［2020-10-29］.http://www.gov.cn/xinwen/2020–10/29/content_5555877.htm.

［74］中国环境监测总站.2019中国生态环境状况公报［EB/OL］.［2020-06-08］.http://www.cenemc.cn/jcbj/zghjzkgb/.

［75］国家统计局．中国统计年鉴——2020［EB/OL］.［2020-09-20］.http://www.stats.gov.cn/tjsj/ndsj/2020/indexch.htm.

［76］国家发展和改革委员会．关于印发《国家生态文明试验区改革举措和经验做法推广清单》的通知（发改环资〔2020〕1793号［EB/OL］.［2020-11-25］.http://www.ndrc.gov.cn/xwdt/tzgg/202011/t20201127_1251539_ext.html.

［77］国家发展和改革委员会.2020 年我国资源节约和环境保护工作成效显著　确保"十三五"各项任务圆满收官［EB/OL］.［2021-02-03］.http://www.www.thepaper.cn/newsDetail_forward_11125695.

# 附　表

————————

XIN**SHIDAI**
**SHENGTAI** WENMING
CONGSHU

附表1　中央全面深化改革会议审议通过的与生态文明制度建设相关的文件清单

| 类别 | 文件名称 | 通过会议 |
|---|---|---|
| 1. 自然资源资产产权制度（3） | 自然资源统一确权登记办法（试行） | 中央深改组第二十九次会议 |
| | 关于健全国家自然资源资产管理体制试点方案 | 中央深改组第三十次会议 |
| | 关于统筹推进自然资源资产产权制度改革的指导意见 | 中央深改委第六次会议 |
| 2. 国土空间开发保护制度（15） | 中国三江源国家公园体制试点方案 | 中央深改组第十九次会议 |
| | 重点生态功能区产业准入负面清单编制实施办法 | 中央深改组第二十七次会议 |
| | 关于设立统一规范的国家生态文明试验区的意见 | 中央深改组第二十五次会议 |
| | 国家生态文明试验区（福建）实施方案 | 中央深改组第二十五次会议 |
| | 关于划定并严守生态保护红线的若干意见 | 中央深改组第二十九次会议 |
| | 大熊猫国家公园体制试点方案 | 中央深改组第三十次会议 |
| | 东北虎豹国家公园体制试点方案 | 中央深改组第三十次会议 |
| | 祁连山国家公园体制试点方案 | 中央深改组第三十六次会议 |
| | 国家生态文明试验区（江西）实施方案 | 中央深改组第三十六次会议 |
| | 国家生态文明试验区（贵州）实施方案 | 中央深改组第三十六次会议 |
| | 国家生态文明试验区（福建）推进建设情况报告 | 中央深改组第三十六次会议 |
| | 建立国家公园体制总体方案 | 中央深改组第三十七次会议 |
| | 关于完善主体功能区战略和制度的若干意见 | 中央深改组第三十八次会议 |
| | 国家生态文明试验区（海南）实施方案 | 中央深改委第六次会议 |
| | 关于在国土空间规划中统筹划定落实三条控制线的指导意见 | 中央深改委第九次会议 |

| 类别 | 文件名称 | 通过会议 |
|---|---|---|
| 3. 空间规划体系（3） | 宁夏回族自治区空间规划（多规合一）改革试点工作实施方案 | 中央深改组第二十三次会议 |
| | 关于海南省域"多规合一"改革试点情况的报告 | 中央深改组第二十五次会议 |
| | 省级空间规划试点方案 | 中央深改组第二十八次会议 |
| 4. 资源总量管理和全面节约制度（5） | 湿地保护修复制度方案 | 中央深改组第二十九次会议 |
| | 海岸线保护与利用管理办法 | 中央深改组第二十九次会议 |
| | 中共中央　国务院关于加强耕地保护和改进占补平衡的意见 | 中央深改组第三十次会议 |
| | 围填海管控办法 | 中央深改组第三十次会议 |
| | 关于禁止洋垃圾入境推进固体废物进口管理制度改革实施方案 | 中央深改组第三十四次会议 |
| 5. 资源有偿使用和生态补偿制度（6） | 国务院办公厅关于健全生态保护补偿机制的意见 | 中央深改组第二十二次会议 |
| | 探索实行耕地轮作休耕制度试点方案 | 中央深改组第二十四次会议 |
| | 贫困地区水电矿产资源开发资产收益扶贫改革试点方案 | 中央深改组第二十六次会议 |
| | 矿业权出让制度改革方案 | 中央深改组第三十一次会议 |
| | 矿产资源权益金制度改革方案 | 中央深改组第三十一次会议 |
| | 海域、无居民海岛有偿使用的意见 | 中央深改组第三十五次会议 |
| 6. 环境治理体系（15） | 生态环境监测网络建设方案 | 中央深改组第十四次会议 |
| | 关于省以下环保机构监测监察执法垂直管理制度改革试点工作的指导意见 | 中央深改组第二十六次会议 |
| | 关于在部分省份开展生态环境损害赔偿制度改革试点的报告 | 中央深改组第二十七次会议 |

| 类别 | 文件名称 | 通过会议 |
|---|---|---|
| | 关于全面推行河长制的意见 | 中央深改组第二十八次会议 |
| | 建立以绿色生态为导向的农业补贴制度改革方案 | 中央深改组第二十九次会议 |
| | 按流域设置环境监管和行政执法机构试点方案 | 中央深改组第三十二次会议 |
| | 跨地区环保机构试点方案 | 中央深改组第三十五次会议 |
| | 关于创新体制机制推进农业绿色发展的意见 | 中央深改组第三十七次会议 |
| | 生态环境损害赔偿制度改革方案 | 中央深改组第三十八次会议 |
| | 关于在湖泊实施湖长制的指导意见 | 十九届中央深改组第一次会议 |
| | 农村人居环境整治三年行动方案 | 十九届中央深改组第一次会议 |
| | 关于构建现代环境治理体系的指导意见 | 中央深改委第十一次会议 |
| | 关于全面禁止非法野生动物交易、革除滥食野生动物陋习、切实保障人民群众生命健康安全的决定 | 十三届人大第十六次会议 |
| | 全国重要生态系统保护和修复重大工程总体规划（2021—2035年） | 中央深改委第十三次会议 |
| | 关于全面推进林长制的意见 | 中央深改委第十六次会议 |
| 7. 环境保护和环境治理市场体系（1） | 关于构建绿色金融体系的指导意见 | 中央深改组第二十七次会议 |

| 类别 | 文件名称 | 通过会议 |
|---|---|---|
| 8. 绩效评价考核和责任追究制度（7） | 环境保护督察方案（试行） | 中央深改组第十四次会议 |
| | 关于开展领导干部自然资源资产离任审计的试点方案 | 中央深改组第十四次会议 |
| | 党政领导干部生态环境损害责任追究办法（试行） | 中央深改组第十四次会议 |
| | 生态文明建设目标评价考核办法 | 中央深改组第二十七次会议 |
| | 关于建立资源环境承载能力监测预警长效机制的若干意见 | 中央深改组第三十五次会议 |
| | 关于深化环境监测改革提高环境监测数据质量的意见 | 中央深改组第三十五次会议 |
| | 领导干部自然资源资产离任审计暂行规定 | 中央深改组第三十六次会议 |

注：本表为作者整理，第一列（　　）内为已发布的文件数量，截至 2020 年。

**附表2　国家部委发布的与生态文明制度建设相关的政策文件清单**

| 类别 | 文件名称 | 文号 |
|---|---|---|
| 1. 自然资源资产产权制度（1） | 国务院办公厅关于完善集体林权制度的意见 | 国办发〔2016〕83号 |
| 2. 国土空间开发保护制度（4） | 全国海洋主体功能区规划 | 国发〔2015〕42号 |
| | 关于加强资源环境生态红线管控的指导意见 | 发改环资〔2016〕1162号 |
| | 国务院关于建立粮食生产功能区和重要农产品生产保护区的指导意见 | 国发〔2017〕24号 |
| | 省级政府耕地保护责任目标考核办法 | 国办发〔2018〕2号 |

| 类别 | 文件名称 | 文号 |
|------|---------|------|
| 3. 空间规划体系（2） | 关于开展市县"多规合一"试点工作的通知 | 发改规划〔2014〕1971号 |
| | 省级空间规划试点工作部际联席会议制度 | 国办函〔2017〕34号 |
| 4. 资源总量管理和全面节约制度（10） | 节能低碳技术推广管理暂行办法 | 发改环资〔2014〕19号 |
| | 关于促进绿色消费的指导意见 | 发改环资〔2016〕353号 |
| | 海洋督察方案 | 国海发〔2016〕27号 |
| | 农业部关于进一步加强国内渔船管控实施海洋渔业资源总量管理的通知 | 农渔发〔2017〕2号 |
| | 沙化土地封禁保护修复制度方案 | 林涵沙字〔2016〕167号 |
| | 生产者责任延伸制度推行方案 | 国办发〔2016〕99号 |
| | "十三五"实行最严格水资源管理制度考核工作实施方案 | 水资源〔2016〕463号 |
| | 生活垃圾分类制度实施方案 | 国办发〔2017〕26号 |
| | 国务院办公厅关于加快推进畜禽养殖废弃物资源化利用的意见 | 国办发〔2017〕48号 |
| | 关于加快建立绿色生产和消费法规政策体系的意见 | 发改环资〔2020〕379号 |
| 5. 资源有偿使用和生态补偿制度（5） | 关于推进山水林田湖生态保护修复工作的通知 | 财建〔2016〕725号 |
| | 关于加快建立流域上下游横向生态保护补偿机制的指导意见 | 财建〔2016〕928号 |
| | 国务院关于全民所有自然资源资产有偿使用制度改革的指导意见 | 国发〔2016〕82号 |
| | 关于印发《建立市场化、多元化生态保护补偿机制行动计划》的通知 | 发改西部〔2018〕1960号 |
| | 生态综合补偿试点方案 | 发改振兴〔2019〕1793号 |

| 类别 | 文件名称 | 文号 |
|---|---|---|
| 6. 环境治理体系（11） | 生态环境损害赔偿制度改革试点方案 | 中办发〔2015〕57号 |
| | 关于推进绿色"一带一路"建设的指导意见 | 环境保护部等四部委联合发布（2017年4月） |
| | 国务院办公厅关于印发控制污染物排放许可制实施方案的通知 | 国办发〔2016〕81号 |
| | 关于推进资源循环利用基地建设的指导意见 | 发改办环资〔2017〕1778号 |
| | 中共中央　国务院关于全面加强生态环境保护　坚决打好污染防治攻坚战的意见 | 中共中央　国务院 |
| | 国务院关于印发打赢蓝天保卫战三年行动计划的通知 | 国发〔2018〕22号 |
| | 国务院办公厅关于印发"无废城市"建设试点工作方案的通知 | 国办发〔2018〕128号 |
| | 关于加快推进长江经济带农业面源污染治理的指导意见 | 发改农经〔2018〕1542号 |
| | 关于推进大宗固体废弃物综合利用产业集聚发展的通知 | 发改办环资〔2019〕44号 |
| | 关于深入推进园区环境污染第三方治理的通知 | 发改办环资〔2019〕785号 |
| | 关于进一步加强塑料污染治理的意见 | 发改环资〔2020〕80号 |
| 7. 环境保护和环境治理市场体系（11） | 国务院办公厅关于进一步推进排污权有偿使用和交易试点工作的指导意见 | 国办发〔2014〕38号 |
| | 碳排放权交易管理暂行办法 | 发改委2014年第17号令 |
| | 水权交易管理暂行办法 | 水政法〔2016〕156号 |
| | 用能权有偿使用和交易制度试点方案 | 发改环资〔2016〕1659号 |

| 类别 | 文件名称 | 文号 |
|---|---|---|
| | 关于培育环境治理和生态保护市场主体的意见 | 发改环资〔2016〕2028号 |
| | 国务院办公厅关于建立统一的绿色产品标准、认证、标识体系的意见 | 国办发〔2016〕86号 |
| | 关于试行可再生能源绿色电力证书核发及自愿认购交易制度的通知 | 发改能源〔2017〕132号 |
| | 关于进一步利用开发性和政策性金融推进林业生态建设的通知 | 发改农经〔2017〕140号 |
| | 国务院办公厅关于加强农业种质资源保护与利用的意见 | 国办发〔2019〕56号 |
| | 中共中央　国务院关于抓好"三农"领域重点工作　确保如期实现全面小康的意见 | 中发〔2020〕1号 |
| | 国务院办公厅关于生态环境保护综合行政执法有关事项的通知 | 国办函〔2020〕18号 |
| 8. 绩效评价考核和责任追究制度（5） | 编制自然资源资产负债表试点方案 | 国办发〔2015〕82号 |
| | 资源环境承载能力监测预警技术方法（试行） | 国家发展改革委等13部委下发 |
| | 绿色发展指标体系 | 发改环资〔2016〕2635号 |
| | 生态文明建设考核目标体系 | 发改环资〔2016〕2635号 |
| | 美丽中国建设评估指标体系及实施方案 | 发改环资〔2020〕296号 |

注：本表为作者整理，第一列（　　）内为已发布的文件数量，截至2020年。

附表3  国家生态文明先行示范区名单及制度创新重点情况分析

| 省级 | 市级 | 国家建议的制度创新重点 | 批次 | 区域 |
|---|---|---|---|---|
| 甘肃 | 甘南藏族自治州 | 探索建立生态环境损害赔偿责任终身追究制 | 一 | 西部 |
| | 定西市 | 探索建立领导干部自然资源资产离任审计制 | 一 | |
| | | 实行自然资源产权制度和用途管制制度 | | |
| | | 探索推行水权交易、污染第三方治理制度 | | |
| | 兰州市 | 深入探索资源有偿使用制度和生态保护补偿机制 | 二 | |
| | | 创新领导干部环境责任离任审计制度 | | |
| | 酒泉市 | 建立湿地（包括河滩地）产权确认制度 | 二 | |
| | | 推动碳交易与碳资产管理体制机制创新 | | |
| | | 建立资源环境承载能力监测预警机制 | | |
| 广西 | 玉林市 | 探索建立生态补偿机制 | 一 | 西部 |
| | | 探索建立自然资源资产产权和用途管制制度 | | |
| | | 探索划定生态保护红线 | | |
| | 富川瑶族自治县 | 探索建立自然资源资产产权和用途管制制度 | 一 | |
| | | 探索建立县域各类资源生态用地保护红线制度 | | |
| | 桂林市 | 建立生态文明指标体系与考核制度 | 二 | |
| | | 探索建立生态保护的融资机制 | | |
| | | 探索建立生态保护补偿机制 | | |
| | 马山县 | 建立荒漠化综合治理管理制度 | 二 | |
| | | 建立促进生态产业化发展的激励制度 | | |

| 省级 | 市级 | 国家建议的制度创新重点 | 批次 | 区域 |
|---|---|---|---|---|
| 黑龙江 | 伊春市 | 探索建立国家公园体制 | 一 | 中部 |
| | | 探索健全国有林区经营管理体制 | | |
| | 五常市 | 探索建全农村土地资源的资产产权制度、管理体制和监管体制 | 一 | |
| | 牡丹江市 | 探索建立自然资源资产产权和用途管制制度 | 二 | |
| | | 探索建立生态文明建设对外合作机制 | | |
| | | 探索建立绿色城镇化综合管理制度 | | |
| | | 建立完善生态文明建设市场化机制 | | |
| | 齐齐哈尔市 | 细化落实主体功能区划 | 二 | |
| | | 探索建立自然资源资产产权和用途管制制度 | | |
| | | 探索建立体现生态文明建设要求的领导干部考核评价、责任追究制度 | | |
| | 延边朝鲜族自治州 | 实行资源有偿使用制度，探索排污权交易制度 | 一 | |
| | | 探索建立生态环境损害责任终身追究制度 | | |
| | | 探索流域内区域联动机制 | | |
| | 四平市 | 探索深化落实主体功能区制度 | 一 | |
| | | 探索差别化的生态文明评价考核制度 | | |
| | 吉林市 | 探索建立流域生态保护补偿机制 | 二 | |
| | | 提出产业转型升级体制机制创新思路 | | |
| | | 探索建立生态环境事件预警防控机制 | | |
| | 白城市 | 探索建立区域生态保护补偿机制 | 二 | |
| | | 探索建立资源环境承载能力监测预警机制 | | |
| | | 探索建立体现生态文明建设要求的领导干部考核评价制度 | | |

| 省级 | 市级 | 国家建议的制度创新重点 | 批次 | 区域 |
|---|---|---|---|---|
| 辽宁 | 辽河流域 | 探索建立流域内区域联动机制 | 一 | 中部 |
| | | 探索建立流域内生态补偿机制 | | |
| | 抚顺大伙房水源保护区 | 建立自然资源资产产权和用途管制制度 | 一 | |
| | | 探索重大项目生态影响预评估制度 | | |
| | 大连市 | 探索将城市环境保护规划纳入"多规合一" | 二 | |
| | | 建立生产者责任延伸制度 | | |
| | | 建立生态文明统计制度，编制自然资源资产负债表 | | |
| | | 建立陆海统筹的生态保护补偿制度 | | |
| | 本溪满族自治县 | 建立水源涵养区上下游生态保护补偿制度 | 二 | |
| | | 建立严格的环境准入制度 | | |
| | | 建立生态环境资产核算与资源环境承载能力监测预警制度 | | |
| 上海 | 闵行区 | 探索健全能源、水、土地资源集约节约利用制度 | 一 | 东部 |
| | | 探索建立资源环境承载能力监测预警机制，重点探索建立在一线城市科学管控人口规模的机制体制 | | |
| | 崇明县 | 探索自然资源资产产权和用途管制制度 | 一 | |
| | | 探索建立生态环境损害责任终身追究制 | | |
| | 青浦区 | 创新太湖流域跨界水环境管理机制 | | |
| | | 探索建立横向生态补偿机制 | | |
| | | 建立再生资源和垃圾分类回收的一体化机制 | | |

| 省级 | 市级 | 国家建议的制度创新重点 | 批次 | 区域 |
|---|---|---|---|---|
| 河南 | 郑州市 | 探索推行碳排放权交易制度 | 一 | 中部 |
| | | 探索编制自然资产负债表 | | |
| | | 落实并完善最严格的水资源管理制度 | | |
| | 南阳市 | 探索建立生态补偿机制 | 一 | |
| | | 探索建立国家公园体制 | | |
| | | 探索创新区域协调机制 | | |
| | 许昌市 | 建立完善的体现生态文明建设要求的考核评价、责任追究制度 | 二 | |
| | | 探索建立资源环境生态红线管控制度及资源环境承载能力监测预警机制 | | |
| | | 建立完善的秸秆、建筑垃圾综合利用及城市矿产回收利用的"许昌模式" | | |
| | 濮阳市 | 细化落实主体功能区制度 | 二 | |
| | | 探索建立油地协同发展的生态保护补偿机制 | | |
| | | 探索建立温室气体排放统计核算及碳捕捉、碳排放权交易等制度机制 | | |
| 山西 | 芮城县 | 探索建立水资源产权制度和用途管制制度 | 一 | 中部 |
| | | 探索完善环境信息公开制度 | | |
| | 娄烦县 | 探索建立体现生态文明要求的领导干部评价考核体系 | 一 | |
| | | 探索建立生态补偿机制 | | |

| 省级 | 市级 | 国家建议的制度创新重点 | 批次 | 区域 |
|---|---|---|---|---|
| 陕西 | 朔州市平鲁区 | 把矿产资源开采、土地复垦与矿山生态系统修复同步规划、同步推进，作为建立矿区生态系统修复机制创新的重点 | 二 | 西部 |
| | | 在合法合规、保障耕地红线的前提下，把开展农村土地流转、探索农村宅基地自愿有偿退出机制作为农村宅基地市场化制度的创新点 | | |
| | 孝义市 | 探索矿业城市废弃地利用的融资机制及土地高效利用制度 | 二 | |
| | | 探索煤炭枯竭型城市产业绿色转型升级机制 | | |
| | | 探索城镇低效用地（塌陷治理区、矿山土地复垦区）整治与利用机制 | | |
| | 西咸新区 | 探索建立资源环境承载能力监测预警机制 | 一 | |
| | | 探索非物质文化遗产与生态文化协同发展的政策体制 | | |
| | | 探索开展最严格水资源管理制度用水总量、用水效率的计量、监管、预警及考核制度 | | |
| | 延安市 | 探索划定生态红线 | 一 | |
| | | 探索编制自然资源资产负债表，实行自然资源离任审计制度 | | |
| | 西安浐灞生态区 | 探索划定生态红线 | 二 | |
| | | 探索编制自然资源资产负债表，实行自然资源离任审计制度 | | |

| 省级 | 市级 | 国家建议的制度创新重点 | 批次 | 区域 |
|---|---|---|---|---|
| 福建 | 神木市 | 建立体现生态文明建设要求的领导干部政绩考核制度 | 二 | |
| | | 建立自然资源资产产权和用途管制制度 | | |
| | | 探索建立区域横向生态补偿制度 | | |
| | 一 | 健全评价考核体系 | 一 | 东部 |
| | | 完善资源环境保护与管理制度 | | |
| | | 建立健全资源有偿使用和生态补偿制度 | | |
| 广东 | 梅州市 | 探索建立推动生态文化融入客家文化的政策机制 | 一 | 东部 |
| | | 探索编制自然资源资产负债表 | | |
| | | 建立体现生态文明要求的干部考核体系 | | |
| | 韶关市 | 探索健全自然资源资产产权制度 | 一 | |
| | | 探索推行碳排放权交易制度 | | |
| | 东莞市 | 探索"多规合一"的实施机制 | 二 | |
| | | 完善生态红线管控的相关制度 | | |
| | | 探索生态文明建设市场化机制 | | |
| | 深圳东部湾区 | 探索建立GEP（生态系统生产总值）核算体系 | 二 | |
| | | 建设生态文明法治体系 | | |
| | | 建立资源环境承载能力监测预警机制 | | |
| | | 建立生态文明建设社会行动体系 | | |

| 省级 | 市级 | 国家建议的制度创新重点 | 批次 | 区域 |
|---|---|---|---|---|
| 海南 | 万宁市 | 探索陆海统筹的生态系统保护修复机制 | 一 | 东部 |
| | | 探索建立公众参与制度 | | |
| | | 探索建立生态环境损害责任终身追究制 | | |
| | 琼海市 | 探索建立生态补偿机制 | 一 | |
| | | 探索建立生态环境损害责任终身追究制 | | |
| | 儋州市 | 创新"多规合一"规划、审批、管理、实施的体制机制 | 二 | |
| | | 探索建立自然生态空间用途管制制度 | | |
| | | 建立领导干部生态环境损害责任终身追究制度 | | |
| 湖北 | 十堰市 | 探索建立生态补偿机制 | 一 | 中部 |
| | | 探索建立国家公园体制 | | |
| | | 探索创新区域协调机制 | | |
| | 宜昌市 | 探索实行资源有偿使用制度 | 一 | |
| | | 探索建立流域综合治理的政策机制 | | |
| | 黄石市 | 完善矿业权市场制度设计 | 二 | |
| | | 建立完善体现生态文明建设要求的考核评价、责任追究制度 | | |
| | | 建立资源环境综合监管机制 | | |
| | 荆州市 | 推进资源环境管理体制创新 | 二 | |
| | | 提出湿地保护制度的实施细则 | | |
| | | 完善秸秆综合利用和禁烧制度 | | |

| 省级 | 市级 | 国家建议的制度创新重点 | 批次 | 区域 |
|---|---|---|---|---|
| 湖南 | 湘江源头 | 探索实行资源有偿使用和生态补偿机制 | 一 | 中部 |
| | | 创新区域联动机制 | | |
| | | 探索建立源头区域承接产业转移的负面清单制度和动态退出机制 | | |
| | 武陵山片区 | 探索健全自然资源资产产权和用途管制制度 | 一 | |
| | | 探索建立体现生态文明要求的领导干部评价考核体系 | | |
| | | 创新区域联动机制 | | |
| | 衡阳市 | 建立污染防治协同监管机制 | 二 | |
| | | 建立生态文化建设与历史名城保护协同推进制度 | | |
| | 宁乡县 | 推动将资源环境指标纳入领导干部政绩考核体系 | 二 | |
| | | 探索通过制度建设激励和约束规模化养殖与污染治理 | | |
| 宁夏 | 永宁县 | 探索实行自然资源用途管制制度 | 一 | 西部 |
| | | 探索对领导干部实行自然资源资产离任审计 | | |
| | 吴忠市利通区 | 探索建立体现生态文明要求的领导干部评价考核体系 | 一 | |
| | | 完善污染物排放许可制和企事业单位污染物排放总量控制制度 | | |
| | | 探索开展最严格水资源管理制度入河污染物总量控制指标分解及考核制度 | | |

| 省级 | 市级 | 国家建议的制度创新重点 | 批次 | 区域 |
|---|---|---|---|---|
| | 石嘴山市 | 探索建立公众参与制度，发挥听证会制度在生态文明建设中的作用 | 二 | |
| | | 建立领导干部自然资源资产与环境责任离任审计制度 | | |
| 青海 | 一 | 落实主体功能区制度 | | 西部 |
| | | 健全自然资源资产产权制度 | | |
| | | 探索完善生态补偿机制 | | |
| | | 完善资源有偿使用制度 | | |
| | | 探索国家公园体制 | | |
| | | 探索建立体现生态文明要求的领导干部评价考核机制 | | |
| 西藏 | 山南地区 | 探索独立进行环境监管和行政执法 | 一 | 西部 |
| | | 完善污染物排放许可制和企事业单位污染物排放总量控制制度 | | |
| | 林芝地区 | 探索建立生态环境损害赔偿责任终身追究制 | 一 | |
| | | 完善污染物排放许可制和企事业单位污染物排放总量控制制度 | | |
| | 日喀则市 | 科学划定资源、环境、生态红线，探索建立资源环境承载能力监测预警机制 | 二 | |
| | | 探索编制自然资源资产负债表，实行领导干部自然资源资产和环境责任离任审计 | | |
| | | 探索建立雅鲁藏布江源头和中游地区的生态保护补偿机制 | | |

| 省级 | 市级 | 国家建议的制度创新重点 | 批次 | 区域 |
|---|---|---|---|---|
| 浙江 | 杭州市 | 发展节能环保市场，推行排污权交易、环境污染第三方治理等制度 | 一 | 东部 |
| | | 探索建立资源环境承载能力监测预警机制 | | |
| | 湖州市 | 探索建立生态文明建设考核评价制度 | 一 | |
| | | 探索编制自然资源资产负债表 | | |
| | | 探索建立自然资源资产产权制度 | | |
| | 丽水市 | 探索建立体现生态文明要求的领导干部评价考核体系 | 一 | |
| | | 探索健全自然资源产权、资产管理和监管体制 | | |
| | 宁波市 | 探索建立生态文明统计体系，完善体现生态文明建设要求的领导干部政绩考核制度 | 二 | |
| | | 建立生态环境事件预测预警机制 | | |
| | | 在自然资源用途管制中，从操作层面加强岸线保护和滨海湿地保护 | | |
| 江西 | 一 | 探索建立生态补偿机制 | 一 | 西部 |
| | | 探索完善主体功能区制度 | | |
| | | 探索建立体现生态文明要求的领导干部评价考核体系 | | |
| | | 完善河湖管理与保护制度 | | |

| 省级 | 市级 | 国家建议的制度创新重点 | 批次 | 区域 |
|------|------|----------------------|------|------|
| 重庆 | 渝东南武陵山区 | 实行自然资源有偿使用制度和生态补偿机制 | 一 | 西部 |
| | | 探索完善公众参与监督机制 | | |
| | 渝东北三峡库区 | 完善河湖岸线等自然资源管理制度 | 一 | |
| | | 探索创建三峡库区国家公园体制 | | |
| | 大楼山生态屏障 | 提出自然资源资产产权确权的操作办法 | 二 | |
| | | 建立资金、土地指标等与主体功能区分区管控的激励约束机制 | | |
| | | 建立矿山生态修复的补偿制度 | | |
| 北京 | 密云区 | 探索建立自然资源资产产权和用途管制制度 | 一 | 东部 |
| | | 建立体现生态文明要求的领导干部评价考核体系 | | |
| | | 探索推行环境信息公开制度 | | |
| | 延庆区 | 探索编制自然资源资产负债表 | 一 | |
| | | 完善污染物排放许可制和企事业单位污染物排放总量控制制度 | | |
| | | 探索环保法庭审判制度 | | |
| | 怀柔区 | 强化跨区域协同发展的制度与机制 | 二 | |
| | | 探索建立生态红线制度和资源环境承载能力监测预警机制 | | |
| | | 推进空间性规划"多规合一" | | |
| | 京津冀协同共建地区 | 创新区域联动机制,探索京津冀生态文明制度建设协同模式 | 二 | |
| | | 设立绿色发展基金,探索跨区域生态保护补偿机制 | | |
| | | 建立生态红线管控制度 | | |

| 省级 | 市级 | 国家建议的制度创新重点 | 批次 | 区域 |
|------|------|------------------------|------|------|
| 天津 | 武清区 | 探索建立领导干部自然资源资产离任审计制度 | 一 | 东部 |
| | | 发展节能环保市场，推行排污权、碳排放权等交易制度，以及环境污染第三方治理制度 | | |
| | | 探索开展最严格水资源管理制度入河污染物总量控制指标分解及考核制度 | | |
| | 静海区 | 构建循环型社会相关制度，探索京津冀"城市矿产"协同发展的有效模式与机制 | 二 | |
| | | 创新地方水环境管理与土壤修复的政策和制度 | | |
| | | 探索"多规合一"的制度安排 | | |
| 河北 | 承德市 | 探索编制自然资源资产负债表 | | 东部 |
| | | 探索建立国家公园体制 | | |
| | | 探索健全自然资源资产用途管制制度 | | |
| | 张家口市 | 探索建立领导干部自然资源资产离任审计制度 | 一 | |
| | | 探索资源环境承载能力监测预警制度 | | |
| | | 探索建立生态补偿机制 | | |
| | 秦皇岛市 | 探索编制自然资源资产负债表 | 二 | |
| | | 探索与海陆统筹、低碳经济相关的制度 | | |
| | | 探索建立体现生态文明建设要求的领导干部政绩考核评价制度 | | |

| 省级 | 市级 | 国家建议的制度创新重点 | 批次 | 区域 |
|---|---|---|---|---|
| 江苏 | 镇江市 | 发展节能环保市场，推行碳排放权、排污权、水权交易制度 | 一 | 东部 |
| | | 建立资源环境承载能力监测预警机制 | | |
| | 淮河流域重点地区 | 探索实行生态补偿机制 | 一 | |
| | | 探索流域、区域联动机制（扬州市推进江淮生态大走廊建设） | | |
| | 南京市 | 探索通过地方立法促进生态文明制度体系建设 | 二 | |
| | | 建立和完善生态补偿机制 | | |
| | | 探索生态文明建设市场化机制 | | |
| | 南通市 | 建立完善的体现生态文明建设要求的评价、考核、审计和责任追究制度 | 二 | |
| | | 探索建立自然资源资产产权和用途管制制度 | | |
| | | 探索建立横向生态保护补偿机制 | | |
| | | 探索"多规合一"制度 | | |
| 安徽 | 巢湖流域 | 探索完善最严格的水资源管理制度 | 一 | 中部 |
| | | 完善巢湖流域综合治理体制机制体系 | | |
| | | 创新区域联动机制 | | |
| | 黄山市 | 探索建立培育发展生态文化的机制体制 | 一 | |
| | | 探索建立国家公园体制 | | |
| | | 探索健全国有林区经营管理体制 | | |

| 省级 | 市级 | 国家建议的制度创新重点 | 批次 | 区域 |
|---|---|---|---|---|
| 山东 | 宣城市 | 探索建立自然资源资产产权和用途管制制度 | 二 | 东部 |
| | | 探索建立跨省域的横向生态补偿机制 | | |
| | | 探索建立跨地区的产业合作机制 | | |
| | 蚌埠市 | 探索建立自然资源资产产权和用途管制制度 | 二 | |
| | | 探索建立淮河流域水污染联防联控和横向生态补偿机制 | | |
| | | 探索建立生态文明建设市场化机制 | | |
| | | 探索形成秸秆综合利用的"蚌埠模式" | | |
| | 临沂市 | 探索建立体现生态文明要求的领导干部评价考核体系 | 一 | |
| | | 实行资源有偿使用制度和生态补偿机制 | | |
| | 淄博市 | 探索建立资源环境承载能力监测预警机制 | 一 | |
| | | 完善环保公安联动机制 | | |
| | | 健全生态环境损害终身追究制 | | |
| | 济南市 | 探索通过地方立法促进生态文明制度体系建设 | 二 | |
| | | 探索建立自然资源资产产权和用途管制制度 | | |
| | | 建立完善的生态保护补偿机制 | | |
| | | 探索建立"多规合一"的空间规划体系 | | |
| | 青岛红岛经济区 | 探索建立"多规合一"的空间规划体系 | 二 | |
| | | 探索建立生态红线管控与监测预警机制 | | |
| | | 探索建立横向生态补偿机制 | | |

| 省级 | 市级 | 国家建议的制度创新重点 | 批次 | 区域 |
|---|---|---|---|---|
| 四川 | 成都市 | 探索推行排污权交易、碳排放权交易、节能量交易制度 | 一 | 西部 |
| | | 探索跨区域生态保护与环境治理联动机制 | | |
| | 雅安市 | 探索建立资源环境承载能力监测预警机制 | 一 | |
| | | 结合灾后重建，探索建立体现生态文明要求的领导干部评价考核体系 | | |
| | 川西北地区 | 建立禁止开发区域保护制度 | 二 | |
| | | 建立完善生态文明建设信息共享制度 | | |
| | 嘉陵江流域 | 建立流域水资源综合管理制度 | 二 | |
| | | 建立生态屏障建设与保护制度 | | |
| | | 建立流域生态文明建设协调机制 | | |
| 新疆 | 昌吉州玛纳斯县 | 探索建立自然资源资产产权制度、管理体制和监管体制 | 一 | 西部 |
| | | 完善污染物排放许可制和企事业单位污染物排放总量控制制度 | | |
| | | 探索建立体现生态文明要求的领导干部评价考核体系 | | |
| | | 探索开展最严格水资源管理制度用水总量、用水效率的计量、监管和考核制度 | | |
| | 伊犁州特克斯县 | 探索建立体现生态文明要求的领导干部评价考核体系 | 一 | |
| | | 实行最严的自然资源管理制度 | | |
| | | 探索建立生态环境损害责任终身追究制 | | |

| 省级 | 市级 | 国家建议的制度创新重点 | 批次 | 区域 |
|---|---|---|---|---|
| | 昭苏县 | 建立体现生态文明建设要求的领导干部政绩考核、责任追究制度 | 二 | |
| | | 探索建立最严格的森林、草场、湿地等生态保护与修复机制 | | |
| | 哈巴河县 | 建立最严格的产业准入制度 | 二 | |
| | | 建立针对不同主体功能定位的领导干部政绩考核制度 | | |
| | 生产建设兵团第一师阿拉尔市 | 建立最严格的水资源管理制度 | 二 | |
| | | 建立针对不同主体功能定位的领导干部政绩考核制度 | | |
| | | 探索通过建立科技创新机制，促进退化土地治理、节水农业发展和工业用水循环利用 | | |
| 云南 | 一 | 探索自然资源资产产权和用途管制制度 | 一 | 西部 |
| | | 探索资源环境生态红线管控制度 | | |
| | | 探索完善生态补偿机制 | | |
| | | 探索建立领导干部评价考核和责任追究制度 | | |
| | | 探索河湖水域岸线管控制度 | | |
| 贵州 | 一 | 探索生态文明建设绩效考核评价制度 | 一 | 西部 |
| | | 探索建立自然资源资产产权管理和用途管制 | | |
| | | 探索建立自然资源资产领导干部离任审计制度、生态环境损害责任终身追究制度 | | |
| | | .健全完善生态补偿机制 | | |

| 省级 | 市级 | 国家建议的制度创新重点 | 批次 | 区域 |
|---|---|---|---|---|
| 内蒙古 | 鄂尔多斯 | 探索健全自然资源资产产权管理和监管制度 | 一 | 西部 |
| | | 探索推行水权交易制度 | | |
| | | 探索资源环境承载能力监测预警制度 | | |
| | 巴彦淖尔 | 探索健全自然资源产权与用途管制制度 | 一 | |
| | | 健全现代生态农业发展中的能源、水、土地集约节约使用制度 | | |
| | 包头 | 完善资源性产品价格形成机制，推进资源税改革、建立矿山恢复治理保证金制度 | 二 | |
| | | 建立空间规划体系，探索"多规合一" | | |
| | | 探索编制自然资源资产负债表，建立环境损害责任追究制度 | | |
| | 乌海 | 建立完善体现生态文明建设要求的领导干部政绩考核、责任追究制度 | 二 | |
| | | 探索编制自然资源资产负债表，建立绿色GDP核算体系 | | |